Photoshop
数码照片专业处理技法

视频教学版

李肖军 编 著

U0122037

中国铁道出版社
CHINA RAILWAY PUBLISHING HOUSE

内 容 简 介

本书按照摄影后期工作流程与作业内容进行编排撰写，与以往按照软件用法来编排的后期处理书籍相比，避免了单独学习处理工具的枯燥、盲目和无所适从，更适用于摄影师的需求。

全书内容围绕数码摄影的后期处理工作需要，摄影师可以根据后期处理的目标，按照目录章节引导即可查阅或学习所需的操作方法和步骤；除此以外，本书对首次出现的软件处理工具和命令给予了其操作使用的详细描述，通过附录中的工具命令索引，可快速查阅到工具的作用解释与使用方法。

本书根据编者多年来在高校、培训机构、各种摄影社团等众多摄影爱好者开设的"数字图像处理"课程和讲座的基础上，对数码摄影后期处理工作进行内容分类、方法总结、案例筛选、整理扩充编写而成，其内容与案例在实际应用中得到了有效验证。适合作为初学者入门学习的参考书，也可作为进阶者提高设计水平的指导书，以及数码摄影师进行后期处理的工作手册。

图书在版编目（CIP）数据

Photoshop数码照片专业处理技法：视频教学版 / 李肖军编著. — 北京：中国铁道出版社，2012.11
ISBN 978-7-113-15262-8

Ⅰ.①P… Ⅱ.①李… Ⅲ.①图象处理软件 Ⅳ.①TP391.41

中国版本图书馆CIP数据核字（2012）第203054号

书 名：Photoshop 数码照片专业处理技法（视频教学版）
作 者：李肖军 编著

策划编辑：张亚慧		读者热线电话：010-63560056	
责任编辑：苏 茜		特邀编辑：赵树刚	
责任印制：赵星辰			

出版发行：中国铁道出版社（北京市西城区右安门西街 8 号　　邮政编码：100054）
印　　刷：北京精彩雅恒印刷有限公司印刷
版　　次：2012 年 11 月第 1 版　　2012 年 11 月第 1 次印刷
开　　本：787mm×1 092mm　　1/16　　印张：21　　字数：486 千
书　　号：ISBN 978-7-113-15262-8
定　　价：79.00 元（附赠光盘）

一、关于数码照片的后期处理

数码摄影的后期处理是将一张照片从半成品变成成品的必经流程，PS只是一个工具、一种手段，一些步骤，完成过去胶片暗房的类似作业。掌握好数码后期处理技术可使拍摄如虎添翼，而泛滥的PS制作同样也会削弱摄影自身独有的审美特征。

一张照片应该调整什么内容？调成什么样子才算好？调到什么程度才算合适？这些是大多数摄影爱好者需要关心的问题。

针对第一个问题，本书第1章列出了一个行之有效的工作流程，按照这个工作流程进行操作，即可满足绝大多数照片的后期调整要求。

大多数人关注和迷惑的是后两个问题，这两个问题并没有固定的答案，也没有统一的标准，更多的是一个人的审美取向和个性渲染的问题，是操作的"度"的把握。这里笔者提供一种思考的方式，仅供参考。

操作者在面对一张照片时，首先按照工作流程完成图片在技术层面的调整，解决把图像影调和色彩调"对"，然后考虑该照片"需要什么色调"更能突出主题，改变颜色是否能改变我们对照片的视觉情绪，能否增加图片的欣赏性。一旦确定了，就把它做出来，如果不能确定，那么就多尝试几种可能，眼见为实，有比较才有鉴别！

二、本书的目的和读者

本书旨在通过通俗的文字描述与明确的插图标识，为数码摄影师提供后期处理照片的常见操作内容和程序，为学习后期处理人员提供大量详细操作信息。本书特别适合下面几种类型的读者阅读：

- 希望掌握图像后期处理的初学者。
- 希望提高图像后期处理水平，掌握更多高级图像处理技术的进阶者。
- 希望直接按图索骥进行某种后期处理或特效的应用，不想深入弄懂软件使用的操作者。这类读者可以通过目录直接查寻到所需的处理目标，按照操作方法和步骤即可完成。
- 希望快速学习掌握Photoshop调图工具、命令的读者，通过本书附录A中的工具命令索引，读者能很容易地找到书中对工具命令的详细使用方法以及案例的讲解。
- 希望快速获得后期处理内容和方法技术支持的数码摄影师，本书可作为他们的数码后期处理查询词典和工作手册。

三、如何阅读本书

在进行阅读时，有人喜欢从头至尾按顺序阅读，有人喜欢将阅读和实际操作相结合，只有遇到无法解决的问题时，才阅读参考书。本书考虑到尽可能满足这两类读者的读书习惯和需要。在编排章节内容时，按照图像编辑工作流程的逻辑关系和最有效的操作顺序进行组织，以适合系统学习的目的；对于后一类读者，本书以章节为基础将主题分成若干功能类别，在必要的位置添加了交叉参考。

本书附录C列出了针对不同目的和不同基础的读者使用本书的途径，有助于读者梳理学习思路，达到事半功倍的作用。

四、关于学习后期处理的方法

笔者反思学习数码图像后期处理20余年的历程，以及教授、辅导学生学习后期处理的经验得失，总结出一些针对数码后期处理的简洁有效的学习方法，愿与读者分享、共勉。

首先，需要对图像后期处理软件工具进行深入了解，并掌握常见调整工具的使用，通过大量的基本调图练习来理解、熟练、掌握工具的操作。这一过程往往是枯燥和艰难的，也的确没有捷径可循，唯有多做工具的操作练习。这好比习武之人练内功，要成为武林高手，就必须拥有雄厚的自身内力，反复进行基础训练。

其次，在熟练掌握工具的操作方法后，需要掌握一些基本的图像处理方法和技巧，比如，图层、蒙版、通道等独特辅助功能与处理工具的灵活运用，熟练掌握它们的适用对象、操作特点、基本步骤。这个过程仍然需要通过大量的图片处理，反复练习，以达到信手拈来，操控自如的程度。这也好比武林高手具备强大的内力外，还需要掌握一定套路的拳法、剑法，练至行云流水、挥洒自如的地步才可以制敌。

最后，在充分熟悉并掌握工具、命令的操作和方法后，需要的就是跳出工具、方法和步骤的局限，避免进入为工具而学工具，为方法而学方法的误区。具体来说，就是从分析图像处理的目标入手，根据图像特点来确定操作内容，选择恰当的工具，做出具有个性特点的数码图像作品。这一过程更多的是将工具操作、图像的特征与处理目的有机结合，就好比绝世高手必须摆脱兵器、拳法的死板套路的束缚一样，以制敌为目的，而无须拘泥于一招一式，达到无招胜有招的境界。

换言之，第一和第二阶段就是积累内功，掌握套路，靠的是多练；第三阶段则是灵活运用，个性发挥，靠的是多想。

五、特别感谢

本书从构思、收集资料、准备素材，到撰写完稿，历经了八个年头，期间数码摄影技术飞速发展，软件的多次升级更新，撰写的内容被新技术新方法否定也时有发生，这期间也曾有多次放弃的念头。完成本书的动力首先来自我的学生们，是他们对摄影与后期的热爱和求知欲，让我得以坚持。正是他们的期盼，让我在内容的筛选和描述的方式上，经过上百次的修订，尽可能地去除软件因素带来的局限性，而强调原理的适应性和方法的一般性原则。

感谢我的妻子，尽管她并不会数码图像后期处理，却始终是本书内容的第一位读者和挑剔的质疑者，每每涉及专业的术语描述时，她的提问就是在提醒我，还需要更通俗、更简明。从而使得本书也可以被任何没有后期处理基础的读者看懂、学会、掌握。

特别感谢几位"美眉"：彭畅、傅旭、高洁、白马拉姆、姣凤等，她们为本书充当人像模特，并同意无偿使用她们的肖像，为本书解决了至关重要的案例素材。

感谢网友，也是非常出色的摄影爱好者，老彭、雨后的空气、虎斑猫、彩鸽子、泓尘小术、巴山秀才等，每次到了苦于寻找典型案例图片时，他们都毫无保留地将自己拍摄的照片无偿提供给笔者挑选，作为本书使用。

还要感谢我的学生：李康、施戈、刘金波等，他们成为我尝试开设"数码后期处理"课程，并研究本课程的教学内容和方法的首批参与者，也是课程成功的优秀鉴证者。

尤其需要感谢的是摄影之都网站中的老师和学员们，他们是本书内容与学习方法的最大验证群体，正是他们的学习过程和学习成绩，给了我极大的信心加速完成书稿。

最后，真诚感谢那些通过网络相识的影友，其中不少还从未见过面，感谢他们在我撰写过程中给予的鼓励和建议。由于本书涉及内容众多，加之编者水平有限，疏漏之处在所难免，欢迎读者批评指正，联系方式如下：

E-mail   10_e@163.com

编　者

2012年6月

- 多媒体语音视频教学
- 本书案例素材与源文件

超值多媒体光盘导读

近600MB语音视频教学预览

■01 RAW格式照片的常规调整与转片

■02 照片调整的处理过程范例

■03 多张照片合成范例

■04 光影特效制作范例

案例素材与源文件

"素材与源文件"文件夹

打开"第5章"文件夹

Ps

使用Adobe Photoshop打开

在本书的内容设计方面，围绕实际运用，引导广大读者获得举一反三的能力，更多地思考所学软件如何服务于实际的设计工作。

本书内容力求全面详尽、条理清晰、图文并茂，讲解由浅入深、层次分明，知识点上深入浅出。

本书章前页

本章学习要点

通过对本章的分析、总结，明确案例的思路，做到前期预热。

案例解析

本案例分析

通过前期案例分析、效果图对比展示、设计分析及详尽的操作步骤等，读者可深入了解本案例，从而更好地掌握。

本案例提示

主要针对本案例的重点、难点进行说明分析，以及对此知识的补充。

正文

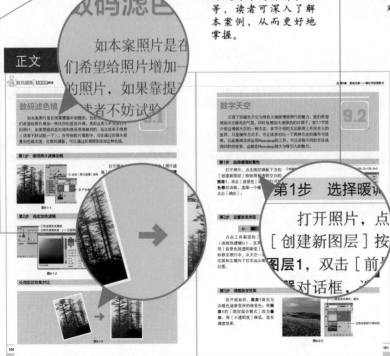

附录A：本书工具命令索引

附录A 本书工具命令索引

1. 工具箱按钮

编辑工具组

移动工具	9.5.8/9.7.1

选框工具组

● 矩形选框工具	8.18.1/
● 椭圆选框工具	9.8.4

裁剪工具组

● 裁剪工具	6.19.1/8.13.1
● 多边形套索工具	11.3.7
快速选择工具	9.4.1
裁剪工具	3.1

吸管工具组

● 吸管工具	
● 颜色取样器工具	6.2.3
● 标尺工具	3.7

修饰工具组

修复画笔工具组

● 污点修复画笔工具	7.1/8.1
● 修复画笔工具	7.2/8.1
● 修补工具	7.3/8.2
● 红眼工具	8.1.5
画笔工具	4.6.4
仿制图章工具	7.6/8.5
海变工具	7.7.2/9.2.2
模糊/锐化/涂抹工具	
加深/减淡/海绵工具	9.15.10

矢量工具组

钢笔工具	8.16.1
文字工具	
形状工具	

视图工具组

抓手工具	9.5.2
视图缩放工具	3.6/9.5.4
前景色/背景色	9.2.1/
● 默认前景/背景色	7.7.1
● 前景/背景色切换	8.4.7
快速蒙版编辑状态	9.5.1

2. 菜单命令

文件菜单

新建（图像文件）	附录F 7.1
打开（图像文件）	2.4.1
在Bridge中浏览	10.7.1
自动	
● 裁剪并修齐照片	8.12.4
● Photomerge	10.2
● 合并到HDR pro	10.3.1
打印	

编辑菜单

拷贝	8.14.2
粘贴	8.14.3
清除	
填充	
● 内容识别	7.4
● 前景色	8.5.8
● 背景色	11.3.9
图案	
描边	
自由变换	8.13.2/8.18.2/11.3.4
变换	
● 缩放	11.3.5
● 扭曲	8.12.2
● 变形	10.1.4
● 水平翻转	
自动对齐图层	10.7
自动混合图层	10.7
定义图案	
颜色设置	2.1.2
默认前景色和背景色	
切换前景色和背景色	X
快速蒙版编辑	Q

图像菜单

模式	附录D
● 灰度	6.13
● 双色调	6.13
● RGB颜色	附录D/6.8/9.12/12.2
● Lab颜色	附录D/6.8/9.12.2/12.2
● 8位	4.4
● 16位	4.4

附录B：常用调图快捷键

附录B 常用调图快捷键

1. 工具箱

同一工具组中不同工具可用Shift+快捷键循环选取

移动工具	V
● 快速进入临时移动工具	按住空格键
选框工具（组）	M
套索工具（组）	L
快速选取/魔棒工具	W
裁剪工具	C
吸管（标尺）工具	I
修复画笔工具（组）	J
画笔工具（组）	B
● 改变画笔笔头大小	[或]
仿制图章工具	S
历史记录画笔工具	Y
橡皮擦工具（组）	E
渐变/油漆桶工具	G
模糊/锐化/涂抹工具	（无）
减淡/加深/海绵工具	O
钢笔工具	P
文字工具	T
路径选取工具	A
形状工具（组）	U
抓手工具	H
● 快速进入临时抓手工具	按住Ctrl
旋转视图工具	R
缩放工具	Z
● 调整显示	Ctrl+0
● 按100%图像显示	Ctrl+1
● 放大视图	Ctrl++
● 缩小视图	Ctrl+-
默认前景色和背景色	D
切换前景色和背景色	X
快速蒙版编辑	Q

2. 文件操作

新建文件	Ctrl+N
打开文件	Ctrl+O
打开Bridge浏览	Alt+Ctrl+O
打开为	Alt+Shift+Ctrl+O
关闭文件	Ctrl+W
关闭全部文件	Alt+Ctrl+W
关闭并转到Bridge	Shift+Ctrl+W

存储文件	Ctrl+S
存储文件为（即另存为）	Shift+Ctrl+S
存储文件为web格式	Alt+Shift+Ctrl+S
文件简介	Alt+Shift+Ctrl+I
打印文件	Ctrl+P
打印一份	Alt+Shift+Ctrl+P
退出Photoshop	Ctrl+Q

3. 编辑操作

还原上一步操作	Ctrl+Z
后退一步操作	Shift+Ctrl+Z
后退一步操作	Alt+Ctrl+Z
渐隐	Shift+Ctrl+F
剪切	Ctrl+X
拷贝	Ctrl+C
合并拷贝	Shift+Ctrl+C
粘贴	Ctrl+V
选择性粘贴	
● 原为粘贴	
● 贴入	Alt+Shift+Ctrl+V
填充	Shift+F5
● 以前景色填充选区	Alt+Del
● 以背景色填充选区	Ctrl+Del
● 删除选区中内容	Del
内容识别比例	Alt+Shift+Ctrl+C
自由变换	Ctrl+T
● 以中心点对称变换	按住Alt键
● 限制水平垂直或比例变换	按住Shift键
● 自由的变换	按住Ctrl键
● 取消变换	Esc
● 变换确认	Enter
再次变换	Shift+Ctrl+T
颜色设置	Shift+Ctrl+K
键盘快捷键	Alt+Shift+Ctrl+K
菜单设置	Alt+Shift+Ctrl+M
首选项（常规）	Ctrl+K

4. 图像操作

色阶	Ctrl+L
● 以1为单位移动黑白滑块	上下方向键
● 以0.01为单位移动滑块	上下方向键

附录C：本书阅读途径

附录C 本书阅读途径

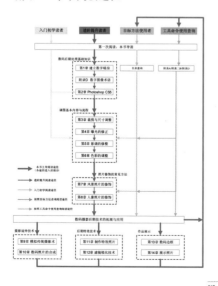

附录D：数字图像的基本术语

附录D 数字图像的基本术语

自世界上第一台电子计算机问世以来，现代计算机科学催生了数字化技术的应用，所谓数字化就是将许多复杂多变的信息转变为可以度量的数字、数据。而这些数字、数据建立起适当的数字化模型，从而可以用电子计算机完成返诉处理。

数字图像就是由模拟真实图像的数字化得到的数字图像信息数据，换句话说，就是将图像的色彩、明暗等图像特征以某种规则的数字形式来描述。学习与掌握数码照片的拍摄与后期处理有必要了解以下数字图像的基本概念。

1. 像素

数字图像是通过许许多多的纵横排列的点构成的，这些点被称为像素，它是构成数字图像的最小单元。像素的数量越多表示图像能表现的信息就越多，换句话说，在相同尺寸大小情况下，像素越多，照片越清晰，细部层次越丰富。

2. 图像颜色模式

数字图像是使用数字来模拟大自然景物的明暗和色彩，这就需要制定一种特定的组成图像颜色信息的规则，这种规则就是图像颜色模式。

- 位图模式：只使用计算机最小存储单位的"位"来描述图像信息，因为位只有0和1两种状态，此时得到的数字图像只能是黑白图，这种模式称为位图模式（Bitmap）。
- 灰度模式：使用计算机的基本单位"字节"（byte）来描述图像信息。一个字节可以十进制表示共有256个数字，此时可以得到我们常说的"黑白照片"的效果（有灰度的变化），称之为灰度模式（Grayscale）。
- RGB模式：大自然的所有光（色）都是由红（R）、绿（G）、蓝（B）三基色光构成的。对每一基色光都使用一个字节描述图像基色的成分信息，就可以模拟自然的彩色图像。使用红、绿、蓝来获得的数字图像方式称为RGB模式。
- CMYK模式：使用青（C）、洋红（M）、黄（Y）、黑（K）四色来描述图像颜色信息的数字图像组成方式。
- Lab模式：使用L，a，b三个分量来描述图像的色彩信息，其中，L为图像的明度，a为图像红绿成分，b为图像黄蓝成分。
- HSB模式：这是使用人眼的视觉习惯的三个指标色相（H）、饱和度（S）、明度（B）来描述图像，它并不用于直接构成一个真正的数字图像，但是在色彩调整中大量使用，这种基于HSB模式与人眼的视觉习惯一致，便于直观的色彩操作。

3. 矢量图与位图

矢量图是通过数学公式来描述图形的元素，这些元素是一些点、线、矩形、多边形、圆和弧线等，从而构成图形（而不是图像）。位图称为点阵图像，是由像素点所组成的图像。矢量图无限放大时，不会失真、不模糊，而位图就会出现马赛克效果；矢量图以几何图形多于图案、标志、VI、文字等设计。位图可以表现的色彩比较多，主要用于图片处理、数码照片、影视海报、效果图等。

目录

第3章 数码照片的画幅——裁剪与尺寸调整 47

第4章 获取正确的图像（一）——曝光修正 61

第5章 获取正确图像（二）——影调的修整 73

第12章 让照片更清晰——滤镜锐化技术 247

第13章 装饰照片——数码边框 259

第1章

工作环境——

建 立 数 字 暗 房

- 数字暗房的设备
- 数字图像浏览软件
- 数字图像预处理软件
- 数字图像后期处理软件
- RAW格式照片的处理流程
- 摄影后期处理的工作流程

　　数字图像技术是摄影史上一个革命性的飞跃，构建一个理想的数字暗房，不仅给摄影师带来创作的自由，享受二次创作的乐趣，而且获得更个性、更完美的图像作品。

　　数字暗房使无缺陷照片成为可能，除了传统技术的剪裁、校色、中途曝光等技巧，数字暗房还可以为摄影师带来数不尽的创作空间，例如在照片加上运动效果、用几张照片合成一张图片、校正透视变形、模拟鱼眼镜头的球面变形效果、后期添加滤光镜效果、柔化、锐化等数码特效。

　　随着数字彩色打印技术发展的日新月异，彩喷设备打印照片的品质已赶上，甚至超过传统暗房中"相纸冲印"，前者所记录和保留拍摄对象的信息要远远多于后者。使用个人数字暗房来控制打印出图，可以得到更满意的图片质量。

　　建立个人的数字暗房需要一些基本的硬件和软件设备，计算机和处理软件是必备的。本章主要就常用的设备及软件进行介绍。

数字暗房的设备

建立个人数字摄影暗房，需要具备的主要硬件设备有：处理设备、输入设备、输出设备和辅助设备。

- **处理设备**：指对数字图像进行运算处理和操作的设备，如计算机。
- **输入设备**：指将图像调入计算机进行数字处理的设备，如数码相机、扫描仪。
- **输出设备**：指将处理后的数字图像输出为传统图片的设备，如打印机、彩扩机。
- **辅助设备**：为保障数字图像处理准确、便利、快捷的设备，如数位板、刻录机、色彩校正仪等。

1.1.1 电脑

电脑是整个数字图像处理的核心，随着处理软件的升级提高对硬件的要求也越来越高，因此，电脑的配置需要尽可能的高。就进行数字图像处理而言，既要满足正常的工作要求，又要经济适用，不浪费资源。

选用计算机主要考虑以下几个指标：

指标项目	分　　析	建议配置
CPU	即电脑的中央处理器，承担大量的运算处理，主频越大表示CPU的运算速度越快	目前以双核主频在2.4GHz以上为宜
内存	图像处理过程中交换临时数据的地方，内存越大，容纳的中间运算就越多，从而提高处理速度和文件容量	一般而言图像文件往往容量都很大，建议内存在2GB以上，不应小于1GB
显卡	支持图像显示硬件，关系图像色彩显示的品质，显卡的速度和显示内存的大小对色彩显示能力影响很大。安装和更新原厂家显示驱动程序能充分发挥显卡的性能	显卡内存建议为2GB，最低不少于512MB
硬盘	存储软件和数据的场所，硬盘越大存储就越多。硬盘也有质量和寿命的风险，一旦损坏，数据的损失是难以估量的。安全的办法是购买两个硬盘，一个是承担计算机经常性的运行工作，另一个主要存储静态的图像照片	硬盘大小以GB为单位，运行速度以转速为主要指标，建议购买500GB，转速为7200rpm以上
光驱	目前以DVD-ROM为主流，一般容量为4.75GB，使用倍速衡量光驱的速度，一倍速（1X）表示基本传输速率为1350Kbit/s。可刻录光驱一般会标写出几个倍速，分别表示刻录、读取的速度	使用DVD刻录光驱可以将数码照片作为DVD光盘永久数据保存，读取速度一般为16X，写入速度为8X

1.1.2 显示器

严格来说，显示器是电脑的一部分，但由于图像处理对显示器的要求很直接，因此，需要特别讲述。

显示器有液晶显示（LCD）和阴极射线管（CRT）两种，显示器的物理指标主要有尺寸大小、分辨率、刷新频率、点距、带宽。

- **【尺寸大小】**显示器大小以显示屏对角线长度的英寸来表示，做图像处理不宜小于19寸。

- 【分辨率】显示器的分辨率是指荧光屏上荧光点的多少。分辨率越高，图像显示也就越精细。目前显示器的最佳分辨率为1440×900像素。
- 【刷新频率】显示器的刷新频率越高，图像显示就越稳定。对同一个显示器而言，使用高分辨率，刷新频率就会降低。对人眼视觉而言，75Hz是可以接受的最低限度，建议达到85Hz以上。
- 【点距】是指荧光屏上两个荧光点之间的距离，点距越小，图像越清晰。19寸纯平显示器的点距不应大于0.25mm。
- 【带宽】显示器的带宽是对输入信号的响应速度，它反映显示器的解像能力。带宽越大，信号失真越小，因此，带宽越大越好。19寸纯平显示器的带宽，低端的大约为110MHz，高端的大约为240MHz。

除此之外，显示器的色温、亮度/对比度、可视角度等这些指标直接决定了图像显示的色彩还原能力。

- 【色温】高端显示器一般都有色温设置，常见的有5000K、6500K、9300K等。色温高颜色偏冷，色温低颜色偏暖；也有些显示器提供了RGB三原色的独立调节。
- 【亮度】显示器的亮度越高，显示的色彩就越明快，如果亮度过低，显示出来的颜色会偏暗，看久了就会觉得疲劳。
- 【对比度】是最高和最低亮度的比值，对比度越高，显示的画面就越清晰亮丽，色彩的层次感就越强，对比度过小时看屏幕就会有模糊感。

当然也并不是亮度、对比度越高就越好，长时间观看高亮度的液晶屏，眼睛同样很容易疲劳，高亮度的LCD显示器还会造成灯管的过度损耗，影响使用寿命。

1.1.3 打印机

随着图像打印技术的飞速发展，目前彩色图像打印的品质已与传统的照片冲洗质量相当，甚至还会超过传统的照片冲洗质量。数码照片打印机一般具有较高的打印分辨率和为打印照片而定制的功能，图像打印技术有喷墨、激光和热转印3种。

- 彩色喷墨打印机的优点是打印效果良好、价位较低和打印介质很宽泛，既可以打印信封、信纸等普通介质，还可以打印各种胶片、照片纸、光盘封面、卷纸、T恤转印纸等特殊介质。
- 彩色激光打印机的打印效果比喷墨的要好些，使用专用打印纸能打出品质非常高的照片，而且照片防水，但材料价格比喷墨的要贵。
- 彩色热升华打印机是3种打印技术中效果最好的，打印图像清晰逼真，色彩亮丽，具有光泽感。打印介质防水防潮，不宜褪色，易于长久保存。当然其设备和耗材的价格也相对昂贵，需要专用的打印纸，另外，打印机的工作环境要求也较高。

因此，打印机应该综合考虑各种指标，最重要的是打印品质、打印速度、打印耗材、可打印的纸张大小及价格，其中价格因素与前几项指标密切相关。

1.1.4 扫描仪

扫描仪是将图片转换成数字图像的数字化输入设备。扫描对象可以是照片、正负胶片、图纸、美术图画、文本，甚至纺织品、标牌面板、印制板样品等物品。影响扫描仪性能主要有以下技术指标。

- 【分辨率】表示扫描仪对图像细节上的捕抓能力，它决定了所记录图像的细致度。以每英寸长度上扫描图像所含有像素点的个数来表示，单位为ppi。ppi数值越大，扫描的分辨率越高，扫描图像的品质越高。当分辨率过大时，对提高图像品质并不明显，但图像文件大小却成倍增大以致无法处理。目前大多数扫描的分辨率在300～2400ppi之间。

- 【灰度级】表示图像的亮度层次范围，级数越多扫描图像的层次越丰富，目前多数扫描仪的灰度为256级，256级灰阶表现的图像层次已超过肉眼所能辨识出的层次。
- 【色彩数】表示彩色扫描仪所能产生的颜色范围。以比特（bit）表示，色彩数越多扫描图像越鲜艳真实。
- 【扫描速度】由于扫描速度与分辨率、内存容量、硬盘存取速度以及图像大小有关，通常扫描速度用指定的分辨率和图像尺寸下的扫描时间来表示。
- 【扫描媒介与幅面】扫描媒介有平板扫描，可以扫描纸质照片、杂志、文稿等，扫描图稿尺寸的大小，常见的有A4、A3、A0幅面等。胶片扫描仪可以直接对传统胶卷的底片进行扫描，有135、120甚至4×5幅面。

1.1.5 其他辅助设备

1. 数位板

又叫绘图板、绘画板、手绘板等，是一种计算机数字化输入设备。通常是由一块面板和一支压感笔组成，就如使用画笔在画板绘制一样。可以提高后期修饰图像时的精准度，降低工作强度。衡量数位板品质的主要参数：压力感应、读取速率、分辨率、面板大小等。

- 【压力感应】以级数表示，级数越高表明感应画笔压力的灵敏度越高，表现粗细浓淡的笔触越细腻。压感有3个等级，分别为512（入门级）、1024（进阶级）和2048（专家级）。
- 【读取速度】是电脑对手绘动作同步的反应快慢，对绘画的影响并不明显。常见读取速度：100、133、150、200、220。100以下会感觉到明显的延迟现象，一般100点以上不会出现明显的延迟现象，200点基本没有延迟现象。
- 【分辨率】数位板的实际使用面积是由无数细小的感应方块组成的，数位板的分辨率是指单位面积里这些方块数量的多少，方块越多，读取笔画的数据就越多，相同的一笔，分辨率越高，信息量越大，线条越柔顺。常见的分辨率有2540、3048、4000、5080。作为图像后期处理2540即可满足要求。
- 【板面大小】是指数位板的绘制面积大小，常见有4×6／4×5（大约为A5的一半）、5×8／6×8（大约为A4纸的一半）、9×12（A4纸大小）、12×19；板面太大手臂运动范围很大，容易疲劳；板面太小较难进行精细的绘图操作，也容易疲劳。以照片后期修饰工作作为主的使用6×8大小即可。

2. 外接存储刻录设备

由于数码图像的文件尺寸往往都很大，硬盘空间有限，而且有损坏的风险，所以，作为对大量数据的存取媒介，采用外部存储可以提高存储量、保存时间和安全性。目前对个人使用而言，建议购买可刻录的DVD光驱进行数字照片的备份设备，同时它还能读取比它低级的光驱数据信息。

3. 显示器校色仪

为了实现所见即所得的色彩，对有较高要求的用户，一般都需要对显示器的色彩进行专业的精准校正。普通用户常用的这类产品有红蜘蛛、蓝蜘蛛品牌，使用方式参见产品说明。

数字图像浏览软件

作为浏览图像的软件有很多，常见的有ACDSee、IrfanView等，一些进行图像管理的软件也具有浏览功能。Adobe Photoshop在CS版本以后也加入了图像快速浏览的功能，以提高图像管理的效率。以下介绍几个常用的图像浏览软件。

1.2.1 ACDSee

ACDSee是较早流行的浏览看图工具，目前该软件已扩展为一个综合图片管理软件，新版本命名为ACDSee Photo Manager。提供对图片的获取、管理、浏览、优化以及其他一些功能插件，如幻灯片制作、打印、光盘刻录及私人文件夹等。还能进行简单的图像处理功能，如去除红眼、剪切图像、锐化、浮雕特效、曝光调整、旋转、镜像等。支持100多种常见图形图像格式，包括RAW图片、压缩包。该软件掌握容易、操作简单，直观易懂（如图1-2-1所示）。

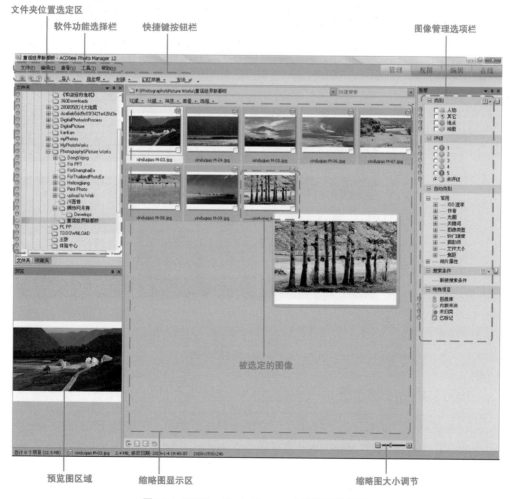

图1-2-1 ACDSee Photo Manager 12管理工作界面

1.2.2 IrfanView

　　IrfanView是一款免费的多媒体浏览软件，它的文件虽小但浏览速度极快。能打开图像、图形、音频、视频等多媒体格式的文件，并可幻灯显示、批量转换格式、批量重命名、JPG无损旋转；亦具有调整图像大小、调整颜色深度、添加覆盖文字、特效处理等图像编辑功能；能支持浏览几乎所有数码相机的RAW格式照片，还可以制作HTML格式的缩略图目录、创建自播放的EXE或SCR格式幻灯显示。

　　对仅仅考虑图像浏览功能的用户来说，IrfanView是当之无愧的精灵。特别适合于拍摄RAW的高级用户挑选照片时的预览（如图1-2-2所示）。

文件栏：软件提供的附加功能（如幻灯片创建）

选项栏：提供界面显示设置（如改变浏览图显示大小）

文件夹位置选定　　　　　浏览图显示区（双击图像可以进入编辑界面）

图1-2-2 IrfanView的浏览界面

1.2.3 Adobe Bridge浏览功能

　　Adobe Photoshop CS2以上版本提供了图像快速浏览的功能，在安装了Adobe Bridge后，在Photoshop里应用【文件>在Bridge中浏览】菜单命令可进入图像浏览，它可以浏览所有Adobe公司的格式文件，双击文件可自动调出编辑该格式的处理软件。操作与Windows文件夹操作相类似，直观简单，但是，使用Bridge的浏览功能需要占用很大的系统资源，软件反应速度较慢（如图1-2-3所示）。

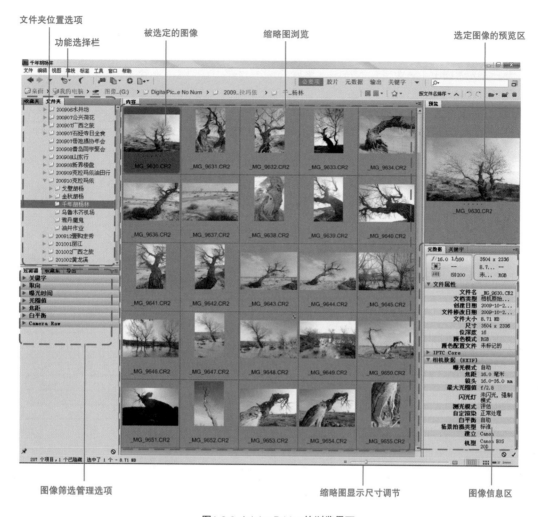

文件夹位置选项
功能选择栏
被选定的图像
缩略图浏览
选定图像的预览区

图像筛选管理选项
缩略图显示尺寸调节
图像信息区

图1-2-3 Adobe Bridge的浏览界面

数字图像预处理软件

1.3

由于RAW格式并非通用格式文件，不同的厂家甚至不同型号的相机，其RAW格式的文件也不同。对于使用RAW格式拍摄的用户而言，RAW照片的格式转换（即数码底片显影）是一个必不可少的预处理工作。

RAW格式文件就好比经过拍摄但尚未冲洗的胶卷，使用不同的软件处理同一个RAW文件就好比用不同厂家的胶片拍摄，而处理中的设置和调整就好比使用不同的药水和工艺来显影底片，因而使用不同的软件转换RAW格式得到的图像效果也各有差异。

RAW格式照片的预处理内容，主要是针对照片的曝光值（亮度）、白平衡（色温）、对比度、色彩饱和度、色调和聚焦（锐度）等进行调整。

1.3.1 ACR——Adobe Camera Raw

这是Adobe公司专门处理RAW格式文件的插件软件，支持几乎所有机型的RAW文件。如果无法打开新型号相机的RAW格式照片时，可以访问Adobe公司官网，下载免费的格式升级插件，安装后即可打开处理。

ACR的界面清爽，主要工具和调整选项一目了然，除了常规的RAW调整外，还具有去紫边、暗角补偿和基色单独矫正等功能，并且可以对图像进行污点清理和局部明暗色彩的调整（如图1-3-1所示）。

图1-3-1 Adobe Camera Raw 6.0的操作界面

1.3.2 Adobe Photoshop Lightroom

Adobe Photoshop Lightroom是一款专门针对摄影需求的简化版图像处理工具，主要面向数码摄影专业人士和高端用户。支持各种RAW图像，实现数码相片的浏览、编辑、预处理、后期处理、演示、管理、打印等。

照片管理是该软件的强大优势，只需要将照片存在一个"仓库"里，Lightroom就可实现组织、分类、筛选、搜索、展示等功能，避免了采用复杂庞大的文件夹造成的管理混乱，这对于进行大量拍摄的摄影师来说是一个非常有效、快捷的管理功能（如图1-3-2所示）。

软件任务菜单栏　　　　　　　　　　　　　　　　　　　　　图像调节控制键　　图像直方图

辅助编辑项目栏　　　　　　　　调节预览区　　　　　　文件夹照片浏览　图像编辑项目栏

图1-3-2　Adobe Photoshop Lightroom 3的图像前处理操作界面

1.3.3　Digital Photo Professional（DPP）

　　DPP是佳能公司为佳能相机的RAW格式（佳能公司命名为CRW、CR2等）开发的专业软件，图像显示色彩准确，色彩管理相当出色。它可以将一张照片的处理操作设置复制到多张照片进行批处理转换。可以详细显示佳能数码照片Exif拍摄信息，还可以在显示的画面上添加辅助网格，帮助分析照片。

　　DPP的色彩调整功能分别由RAW图像调节与RGB图像调节两个控制面板来实现。RAW图像调节控制面板对RAW格式图像进行白平衡、曝光、动态密度范围、色彩等调节。RGB图像调节控制面板对RAW格式图像与RGB图像（JPEG、TIFF格式）进行色调曲线、亮度、对比度、饱和度等色彩调节。对于追求细腻层次的佳能照片，使用DPP软件是一个必不可少的选择（如图1-3-3所示）。

菜单任务栏　　　　　编辑状态快速按钮　　　　　　　　　　　　　　　调节工具调板选项

文件夹照片图像预览缩略图　　　　　被编辑图像预览窗　　　　　　　图像调节控制键

图1-3-3　Digital Photo Professional 4.2的操作界面

1.3.4　Nikon Capture NX2

　　Capture NX2是尼康公司针对其系列数码相机的数码图片编辑和处理软件，通过简单易用的操作即可编辑NEF（尼康公司的RAW格式文件）、JPEG和TIFF格式的图片，以达到最佳的图像效果。

　　在Capture NX2里使用基于U-Point关键技术，通过直观放置一系列控制点：彩色控制点、黑色、中性色及白色控制点、红眼控制点以及新选区控制点，拖动这些控制点上的操作滑块，摄影师即可控制局部区域的色彩、色调、亮度、对比度以及范围大小。当一个控制点与另一个控制点之间产生叠加区域时，U-Point 技术的特有混合功能可智能识别控制对象的特征，产生出自然和谐的专业效果。要获得尼康NEF格式高精度高品质的专业图像，Capture NX2是首选的预处理软件（如图1-3-4所示）。

图像文件夹浏览（双击打开） 菜单任务栏　　　　图像编辑工具栏

被编辑照片元数据　　　　被编辑图像预览窗　　　　调节工具调板选项及图像调节控制键

图1-3-4 Capture NX 2的操作界面

1.3.5　Capture One飞思处理

　　由著名的中画幅数码后背公司Phase One（飞思）推出的这款软件，被众多摄影师公认为最专业的RAW格式处理软件。它的特点是操作界面简洁，功能一目了然，掌握快捷，对具有传统暗房经验的使用者无须特别的学习即可上手。

　　Capture One的操作流程按照摄影师的传统暗房习惯和要求设计，提供曝光补偿、反差、色彩饱和度、色温、白平衡、噪点控制、裁剪等常规调节，同时也提供了数码图像的色阶、曲线、RGB多通道的调整；另外，Capture One可以将一次照片的调整参数迅速地复制到其他指定的照片上，并且在RAW文件转换时可以一次性生成多个不同格式或尺寸的图像文件。实现了强大的批量转化处理，并且在批量处理时仍能同时对其他照片进行调整。

　　Phase One公司针对不同的用户提供了3个版本：专业版Capture One Pro，普通版Capture One SE，简化版Capture One LE。

　　Capture One Pro操作界面见本章图1-5-1。

数字图像后期处理软件

　　如果说数字图像预处理是对RAW格式的数字底片进行"显影"的话，那么后期处理就相当于进行"扩印"获得最终效果的图片。除了图像常规的影调、色彩、图幅的调整外，后期处理软件能更好地针对图像进行修饰、增强、特效、合成等加工处理，尤其是局部处理功能使得摄影师能更大限度地渲染作品的个性。

能进行数字图像后期处理的软件并不少，目前公认的主流软件为Adobe Photoshop图像处理系统，本书也主要以此软件为主。

1.4.1　Photoshop和Photoshop Elements

Adobe Photoshop是专业的系列处理软件之一，它是目前功能最强大最专业和最被广泛使用的专业数码图像处理软件。

Photoshop Elements是Adobe针对摄影要求的Photoshop CS简化版软件，面向照片编辑的大众市场而设计，它添加了一些非常直观实用的操作工具，比如照片修饰、电子邮件发送等。目前版本为Adobe Photoshop Elements 7。

这两款软件中的界面分布、界面元素及各种命令的名称和用途都完全相同，掌握了Photoshop CS也就能轻松操作Photoshop Elements。

本书的图像处理基本以Adobe Photoshop CS5软件为主，着重于数码照片的图像处理方法，其操作界面见第2章图2-1-1。

1.4.2　光影魔术手

光影魔术手NeoImaging是一款免费的国产图像处理软件。简单、高速、直观、易于上手，非常适合非个性要求的一般用户，对不希望在数码后期处理上花费功夫的摄影爱好者是最适合的（如图1-4-1所示）。

光影魔术手提供了大量的照片调整、照片特效、照片装饰等预设菜单，用户只需要"一键操作"即可调出所需效果，其批量处理功能提供了针对大量照片批量处理。

图1-4-1　光影魔术手NeoImaging 3的操作界面

1.4.3 友峰图像处理系统及电子相册制作

友锋图像处理系统是一款功能强大，操作简便，易于掌握，物美超值的国产图像处理软件（如图1-4-2所示）。只需要50块钱的注册费，就可以下载友峰提供的强大升级模版。

它的界面与Photoshop非常接近，除了能对照片进行常规的影调、色彩、瑕疵、特效以及文字、图层、选区、蒙版、滤镜等编辑处理外，它最精彩之处是集成了许多简单易于操作的照片装饰功能，如创建精美的边框、日历、贺卡、名信片等，用户只需简单的调用其相应的模版，软件即可自动产生装饰效果，通过升级模版可以获得丰富的装饰效果。

使用它的姊妹版软件《友峰电子相册制作》，更可轻松地制作生成Flash影片、可独立运行的EXE格式幻灯片和网页相册，可以生成可独立运行的屏幕保护程序，甚至可以将自己的相片制作成一些小游戏。支持多个背景音乐和歌词显示，并提供大量相片切换效果。可以生成多种视频格式文件，甚至是3GP手机视频。

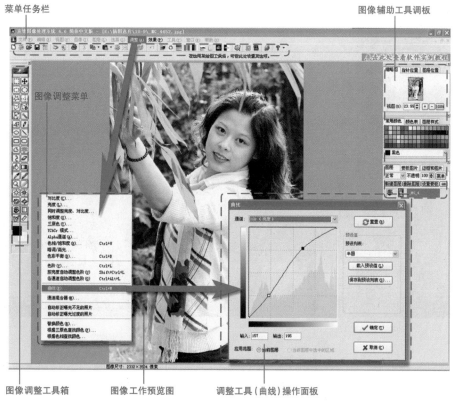

图1-4-2 友峰图像处理系统主操作界面

RAW格式照片的处理流程

如1.4节所述，使用RAW格式拍摄的照片必须进行数字底片的显影处理，这些显影主要是针对将RAW照片转为数字图像文件的曝光值（亮度）、白平衡（色温）、对比度、色彩饱和度、色调和聚焦（锐度）等进行调整。

本节以Capture One Pro软件为例介绍RAW格式照片的处理内容与流程，使用其他前处理软件按此工作内容与流程

打开Capture One Pro软件，进入RAW处理工作空间，操作界面和功能如图1-5-1所示。

图1-5-1 Capture One Pro 6.2的操作界面

- 菜单任务栏：提供了文件、编辑、查看、调整等下拉式菜单命令操作方式。
- 图像编辑工具标签栏：工具标签栏是包括一些Capture One最常用和频繁使用的功能组，这些功能组称为工作标签。每一工具标签都包含大量实用工具，每个工具都有一组调整图像或图像文件的控制键。常用的工具标签有图库、曝光、颜色、输出等。
- 图像编辑光标工具栏：光标工具可提供大量紧密相关的子功能的快捷访问，常用的有选择、移动、视图放大缩小、裁剪、拉直、梯形校正、选取白平衡等。
- 图像调节控制键：打开每一个工具标签，即打开对应的调整面板，通过控制键来对图像进行调节。
- 图像预览缩略图：照片所在的文件夹（即图库）中所有图像文件以缩略图方式浏览。

1.5.2　摄影作品调节流程

第一步：打开待处理照片文件夹

单击［图库］工具标签，打开文件夹操作面板，单击要进行处理的RAW照片文件所在目录，在［文件夹照片浏览区］显示出所有图像文件的缩略图，单击缩略图可在预览窗口显示待处理的照片。如需要旋转、裁剪、矫正照片，可直接单击［图像编辑光标工具栏］的快捷工具按钮进行相应的操作（如图1-5-2a所示）。

①　单击［图库］工具标签。

②　指定待处理照片所在文件夹位置。

③　在照片预览窗口单击需处理的照片缩略图（如图1-5-1所示）。

④　进行照片图幅操作的快捷工具按钮（如图1-5-1所示）。

图1-5-2a

第二步：调节照片影调

单击［曝光］工具标签，打开影调调整操作面板，该面板调整提供照片的曝光值、对比度、饱和度以及高动态影调调整，还提供了色阶、曲线和清晰度的工具调整（如图1-5-2b所示）。

①　单击［曝光］工具标签。

②　拖动曝光栏的调节滑块可以分别调节照片的曝光值、对比度、亮度、色彩饱和度。

③　如需获得高动态影调，向右拉动高动态范围的调节滑块。阴影能提高暗部区域的亮度，高亮可压暗高光区域的亮度。

④　等级类似于色阶调整，曲线调整的含义和用法与PS软件中的是一致的。

⑤　清晰度为图像清晰锐化的调整。

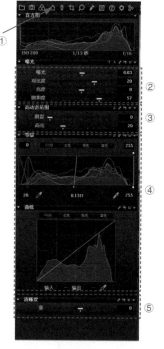

图1-5-2b

第三步：调节照片色调（白平衡）

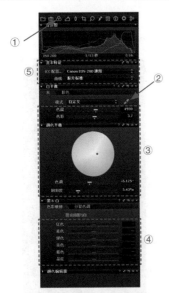

图1-5-2c

单击［颜色］工具标签，打开色彩调整操作面板，该面板可调整照片的色温、色调和饱和度，也提供了黑白照片的转换调节（如图1-5-2c所示）。

使用白平衡吸管可快速准确设置白平衡，消除照片偏色。如果没有明显的实际灰色区域，可以通过色温或色调调节。

① 单击［颜色］工具标签。

② 选取白平衡吸管可快速消除偏色（参见6.2节内容）

③ 拖动白平衡调节滑块可改变颜色。色温调节向左变冷，向右变暖；色彩调节向左加绿色，向右加品红。

④ 启动黑与白可进行黑白照片转换。并通过调节六基色的成分控制黑白照片的明暗层次效果。

⑤ 基本特征可以设置转出照片的ICC配置，大多数情况下系统可以自动识别。

第四步：转换输出文件

图1-5-2d

在调整好照片后就需要把摄影作品（即RAW文件）转换为数码图像格式文件，相当于冲洗出底片。单击［输出］工具标签，打开转换输出操作面板，设置照片的相应输出参数。处理结束后可在输出文件的文件夹位置获得照片的图像格式文件（如图1-5-2d所示）。

① 单击［输出］工具标签。

② 冲洗方法提供了输出文件的格式、色彩空间ICC配置和尺寸大小设定。没有特殊需要时按照系统默认值。

③ 输出命名提供了输出文件的重命名方式以及输出文件的存放文件夹位置设置。不选择重命名时系统默认以原RAW照片文件名命名。

④ 冲洗处理确认与进程指示。

摄影后期处理的工作流程

1.6

面对一张照片，许多初学者能感觉不满意，却不知该从何下手。一个良好的图像处理工作流程就是改善照片品质的关键性内容和主要处理方法，以下5个步骤和内容为摄影师指引一个处理照片的思路、内容和工作流程。

预处理：照片文件格式的转换

如果是使用RAW格式拍摄的照片，首先需要使用RAW处理软件进行格式转换处理（参见1.3、1.5）。

第1步 形的修正与修饰——必要的图像裁剪和景物的修饰

裁剪其实可以理解为二次构图。裁掉多余的无意义的景物，突出主题。照片中往往存在一些瑕疵或多余景物，如CCD尘点、噪点、斑痕以及不适宜的背景物，因此，有必要对照片进行清洁处理或图像变形矫正（参见第3章、第7、第8章相应内容）。

第2步 影调的修正与修饰——确定图像正确明暗影调

照片获得正确的构图后，需要对图像造就一个尽可能丰富的影调表现能力，又叫做动态范围。通过对图像直方图的分析，可以在保证正确的亮度前提下，尽可能详尽地表现照片景物的影调层次和细节（参见第4、第5章内容）。

第3步 色彩的修正与修饰——修正色调和颜色

由于照片颜色往往存在一定的偏差，色彩冷暖关系也有可能偏色。增强一点色彩感能大大提高照片的舒适感（参见第6章内容）。

第4步 装饰照片——增强照片魅力

针对照片的内容、主体、形式、色彩等特点，加入个人的主观审美取向，巧妙的处理往往能使照片获得与众不同的魅力，也是展示个性作品的一种重要有效方法（参见第9～13章相应内容）。

笔记栏

第2章

图像 操作工具——

Photoshop

本书的目的是为那些使用数码摄影而又期望自行进行后期图像处理的读者而写的，Photoshop拥有非常强大的功能，为了照顾那些早期版本使用者的习惯，Photoshop的新版本并不放弃老版本的功能（尽管有些功能已经没有意义了）。对于数码摄影师来说，所涉及的Photoshop的功能只是一小部分。这也是许多初学者被误导的地方，面对Photoshop庞大的功能群，繁多的操作界面，无从下手。

对于一般数码摄影师而言，掌握以下几项Photoshop的基本概念和操作就足以胜任绝大部分的图像后期处理。

● 辅助编辑工具：图层、通道、蒙版、选区

● 影调色彩调整工具：色阶、曲线、色相/饱和度、色彩平衡

● 操作工具：图幅工具、选择工具、修饰工具、图块变换工具、文字工具、部分滤镜

Photoshop软件系统

Photoshop是广大摄影爱好者的首选，是功能最强大、最专业和最被广泛使用的专业数字图像处理软件，目前已推出了13.0版本，即Adobe Photoshop CS6。

Photoshop软件有Windows和Macintosh两个不同的系统版本，这两个版本在使用方法上并没有本质上的差别。本书在Windows XP环境完成，没有标出Macintosh的键符。如果使用Macintosh版本，大多数情况下可以按照下表对比Windows键操作。

Windows	Ctrl	Shift	Alt
Macintosh	Cammond	Shift	Option

2.1.1 操作界面及主要功能

对使用Photoshop进行后期处理的数码摄影者，笔者建议使用CS4以上的版本，本书使用CS5版本作为案例处理的工作环境（如图2-1-1所示）。

图2-1-1 Adobe Photoshop CS5操作界面

2.1.2 Adobe颜色管理

1. 为什么要做颜色管理

将图像从数码相机移到显示器，并最终转至打印机的过程，图像经过颜色模式的转换，由于各个色彩空间的颜色不可能——对应，因此，图像的颜色往往会发生偏差。不同厂家不同设备在用数字技术模拟现实的颜色时，其方法和工艺都会有所差异，使得每个设备再现的色彩也有所差异（如图2-1-2所示）。

设备能有效再现颜色的范围称为色域。颜色管理就是建立一套控制色彩空间、工作空间和设备颜色特征的系统，使图像色彩在各个设备上再现时尽可能地趋于一致。

使用配置文件管理颜色：

A：颜色管理系统：使用配置文件来标识图像文档色彩数值与不同设备所表现的颜色之间的关系。

B：输入设备的配置文件描述图像的色彩空间（如照相机设定的颜色方式，或RAW转换时指定的色彩空间）。

C：显示设备的配置文件告知颜色管理系统如何将数值转换到显示器的色彩空间。

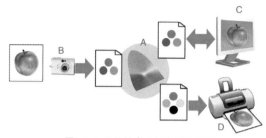

图2-1-2 不同设备之间色彩的转换

D：输出设备的配置文件，将图像文档的数值转换为输出设备的颜色值，从而打印实际颜色。

2. 颜色管理的内容

进行颜色管理必须分3个部分：设备色彩调校、设备的色彩特征描述和颜色的转换处理。

- 设备色彩调校：颜色管理首先要保证设备要处于其色彩还原的正常状态，必须能正常的还原它本身的色域。

- 设备色彩特征描述：一般来说，厂家会提供设备的描述色彩特征的数据接口，又叫色彩配置文件。只要确定了在此设备上进行工作，将此文件安装即可，具体安装参见设备使用手册。

- 颜色的转换处理：用户在使用图像处理软件打开和编辑图像前，需要确定图像在什么色彩空间和色彩环境下进行，让软件按照设定的工作目标完成色彩的处理。这是本书强调的颜色管理内容，下面将对此详细介绍。

3. 设置颜色工作环境

在菜单栏应用【编辑 > 颜色设置】菜单命令，或按Shift+Ctrl+K快捷键打开"颜色设置"对话框（如图2-1-3所示）：

对话框中选项按以下方式设置：

① 设置：除非明确知道在列表中某一特定环境下工作，否则大多数情况下，选择默认的"北美常规用途2"；

② 工作空间：

- RGB：仅在电脑或网页上使用照片选择sRGB IEC61966-2.1；需要彩扩或打印出图的照片选择Adobe RGB（1998）。

- CMYK：在无法明确打印设备的情况下，建议使用默认的设置；假如明确了某一特定的打印机出

图2-1-3 "颜色设置"对话框

图，该打印机提供了打印配置文件则可安装该文件。在下拉菜单中选择载入CMYK选项按照导航将打印配置文件装入系统。

- 灰色与专色：大多数情况下使用默认的Dot Gain 20%设置是安全的。

③ 色彩管理方案：建议全部选用默认的保留嵌入的配置文件选项，并建议勾选下方3个复选框；这样，当打开颜色配置文件不匹配的图像时，Photoshop给出警示对话框，供用户选择处理方案（如图2-1-4所示）。

- 使用嵌入的配置文件（代替工作空间）：将图像自身使用的色彩空间代替预设的工作空间来处理图像（本案例中，原图为sRGB IEC61966-2.1代替预设的工作空间Adobe RGB）。
- 将文档的颜色转换到工作空间：将图像按照 系统预设的工作空间（本案例为Adobe RGB）处理。
- 扔掉嵌入的配置文件（不进行色彩管理）：顾名思义，就是对图像不做色彩配置的任何处理，笔者建议尽可能不选择此项，除非有特殊的目的。

当打开没有或丢失了颜色配置文件的图像时，Photoshop给出警示对话框供用户选择处理方案（如图2-1-5所示）。

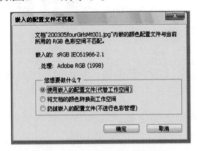 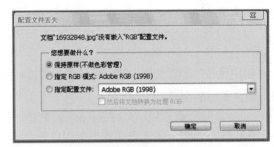

图2-1-4 "嵌入的配置文件不匹配"对话框　　　图2-1-5 "配置文件丢失"对话框

- 保持原样（不做色彩管理）：顾名思义，就是保留被打开图像自身的颜色配置属性不改变其色域。
- 指定RGB模式：这里是指将预设的RGB工作空间（图示中案例设为Adobe RGB色彩空间）指定到被打开的图像作为其颜色配置文件。
- 指定配置文件：可以从下拉菜单中选择所需要的色彩空间，作为被打开图像的颜色配置文件。

④ 转换选项：图2-1-3的对话框中，单击右侧的"更多选项"按钮，打开颜色设置中的转换选项，它的作用是在进行图像色域转换时如何处理那些多出来或没有的色彩，主要考虑意图中的可感知与相对比色两个选项即可（如图2-1-6所示）。

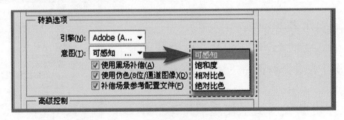

图2-1-6 转换选项

- 可感知：这个选项是强调对色彩间视觉的自然平滑的过渡，它照顾了周边色彩的关系，因此有可能并不完全忠实原图色彩，较适合照片处理，本作者建议摄影师选择此项。
- 相对比色：这个选项是强调对原图色彩的准确再现，它试图尽可能地接近原色彩，而裁剪掉色域外的颜色，并将被裁剪掉的颜色转换成与它们最接近的可再现颜色，因此有时会产生一些生硬的边缘。因为它保留了更多原来的颜色，适合色域差别不太大的ICC之间的转换。一般在平面设计的图形处理时选用此项。

其他两个选项的含义是：

- 饱和度：饱和度转换方式力求保持颜色的鲜艳度，而忽略颜色的准确性。它把源设备色彩空间中最饱和的颜色映射到目标设备中最饱和的颜色。这种方法适合于各种图表和其他商业图形的复制，或适合制作用彩色标记高度或深度的地图，以及卡通、漫画。

- 绝对比色：这个选项强调了完全忠实原图的颜色，而忽略色彩间变化的关系。主要是为打样而设计的，目的是要在另外的打样设备上模拟出最终输出设备的复制效果。只是在很少的情况下使用，不适合一般常规转换。

在所有不同的ICC之间的转换都是通过以上4种方式完成的，任何一项都是很难两全其美的选择，要追求色彩精准就可能放弃色彩平滑的自然过渡，反之亦然。如果对图像品质要求很高，建议用户不妨多试几张做对比，根据自己的需求来观察图像在转换过程中发生的变化来选择最适合图像的转换方式。

2.1.3　显示器的色彩校准

由于显示器都有亮度和对比度的调节，不同的亮度、对比度在观看图像时其影调和色彩当然就不一样。在进行图像处理前首先要将显示器调整为标准模式，一般使用专门的显示器校色设备，如爱色丽eye-one、蜘蛛Spyder等。

下面介绍一种简便经济的软件调整方法，需要申明的是，这种办法并不能完全替代色彩校正设备的功效，如果对图像品质要求严格的话，建议尽量采用校色设备对显示器进行色彩校准。

如果安装的是Adobe Photoshop CS3以上版本，为此需要预先单独下载Adobe Gamma软件，将其复制到系统盘的X:/windows/system文件夹里，使用Adobe Photoshop CS2以下版本后会自动在系统控制面板中安装Adobe Gamma（如图2-1-7所示）。

第1步：将显示器的对比度调节为100%，亮度调节为20~25%（新显示器调为23%最佳）。

第2步：打开控制面板窗口，双击Adobe Gamma图标。

第3步：选择［逐步（精灵）］，单击［下一步］按钮直至出现如图2-1-8所示对话框。

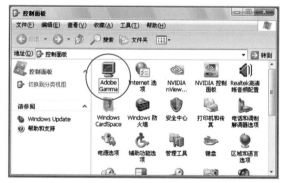

图2-1-7　自动安装的Adobe Gamma

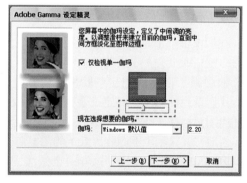

图2-1-8　"Adobe Gamma设定精灵"对话框

第4步：在图2-1-8所示的对话框中，用鼠标拖动滑块左右滑动，使得矩形框内外的灰度尽可能一致（技巧：眯上眼睛距离显示屏一米以外观看；或者用一张半透明的纸蒙在上面观察），然后单击［下一步］按钮；

第5步：按提示单击［下一步］按钮直至出现如图2-1-9所示图对话框。

第6步：选择［之后］单选按钮，单击［完成］按钮，出现如图2-1-10所示对话框。

第7步：单击［保存］按钮，调节结束并覆盖原来的文件，得到一个Adobe的屏幕色彩管理的标准模式。

如果调整不好，以上过程可以重复进行。

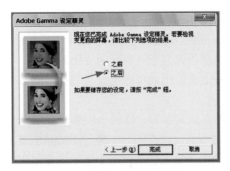

图2-1-9 选择［之后］单选按钮

图2-1-10 "另存为"对话框

Photoshop编辑辅助工具

2.2

Photoshop的辅助工具有编辑辅助与环境辅助两种，本节仅介绍编辑辅助工具。

- 编辑辅助工具：图层、通道、蒙版、选区、羽化等。这类工具不能直接对图像进行修改，它仅为调整工具提供一个特定的处理方式和渠道，使得调整更加灵活准确。
- 环境辅助工具：标尺、网格、参考线等，这类辅助工具不会对图像产生任何修改，仅是提供操作者在调整中的一种视觉参考辅助。

2.2.1 图层与图层调板

　　我们设想一下，假如分别在若干张完全透明的胶片纸上画上不同的颜色和图案（不要全部画满），然后把这些胶片纸叠在一起，我们看到什么呢？一定是叠在上面的胶片纸的图案挡住了下面的图案，而没有画上图案的地方就显示了下面胶片纸上的图案。

　　Photoshop软件借用了这样一个做法，可以认为这些胶片就是图层，一张胶片纸就是一个图层。最终获得的图像就是这些图层上的图案的组合，它组合的原则是：上面的图案遮挡下面的图案；而透明的地方（没有图案）能看到下面的图案（如图2-2-1

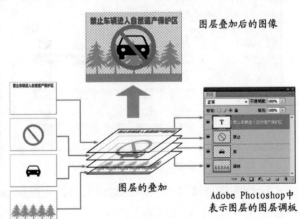

图2-2-1 理解图层的含义

所示）。值得提醒的是在Photoshop中，白色也是一种图案，它会遮挡下面的图案，在Photoshop中，图层透明的部分是以白灰相间的小方格来表示。

　　为什么要用图层呢？因为在一个图层里的操作不会影响到其他图层的内容，据此，我们可以把不希望相互干扰的内容分别放在不同的图层里，在其中一个图层里进行修改，一旦操作的结果不满意可以删除该图层，而不会破坏其他图层里的内容。

　　另外，计算机对图层与图层之间可以采用一些混合（通过某种数学运算方式），这些图

层间的混合可以产生出远远超出胶片纸叠加出来的直观效果。图层混合方式可以在有关介绍
Photoshop的书籍中了解，本书在使用到图层混合方式时即时讲解，图层的操作是通过图层调板
来完成的，图层调板如图2-2-2所示。

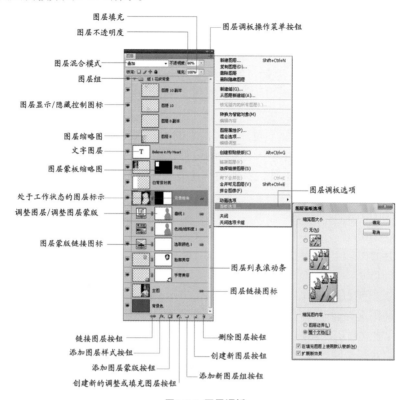

图2-2-2 图层调板

其中常用按钮与控制选项如下：

- 图层混合模式选择下拉列表框：在此下拉列表框中可以选择当前图层与其下一图层的混合方式。
- 不透明度控制滑块：输入数值或直接拖动滑块（单击右边黑三角出现）可以控制当前图层的透明程度，数值越小，则当前图层越透明。
- 显示/隐藏图层控制图标：单击此图标可以控制当前图层的显示与隐藏状态。
- 删除图层按钮：单击该按钮，或者直接拖动图层至此，可以删除当前图层。
- 创建新图层按钮：单击该按钮，可以增加新的空图层；直接拖动某一图层到此则可复制该图层。
- 创建新的填充或调整图层按钮：单击该按钮，可以在弹出的下拉菜单中为当前图层创建新的填充或调整图层。
- 添加图层蒙版按钮：单击该按钮，可以为当前图层添加图层蒙版。
- 添加图层样式按钮：单击该按钮可在弹出的下拉菜单中选择图层样式命令面板，为当前图层添加图层样式
- 图层缩略图及名称：当前图层的缩略图及名称，双击名称可以命名修改图层名称。

2.2.2　通道及通道调板

图像里每一个像素里的色彩都是由不同比例的基色混合呈现出来的，以RGB颜色模式为

例，Photoshop给每个像素的红、绿、蓝3个基色各赋予一个由0~255的强度值，一个像素里如果RGB三基色都没有（没有任何光，强度都为0），这个像素是黑色；相反，如果三基色全部都充满（红绿蓝的光亮都是最大值，强度是255），这个像素就是白色。如果像素呈现红色时，红基色（R）全部打开，而绿（G）和蓝（B）色不发光，RGB的成分分别是（255，0，0）。

电脑就是通过3个基色不同的发光强度来形成图像（像素）的不同色彩变化。Photoshop中通过3个灰度图来分别记录图像中每一个像素的3个基色的成分大小。这3个灰度图就是RGB色彩的通道。可以把通道理解成是基色能"通过"多与少的控制开关，当"开关"关闭的时候用黑色表示，而完全打开的时候用白色表示。灰色部分就是"开关"大小，越亮表示基色的色彩成分通过越多，越暗表示基色的色彩成分通过越小。

由于通道里每一个像素的成分不同，这些像素的不同灰度值排列在一起就组成了一张有不同明暗的灰度图（注意：每个通道里一个像素的位置就相当于一个开关，如图2-2-3所示），因此，只要能对灰度图进行操作的工具，就能操作这些"开关"。换句话说，改变通道灰度图的明暗，自然也就能改变图像的色彩。

例如：

红色开关R=210

绿色开关G=160

蓝色开关B=150

混合得到的颜色就是（210，160，150）

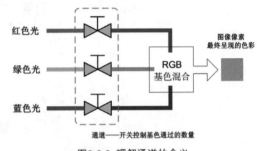

图2-2-3 理解通道的含义

Photoshop利用这种通道"开关"的特性，提供了允许用户自行建立通道的功能，这样的通道被称为Alpha通道，它对图像的颜色模式是没有意义的，它的作用仅是为了制造与保存选区，而不会使图像色彩发生任何变化，通道调板如图2-2-4所示。

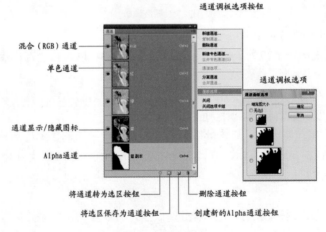

图2-2-4 通道调板

其中常见按钮和功能如下：

- 通道缩略图及名称：当前通道的缩略图及名称，双击Alpha通道时可以命名和修改通道名称。
- 通道作为选区载入按钮：单击该按钮可以将当前通道的高光区域提取为选区。
- 选区存储为通道按钮：在当前图像存在选区的状态下，单击该按钮可以将当前选区保存为Alpha通道。
- 创建新通道按钮：单击此按钮可以创建一个新的Alpha通道；将某一通道拖动到此可以复制该通道作为Alpha通道。

2.2.3 图层蒙版

　　蒙版其实就是一个覆盖在图层上的遮挡图，遮挡的部分使用黑色，不遮挡的部分使用白色，灰色则可以产生一种透明遮挡的效果，灰色越深遮挡越强，反之，灰色越浅遮挡越少。

　　在Photoshop中通过黑白灰表示遮罩就产生了一个灰度图，因此，蒙版的黑、白、灰色的成分都可以使用Photoshop任何绘图或调整工具进行绘制、编辑和修改，如画笔、填充、渐变、甚至滤镜。只要能处理灰度图的操作和功能都可以使用（如图2-2-5所示）。

图2-2-5 蒙版对图像的遮挡

　　Photoshop中有几种蒙版的形式，快速蒙版、图层蒙版、剪贴蒙版和矢量蒙版。其中，图层蒙版在数码摄影后期处理的使用频率最高，如图2-2-6所示是一个应用图层蒙版产生的两张数码照片合成的效果。

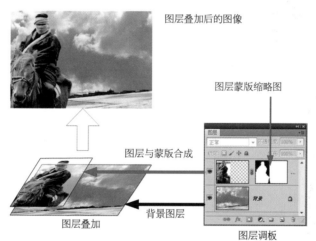

图2-2-6 理解图层蒙版的含义

　　右击图层蒙版缩略图，在弹出的快捷菜单中可以选择对图层蒙版的操作（如图2-2-7所示）：

- 图层蒙版的链接/取消链接：在默认的情况下，图层与蒙版处于链接状态，该图层调板中两个缩略图之间显示一个链接图标。此状态下，如果用移动工具移动任何一个，图层中的图像与图层蒙版会同时移动；单击链接图标即可取消图层与图层蒙版之间的联动，再次单击即可恢复链接。

- 停用图层蒙版：可以暂时屏蔽图层蒙版的作用，使其不再发生作用，但图层蒙版内容仍然存在，此时图层的缩略图多显示一个红叉。

- 删除图层蒙版：去除图层蒙版，不考虑蒙版对图层的作用。

- 应用图层蒙版：将图层蒙版对图层产生的效果作用到图层中，然后去除图层蒙版。

　　CS4版本后，Adobe增加了一个针对蒙版操作的蒙版调板（如图2-2-8所示）。它提供了对蒙版或选区的多种修改操作方法。

图2-2-7 快捷菜单

图2-2-8 蒙版调板

2.2.4 选区

Photoshop的一个强大特点就是可以对图像的某一个部分进行单独的处理，而不影响其他不希望被处理的区域。Photoshop通过特有的"蚂蚁线"可以划定需要处理的区域，在接下来的任何处理操作过程中，只针对"蚂蚁线"范围（即：选区）以内的图像产生处理，而之外的图像不会发生任何变化。

图2-2-9 选择人物脸部附近区域

第1步：单击工具栏中［套索工具］，选择人物脸部附近区域（如图2-2-9所示）。

图2-2-10 反选选区

第2步：选择【选择 > 反选】菜单命令，或按Shift+Ctrl+I快捷键将选区反选（处理人脸以外部分）（如图2-2-10所示）。

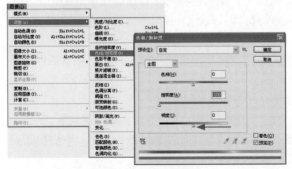

图2-2-11 调整饱和度

第3步：选择【图像 > 调整 > 色相/饱和度】菜单命令，将饱和度的滑块拉到最左端，单击［确定］按钮（如图2-2-11所示）。

选区处理的效果：

选区以内的区域（背景）的色彩被去掉了，而选区以外的区域（人物脸部）仍保留原样没有被去色（如图2-2-12所示）。

图2-2-12　处理效果

2.2.5　羽化

在上一节中，选区被划定以后，被处理与未被处理的交界处有一条很明显的边缘，在大多数情况下看到这种处理很不自然，我们希望这个被处理的区域能逐渐衰减到未被处理的区域，呈现一种渐变的过渡，这就是羽化的作用。

在上一节第1步（图2-2-9）完成以后，选定了选区后，选择【选区>修改>羽化】菜单命令（如图2-2-13所示），在弹出的对话框中给定一个羽化半径数值（此处设定为80）。

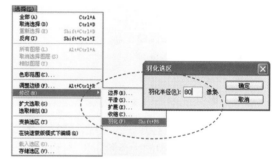

图2-2-13

然后再选择【图像>调整>色相/饱和度】菜单命令，将饱和度的滑块拉到最左端（如图2-2-11一样操作）。处理后与图2-2-12相比，人物与背景之间的颜色变化是渐变过渡的，被处理区域的边缘被柔化了（如图2-2-14所示）。

图2-2-14

可以把羽化理解为由强至弱，由深至浅的过渡控制。羽化时，需要给定一个半径数值，此数值表示以选区边界（蚂蚁线）为中心，从向内半径数值的宽度开始到向外半径数值的宽度之间，受处理操作的影响是从完全执行到不执行的渐变。半径数值越大，渐变的宽度越大，反之越小（如图2-2-15所示）。

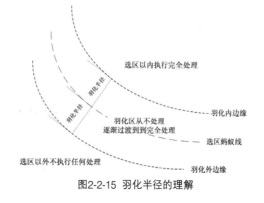

图2-2-15　羽化半径的理解

Photoshop色彩影调处理工具

在上一节中已经介绍了Photoshop的编辑辅助工具，本节介绍最重要也是最常用的影调与色彩的调整工具，在图像影调和色彩的调整中无不使用这几个工具，或者说，所有千变万化的图像调整都是通过这几个工具而获得，并没有别的深奥绝门"暗器"。

Photoshop的其他调整工具，如工具箱、图像尺寸、滤镜等调整工具将在本书具体的实例中介绍。图像影调与色彩的主要处理工具有：

- 色阶调整。
- 曲线调整工具。
- 色相/饱和度调整工具。
- 色彩平衡调整工具。
- 调整图层和调整调板工具。
- 目标调整工具。

2.3.1 色阶

在Photoshop里打开一张照片，选择【图像 > 调整 > 色阶】菜单命令（或按Ctrl+L快捷键），也可单击调整调板中的［色阶］工具图标按钮（如图2-3-1所示）。

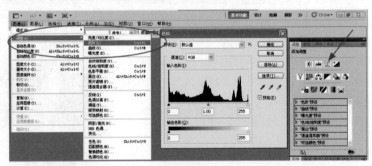

图2-3-1

图2-3-1中显示的框图称为色阶图，也称为直方图，表示图像的灰度"水平等级"。色阶是反映一张数字图像影调明暗成分的工具图（如图2-3-2所示）。

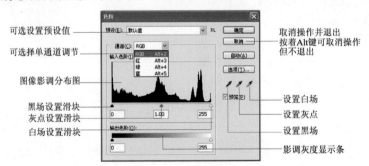

图2-3-2 色阶调整对话框

在色阶图中，水平方向从左至右表示由最暗（完全黑）到最亮（完全白）的影调变化，其变化的影调标尺显示色阶图下方；垂直方向表示在某个影调上的像素数量，数量越多，在垂直方向上显示就越高。把图像中各个影调的像素数量，在对应水平方向上的影调位置按比例标注出来，就可以得到一个高低起伏的"像素山脉"。

图2-3-3所示为直方图的"像素山脉"主要集中在左边的时候，也就是说，图像里暗部的像素数量很多，亮的像素数量少，说明该图的影调较暗；相反，图2-3-4所示中直方图的"像素山脉"主要集中在右边的时候，图像里亮部的像素数量要比暗部的像素数量多得多，该图的影调较明亮。而图2-3-5所示中直方图"像素山脉"非常窄，说明图像像素数量主要集中在某一个小区域的影调值，因此该图缺乏较大的明暗变化，呈现出来就是图像影调发灰。

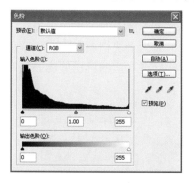 

图2-3-3 直方图的"山脉"大多集中在左边，图像呈现暗调

图2-3-4 直方图的"山脉"大多集中在右边，图像呈现亮调

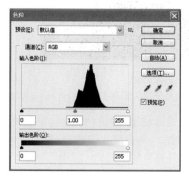 

图2-3-5 直方图的"山脉"过于狭窄，图像呈现发灰影调

对于大多数图像来说，希望既不太暗又不要太亮，而是各个影调的层次都能有所表现（实际上就是照片层次丰富均匀），色阶中直方图的"像素山脉"应该从左到右是延绵起伏的（如图2-3-6所示）。

图2-3-6 直方图中的山脉分布平缓，图像呈现更多的影调

Photoshop提供了对色阶的调节，在直方图下方分别有黑、灰、白3个三角控制滑块，拖动滑块表示照片中与滑块指向的那个灰度一样的影调将被"强制"变为滑块所指的亮度值：

- 向左拖动白色滑块或灰色滑块，图像会整体变亮，因为滑块把原本比它更暗的那个位置的影调变成了滑块的亮度（还记得吗？在影调标尺里左边的影调要比右边暗）（如图2-3-7所示）。

图2-3-7 向左拖动白色控制滑块可使图像变亮

- 向右拖动黑色滑块或灰色滑块，图像会整体变暗，因为滑块把原本比它更亮那个的位置的影调变成了滑块的亮度（同样，在影调标尺里右边的影调要比左边亮）（如图2-3-8所示）。

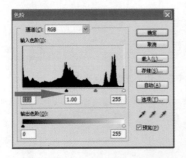

图2-3-8 向右拖动黑色控制滑块可使图像变暗

- 在［通道］下拉列表框中选择要调整的通道名称，可以分别对组成图像颜色模式的基色成分单独调节。如在RGB模式下，可以有RGB复合通道及红、绿、蓝单色通道4个选项；在CMYK模式下有CMKY复合通道以及青色、洋红、黄色、黑单色通道5个选项。

2.3.2 曲线

曲线是Photoshop很具独特创意的一个图像影调色彩调整工具，也是最常用、最有效的图像调整工具之一。曲线的确让很多初学者望而却步，它很容易让人想起枯燥和深奥的数学问题，其实它并不复杂。

在Photoshop里打开一张照片，选择【图像＞调整＞曲线】菜单命令（或按Ctrl+L快捷键），如图2-3-9所示，也可以单击调整调板中的［曲线］工具图标按钮（如图2-3-9所示）。

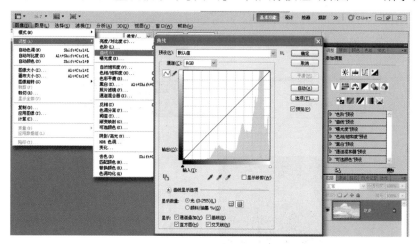

图2-3-9 选择菜单命令或单击工具图标按钮

"曲线"对话框如图2-3-10所示。

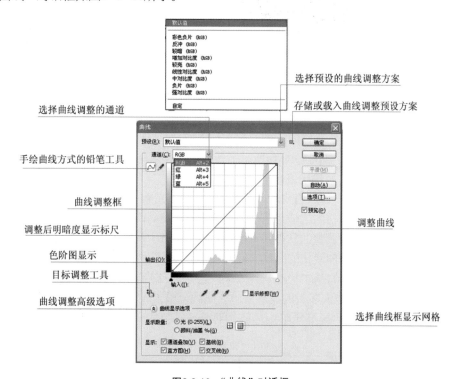

图2-3-10 "曲线"对话框

先做一个实验，打开一张照片，选择【图像＞调整＞曲线】菜单命令，在弹出的对话框中出现一条45°斜线（如图2-3-11所示）。在曲线面板里，用鼠标抓住45°线右上角点向下慢慢拖动，图像也跟着变暗（如图2-3-12所示），当拖动到曲线方框右下角的位置时，图像成了一张全黑的图像！为什么呢，因为这条直线上所有点都对应到垂直灰度条最下方的0值，也就是说调整后所有像素都变成了黑色。反之，如果向上拖动45°线左下方的点，图像会逐渐变亮（如图2-3-13所示），当拖至曲线方框左上角的位置时，图像成了一张全白的图像，因为调整后所有像素的值都变成了垂直灰度条最上方的白色。

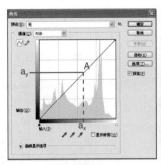

图2-3-11 曲线调整前原图影像

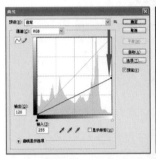

图2-3-12 曲线低于45°线使图像变暗

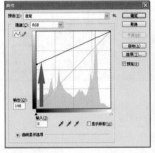

图2-3-13 曲线高于45°线使图像变暗

可以看出，曲线实际上是反映一张数字图像里各个灰度值在调节前后的亮度变化情况，通过调整曲线的形状就可以改变图像的明暗亮度。曲线调整框水平方向的灰度条代表图像未经调整前的灰度值，垂直方向灰度条代表图像经过调解后的灰度值，当没有经过任何调整的时候，水平方向与垂直方向的灰度值是相等的，所以呈现为一条45°直线。图2-3-11所示曲线上A点在水平方向a_x和垂直方向a_y的灰度值都是一样的（即：输出=输入）；当抓住A点向上拖动到A'点时，直线变成了一条向上凸的曲线（如图2-3-14所示），A点的在水平方向的值a_x（调整前输入值128）对应到垂直方向的值a'_y（调整后输出值197）。

当然，可以对曲线上任一点做出改动，改变图像中同等亮度的像素。在曲线上单击确立一个调节点，这个点可被拖移到网格内的任意范围，向上或向下拖动调节点则会使图像变亮或变暗。图2-3-14~图2-3-19所示为曲线调整的几种基本形态（为了突出示范效果，在这些例子里的曲线都有些夸张，某些时候的确需要强烈变化的曲线，但大多数时候，图像曲线的改变要轻微得多）。

理解和熟记上面8种曲线的基本状态及其效果，根据相应某个区域影调的调整需求，利用这8种基本调整形态，则可完成绝大多数的调整要求。曲线调整工具同样提供了对红、绿、蓝单基色通道的调整，此时上面所说的提亮压暗则理解为对某一基色成分的增加与减少（如图2-3-20和图2-3-21所示）。

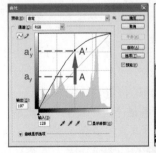

图2-3-14 上凸曲线使图像变亮

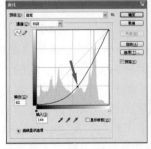

图2-3-15 下凹曲线使图像变暗

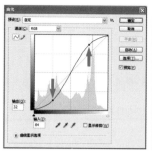

图2-3-16 S形曲线提高图像反差　　　　　图2-3-17 反S形曲线降低图像反差

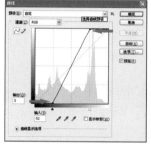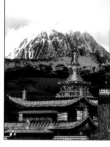

图2-3-18 曲线越陡图像颜色越浓艳　　　　图2-3-19 曲线变化越复杂图像颜色越离奇

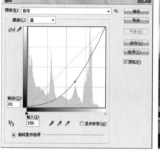

图2-3-20 在红色通道中提高曲线使图像偏红　　图2-3-21 在蓝色通道中降低曲线使图像偏黄

　　如果掌握了色彩基色的基本规律，巧妙利用上述各种曲线的调整方式，则完全可以对图像的色彩进行随心所欲的调整。比如，偏色照片的校正，或者某种色彩、色调的改变。

2.3.3 色相/饱和度

　　选择【图像＞调整＞色相/饱和度】菜单命令（或按Ctrl+M快捷键），弹出对话框，也可以单击调整调板中的［色相/饱和度］工具图标按钮（如图2-3-22和图2-3-23所示）。

图2-3-22 选择菜单命令或单击工具图标按钮

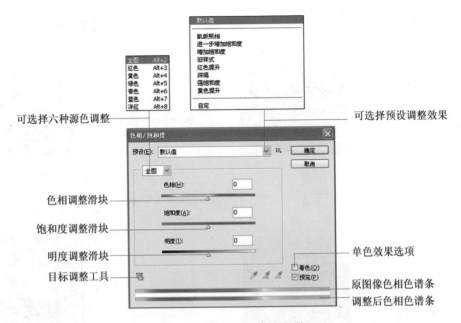

可选择六种源色调整

可选择预设调整效果

色相调整滑块

饱和度调整滑块

明度调整滑块

目标调整工具

单色效果选项

原图像色相色谱条

调整后色相色谱条

图2-3-23 "色相/饱和度"对话框

色相，是指颜色的相貌，拉动色相调整的滑块可以引起图像中的色相发生改变，如原来红色变成了绿色。在设置框下方有两个色相色谱条，上方的色谱是固定的（代表改变前），下方的色谱会随着色相滑块的移动而改变（代表经过调节后的改变），其实是告诉我们色相改变的对应结果。比如，将色相滑块拖动到如图2-3-24所示的位置，对比原图（如图2-3-25所示）发现看到洋红色的花瓣变成了绿色的，而在色谱条可以清楚地看到，原来上方色谱的洋红色部分A对应下方色谱条的B处是绿色，而原来绿色的部分对应到了蓝色。

图2-3-24 改变色相

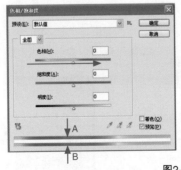

图2-3-25 原图

饱和度，通俗说就是图像颜色浓艳浅淡的程度。向右拖动饱和度滑块会增加图像的艳丽程度，向左拖动滑块会减少图像的艳丽程度，调至最低时图像就变为灰度图像了（色彩饱和度为零，表示没有任何色彩，对灰度图像改变色相是没有作用的（如图2-3-26所示）。改变饱和度的同时下方的色谱也会跟着变化，对黑色和白色改变色相或饱和度都没有效果。

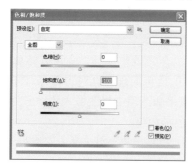

图2-3-26 饱和度为零

明度，也可以理解为亮度，但这里的亮度是指颜色的亮度，当任何一个颜色的明度达到最亮时都变成白，相反当颜色没有亮色，就会变为黑（就好比任何颜色在没有光线的漆黑环境下都只能呈现为黑）。

着色，在色相/饱和度面板中右下角有一个［着色］选项，它的作用是将图像改为同一单色调效果。勾选［着色］复选框，然后拖动色相滑块改变颜色就可以得到一张单色调照片，它的含义就是将原先图像中不同的红色、黄色、紫色等，统一变为明暗不同的单一色调。注意观察位于下方色谱变为了棕色，意味着此时图像整体呈现棕色（如图2-3-27所示）。

图2-3-27 色相着色

现在来看一个有趣的实践，我们希望将图2-3-25中洋红色的花瓣变成黄色，而背景花叶颜色不产生任何变化。

一般考虑都会先用"抠图"的办法把花瓣选出，然后通过调整色相将洋红色变为黄色。这的确是一种处理办法，但面对抠图，恐怕许多人都深感其选取的痛苦，甚至无法精确选出。其实，本案例通过色相/饱和度选项就可以指定单独改变某一色域内的颜色，通过指定某一色相、控制色相范围及其过渡范围（如图2-3-28所示红圈部分），上述问题便可轻而易举实现。

图2-3-28 改变某一种源色的色相

为了更形象地说明这一功能的操作，本书将通过实际案例来讲述该操作的使用方法，请参见本书后续章节的数码特效、背景色调处理、置换衣服颜色等内容。

2.3.4 色彩平衡

色彩平衡是一个功能较少，但操作方便、直观的色彩调整工具，它可以整体改变图像的色调。色彩平衡提供的3个滑块调节使用了色彩原理中的反色原理：红对青，绿对洋红，蓝对黄。属于反色的两种颜色不可能同时增加或减少。在色调平衡选项中将图像大致地分为暗调、中间调和高光3个影调区域，每个影调区域可以进行独立的色彩调整。

选择【图像＞调整＞色彩平衡】菜单命令，弹出"色彩平衡"对话框（如图2-3-29所示）。

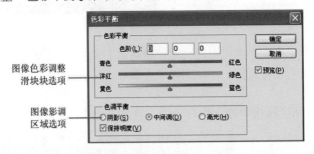

图2-3-29 "色彩平衡"对话框

图2-3-30所示为分别对阴影、中间调和高光调整3个颜色滑块前后效果。

图2-3-30

2.3.5 可选颜色

可选颜色是一条关于色彩调整的命令，它通过改变某个源色中的青、洋红、黄、黑4种印刷色的成分来达到图像色彩的变化，用户可以有选择性地修改任何一个源色，而不会影响其他源色。

打开一张照片，选择【图像＞调整＞可选颜色】菜单命令，弹出"可选颜色"对话框（如图2-3-31所示），可针对修改的源色有：

- RGB三色：红、绿、蓝。
- CMYK四色：青、洋红、黄、黑。
- 白、中性色、黑色。

可选颜色调节框中下方有［相对］和［绝对］两个选项，相对是指按照总量的百分比来调节；绝对是按绝对值调整颜色。

我们希望把红色的花瓣的颜色改为黄色，而不希望像色阶/饱和度命令一样，在改变红色时，其他颜色，如黄花、绿叶的颜色也发生改变。因此，按以下方法操作：

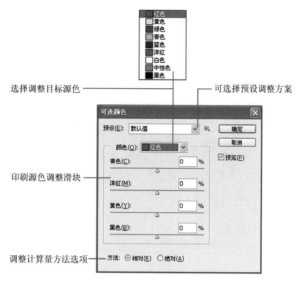

选择调整目标源色 —— 可选择预设调整方案

印刷源色调整滑块

调整计算量方法选项

图2-3-31 "可选颜色"对话框

选择［颜色］为红色，将洋红的滑杆向左拉动，既减少了红色中的洋红成分，这时红色的花瓣变成了黄色（想想为什么？），而黄色的花瓣、绿色的叶并没有发生颜色变化，因为黄和绿中没有"红色"的成分。调整如图2-3-32所示，前后对比效果如图2-3-33所示。

调整前后效果如下图：

图2-3-32 调整参数

图2-3-33 对比效果

2.3.6 调整图层与调整调板

调整图层其实是Photoshop的一个复合功能，它是将【图像 > 调整】菜单命令下的重要操作工具建成一个独立图层，并在此调整图层中附加一个图层蒙版，以便用户运用图层蒙版来选择被处理的区域和程度。它可以非常灵活，直观简便地进行局部区域的影调和色彩的调整。

在图层调板下方，单击［调整或填充图层］按钮出现菜单列表（如图2-3-34所示），您也许注意到这些选项似曾相识。

CS4版本后，Photoshop增加了一个调整的面板工具——调整调板，它的作用与图层调板中的调整图层功能完全一样，将调整工具集中在一个面板中以图标按钮列出，使得操作方式更为直观和便捷，本书案例均优先使用调整调板描述。

创建一个调整图层非常简单，单击调整调板中相应的调整工具的图标按钮，在图层调板中即可获得带有图层蒙版的调整图层，相应地调整调板即显示对应的调整控制面板，这些面板与本节介绍的调整工具面板的形式与操作是一样的（如图2-3-35所示）。

图2-3-34 三种方式可调出调整工具

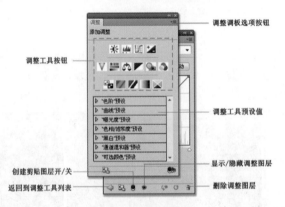

图2-3-35 调整调板

图2-3-36所示为图像调整，在图层调板中可以看到除了照片原图（背景图层）外，还有色阶、曲线、色彩平衡、色相/饱和度4次调整。其中，每一个调整的图层都自动产生一个图层蒙版，在曲线和色相/饱和度的调整里，对照片中房屋部分进行了"遮挡"，就是说曲线和色相/饱和度的调整在这个遮挡的区域里并没有产生作用，调整图层也没有破坏原有图像的信息。

图2-3-36 图像调整

　　用鼠标单击调整图层的缩略图，在调整调板上出现相应的调整对话框，可以看出调整的"状态"仍然和当初调整的一样，如图2-3-36所示中的曲线调整，而不像选择【图像 > 调整 > 曲线】菜单命令时调整面板的曲线初始状态总是一条45°直线。

　　当关闭上述4个调整图层的显示/隐藏控制图标时（单击图层左侧的眼睛图标），照片还原为被处理前一样（如图2-3-37所示）。

图2-3-37

　　当需要暂时停止处理工作时，以PSD文件格式存储图像文件，在下一次打开该文档时，所进行过的处理过程和状态值就如上一次操作一样完全保留着，可以接着继续工作。

　　如果调整完成后，合并所有图层即可。

　　使用调整调板创建调整图层的操作与选择【图像 > 调整 > ×××】菜单命令中的选项含义是完全一致的。也就是，如果选择【图像 > 调整 > 曲线】菜单命令进行曲线调整时，与单击调整调板的曲线图标按钮（或者单击图层调板下［调整或填充图层 > 曲线］的曲线调整）是完全一样的。区别在于，前者一旦调整确定后，图像的处理就被永久改变了，即图像被改变后不再能恢复到改变前的状态。后者是记录下"调整"的状态值，这个调整图层不会直接改变图像的像素信息，一旦发现调整效果不合适就可以完全放弃调整，恢复原图状态，或者修改"调整"状态值，这就是所谓的无损调整。

　　这里强烈建议使用调整图层的方式进行照片处理，因为它是一个可以随意"悔棋"的规则。试想一下，如果允许能无限次的悔棋去与国际象棋大师对阵，您总能赢他，那么您离高手就不远了。

2.3.7　目标调整工具

　　在CS4版本后，Photoshop新增加了一个目标调整工具，它为缺乏专业色彩知识的摄影爱好者提供一个直观和简便的操作。在曲线、色相/饱和度和黑白的调整面板里，左上方均有一个［手指］的图标（如图2-3-38所示）。

　　目标调整工具的使用非常简单和直观，单击［目标调整］工具图标按钮后，将鼠标移至图像中所需调整位置（此时鼠标标识变成［吸管工具］图标），按下鼠标左键（鼠标图标变为［目标

调整工具］图标），按照图标中箭头的方向拖动即可进行相应的调整。以下是目标调整工具的操作方法（如图2-3-38所示）：

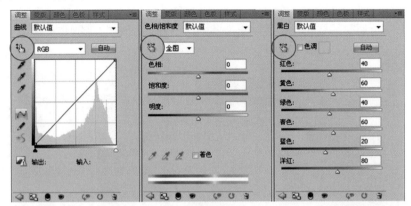

图2-3-38

- 曲线调整面板的目标调整工具：向上拖动可提高调整目标的亮度，向下拖动可降低调整目标的亮度，在调整调板的曲线框中自动形成相应的曲线形态。
- 色相饱和度调整面板的目标调整工具：向右拖动可增加调整目标的饱和度，向左拖动可降低调整目标的饱和度；按住Ctrl键左右拖动可改变调整目标的色相。调整过程中，在调整调板的色相/饱和度面板中自动得到相应的调整数值。
- 黑白调整面板的目标调整工具：向右拖动可提高调整目标的灰度，向左拖动可降低调整目标的灰度亮度，在调整调板中会自动获得相应的分色值。

范例：快速调图

在1.6节中介绍了一张照片调整的工作内容和流程，本章讲述了进行这些调整的工具的功能与使用方法，这类工具可以重复、灵活地综合应用到整个工作流程中。一般而言，一张图片的调图过程主要关注影调、明暗、色彩与修饰4个环节，每个环节可以根据照片的具体景物特征与作者的个性要求，充分利用Photoshop辅助编辑工具的优势，来获得一张影调明暗、色调色彩、气氛渲染都良好的作品，下面是一张照片的常规调图过程。

2.4.1 色阶获得正确影调

选择【文件 > 打开】菜单命令，选择照片所在文件夹，然后单击需打开照片文件即可在Photoshop里打开照片图像。

① 单击直方图面板，分析图像直方图（像素山脉）与景物影调是否匹配（分析判别方法参见2.3.1节内容）。② 在调整调板里单击［色阶］按钮，在图层调板中生成色阶1调整图层（如图2-4-1所示）。

图2-4-1 生成色阶1调整图层

在色阶调整面板中也能看到照片的直方图。

拖动左侧黑色三角滑块向内一些位置，同样白色三角块也一样（向内），此时照片的反差得到明显改善。

本案例照片需要压暗，所以抓住中间的灰色三角滑块向右，照片的中间调便得以压暗（如图2-4-2所示）。

图2-4-2 中间调得以压暗

2.4.2 曲线调整影调分布

① 单击调整调板左下方的箭头返回到调整列表，然后单击［曲线］按钮，在图层调板中生成曲线1调整图层。② 单击曲线1调整面板的［目标调整工具］。③ 将鼠标指针移到图像中，在需要压暗的地方按着鼠标向下拖（本案例的云彩A点），在需要提亮的地方按着鼠标向上提（本案例的草地B点）（如图2-4-3所示）。

图2-4-3 曲线1调整图层

本案中左边图像太亮，① 再次创建一个曲线2调整图层。② 在曲线2面板中将右上角向下拉使得左边过亮的天空压暗，但是这样一来地面和右边天空就过暗了。③使用［渐变工具］在曲线2图层蒙版中从地面到天际边线由黑到白的渐变，使得这部分并没有受到曲线2的影响（如图2-4-4所示）。

图2-4-4 曲线2调整图层

2.4.3 色相/饱和度增强色彩感

影调调整后，可以看到压暗区域的色彩变灰了。① 在调整调板中单击［色相／饱和度］按钮，创建色相/饱和度1调整图层。② 增加全图色彩饱和度，也可以针对某一个基色调整。最简单的方法就是使用［目标调整工具］直接在需要提高饱和度的位置向右拖动鼠标直至满意效果（如图2-4-5所示）。

图2-4-5 色相/饱和度1调整图层

本案中，当草地和天际边线的色彩饱和度合适时，上半部分的乌云色彩仍然太灰，因此需要对这部分做局部的色彩处理。

本案使用另一个颜色调整工具，即创建一个色彩平衡1调整图层分别对乌云部分的高光、中间调、阴影的色彩进行调节（图中红色虚线内为调整滑块控制值）。并将下半部分区域（草地和羊群）用图层蒙版遮住。也就是说，草地和羊群区域并没有进行色彩平衡的调整（如图2-4-6所示）。

图2-4-6 色彩平衡1调整图层

最后为了增加草地的光影层次感，再创建一个曲线3调整图层，提高草地的反差。应用图层蒙版遮住天空和近距离草地（即图中左下角区域）（如图2-4-7所示）。

图2-4-7 曲线3调整图层

未处理前照片，如图2-4-8所示。

图2-4-8 未处理前效果

经过快速处理的效果，如图2-4-9所示。整个调片过程耗时不到1分钟。

确认调整效果满意后，选择【图层>拼合图像】菜单命令将所有调整图层合并到背景图层中去。

图2-4-9 快速处理后的效果

数码照片的画幅——

第3章

裁 剪 与 尺 寸 调 整

大多数摄影师都会对照片进行一些裁剪以弥补拍摄时构图的不足，这里介绍的并不是
Photoshop的裁剪工具如何使用，而是列举摄影师最常用最快捷的裁剪方法，能提高调整照
片的效率。前面提到过，数码图像的大小是指它的像素多少，在保证图像质量的前提下，能
出多大尺寸照片，还与出图像设备的分辨率有关。在调整数码照片前，需要根据照片的最终
用途确定图像的大小和照片的尺寸。

按标准照片尺寸裁剪

3.1

Photoshop提供了常见的彩扩冲洗店的标准照片尺寸，按照这些尺寸处理好图像交由彩扩店可直接洗印出来，避免了彩扩时产生的裁切照片内容。

第1步　选用标准尺寸

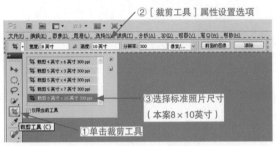

② [裁剪工具] 属性设置选项

③选择标准照片尺寸
（本案8×10英寸）

①单击裁剪工具

图3-1-1

打开照片，单击工具栏中的 [裁剪工具]（或按快捷键C），在裁剪属性栏中单击裁剪图标旁的下拉三角，出现标准照片的剪切尺寸表，选择所选的照片尺寸，在裁剪属性的宽度、高度及分辨率显示出尺寸值（本案例按横幅裁剪，单击 [高度与宽度互换] 图标）。

第2步　拖出粗略裁剪框

拖出裁剪框

图3-1-2

在照片内单击，并按着鼠标左键拖出裁剪框，被裁剪的区域变暗，第一次拖绘裁剪框时不必太精确。

第3步　调整裁剪框

①裁剪参考线选项

图3-1-3

通过拖动裁剪框在4个角点和4个边中点可以调整裁剪框的大小和位置，CS5版本后新增了裁剪参考线，选用三等分能更好地裁出经典构图。

第4步　旋转裁剪

如果需要转动裁剪框，将鼠标移至4个角的控制点外（这时光标变为弯曲双箭头）。只要按住鼠标左键并拖动，裁剪框就沿着拖动的方向旋转。

图3-1-4

第5步　裁剪确认

裁剪框调整到位后，将鼠标移到裁剪框内，双击鼠标即可完成裁剪（也可按［Enter］键），所裁剪的结果就是一张标准照片的尺寸，在本例中是8×10英寸，分辨率为300dpi。

图3-1-5

指定照片尺寸的裁剪

进行大量统一尺寸照片的处理时，比如要制作自己的演示幻灯片或电子相册，此时可以先设置好裁剪尺寸，只需要使用"裁剪"功能，即可自动获得一致的图像尺寸。

第1步　设置裁剪尺寸

单击工具栏中的［裁剪工具］（或按快捷键C），在裁剪的属性栏里分别输入宽度、高度和分辨率的数值，在数值区右击出现度量单位下拉选项。如下案例需要650×400像素，分辨率为72dpi的图像大小。

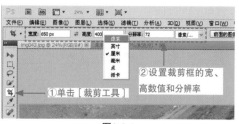

图3-2-1

第2步 拖出裁剪框

自左上角到右下角画出裁剪框

在照片内拖动出一个裁剪框。此时，边框是按等比例大小变化的（裁剪框四边并没有控制点）。也就是说，无论取的边框多大，该边框的区域都将变成指定的尺寸（本案例中即为650×400像素）。

图3-2-2

第3步 确定裁剪

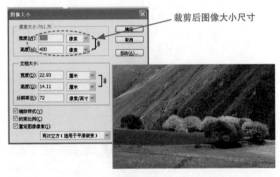

裁剪后图像大小尺寸

裁剪框调整到位后，将鼠标移到裁剪框内，双击鼠标即可完成裁剪（也可直接按［Enter］键），所裁剪的结果就是一张指定尺寸的图像，在本例中是650×400像素，分辨率为72dpi。

通过【图像 > 图像大小】菜单命令可以查看裁剪后的图像大小数值。

图3-2-3

创建自己的裁剪尺寸

3.3

在3.1中可以看到Photoshop提供的标准照片尺寸是很有限的，对摄影师来说，常常需要一些个性的照片尺寸，这就需要预先创建自己的裁剪尺寸，一旦设置会极大节省时间提高效率。

第1步 设置裁剪尺寸

①输入裁剪尺寸数值 ②右击可选择尺寸度量单位

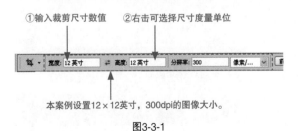

本案例设置12×12英寸，300dpi的图像大小。

先随意打开一张照片，单击工具栏中的［裁剪工具］（或按快捷键C），在裁剪属性栏里分别输入宽度、高度、分辨率的数值，必要时设定图像尺寸的单位。

图3-3-1

第2步　保存预设裁剪尺寸

单击裁剪图标旁的下拉三角，出现工具预设调板，单击该调板右侧的［新建工具预设］按钮，打开新建工具预设对话框，输入新预设裁剪尺寸的名称（在此案例中命名为方12英寸），单击［确定］按钮。新的预设裁剪尺寸就被添加到工具预设调板中。

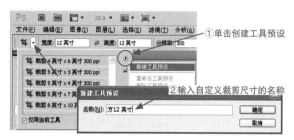

图3-3-2

第3步　使用自定义的尺寸裁剪

如3.1的裁剪操作，在裁剪属性栏的固定尺寸选项中可以找到上面自己定义的裁剪尺寸。

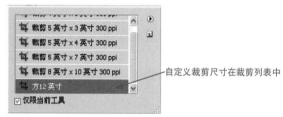

自定义裁剪尺寸在裁剪列表中

图3-3-3

第4步　完成裁剪

裁剪属性栏中显示自定义裁剪尺寸

拉出的裁剪框即可裁出自定义的尺寸规格。

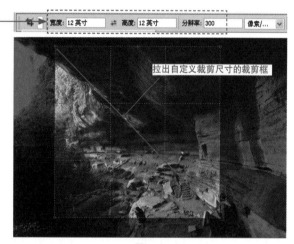

拉出自定义裁剪尺寸的裁剪框

图3-3-4

改变图像大小

在改变图像大小的时候一般有两种情形，一种是不改变图像的像素总数，另一种是根据尺寸重新定义图像的像素数量。

第1种 不改变图像的像素总数

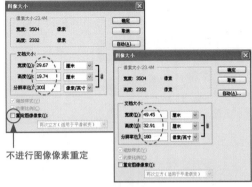

不进行图像像素重定

图3-4-1

此种情形时，分辨率和图像尺寸是一个反比关系，分辨率愈高图像尺寸越小，反之愈大。在图像像素总数不变的情况下：

分辨率为300dpi时，照片实际尺寸是29.67×19.74厘米。

当将分辨率改变为180dpi时，照片的尺寸则为49.45×32.91厘米。

说明小的分辨率可以获得更大的照片尺寸，但是图像精度降低了。

第2种 根据尺寸重新定义图像的像素数量

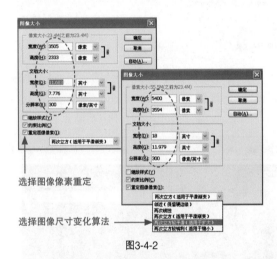

选择图像像素重定

选择图像尺寸变化算法

图3-4-2

改变图像大小，选择【图像>图像大小】菜单命令，可以在弹出的对话框中勾选［重定图像像素］复选框。

原图3 505×2 333像素在扩大图像尺寸后，像素增加到5 400×3 594像素。此时，Photoshop提供了像素变化的插值方式选项。

图像的插值

当增大或缩小图像，或者改变分辨率，以及旋转图像时，图像的像素总量或多或少都会发生变化，图形处理软件会采用一些数学运算的方式来决定增加或减少图像中像素的信息，这种方式就是"插值"。

Photoshop提供了多种插值的方式供用户选择，需要说明的是，数码照片的大小和质量与它的像素多少有关，从数码相机拍摄而来的照片因为像素大小已经确定，因此，并不会因软件增加像素而使照片质量得到明显提高。

3.5 改变画布大小

我们在使用裁剪工具时都有很大的随意性，如果需要精确改变画布的尺寸，可以使用画布大小功能改变图像的实际尺寸。

第1步　确定画布大小

选择【图像 > 画布大小】菜单命令，弹出"画布大小"对话框，其中设置参数为：

宽度、高度：直接在宽度和高度数值输入框中输入数值，可以改变图像画布的尺寸。

如果输入数值大于原图像，则画布被扩展，图像周围出现空白的区域；

如果输入数值小于原文件，则Photoshop提示将进行裁切，单击［继续］按钮，即可裁剪画布得到新的画布尺寸。

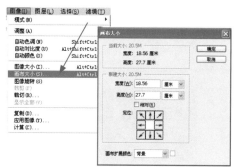

图3-5-1

第2步　确定画布延伸方向

定位：单击［定位］选项下的控制块，可以确定画布扩展或被裁切的方向。

单击左上方定位块，图像将向右和向下扩展画布。

单击右中定位块，图像向左和上下侧扩展画布。

画布扩展颜色：单击此下拉列表按钮，可以在弹出的下拉表框中选择扩展画布后的颜色（本图例中选择了中灰色的背景）。

图3-5-2

用裁剪工具添加画布

3.6

操作画布大小命令可以精确定位画布扩展或裁切，但往往显得烦琐，在不需要很精确定位的情况下，使用裁剪工具可以快捷地扩展画布，比如在扩展的画布中添加图名或落款。

第1步　打开数码照片

打开需要扩展画布的照片，选择工具箱的［视图放大缩小］工具（按快捷键Ctrl+"+"或Ctrl+"-"放大或缩小视图大小），将照片缩小至完全落在图像操作区内（使照片不要占据整个屏幕）。

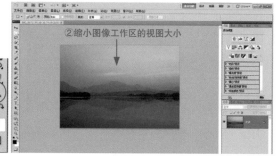

②缩小图像工作区的视图大小

①使用［缩放工具］

图3-6-1

第2步　拖出粗略裁剪框

②选用［裁剪工具］

③拖出裁剪框

①［背景色］置为白色

图3-6-2

将工具箱里的背景颜色设置为白色（也可以设置为自己所需要扩展背景的颜色），点选工具箱中的［裁剪工具］，拖出一个任意大小的裁剪框（框的大小没有任何关系）。

第3步　拖出画布大小

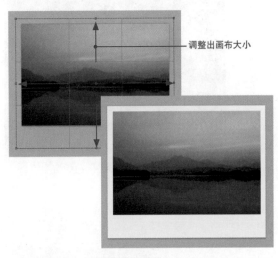

调整出画布大小

图3-6-3

用鼠标抓住裁剪框任一边的控制手柄或角点，把它向外拖出至图像周围的灰色区域，并调整至所需扩展画布的大小位置。

移动鼠标至裁剪框内并双击（也可直接按［Enter］键）完成裁剪，裁剪后，图像扩展区域变为白色画布。

第4步　最后效果

天际间，山峦绵延，暮霭尽染；水面上，静影倒立，灯光隐现。
峨眉水色碧连天
Photo by Michael Lee with CANON EOS 20D F11 15sec 25mm ISO100 RAW

图3-6-4

然后在扩展区域里添加照片名字、照片信息和落款等文字。

画幅水平调整

照片在拍摄时可能或多或少都会存在一些倾斜，如地平线不够水平、建筑高度方向不够垂直。在后期校直时，不少用户发现使用裁剪工具中的旋转控制手柄很难保证准确的调整。下面介绍的是一种快捷精确的校正方法。

第1步 选用标尺工具

打开照片文件，右击工具箱中的［吸管工具］组，在下拉菜单工具列表中点选［标尺工具］。

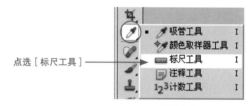

点选［标尺工具］

图3-7-1

第2步 拖出粗略裁剪框

在照片中找到真实景物中是直线的部分（本例中选择湖面的视平线）。沿着照片中这个直的方向按住鼠标拖动度量工具，得到一条辅助直线，使这条直线与照片中应该是水平（或垂直）的直线重合，如果一次不能操作重合，可以抓住直线两头的控制点调整。

②出现［拉直］按钮

①拉出现实中的视平线（或垂直线）

图3-7-2

第3步 拉直并裁剪图像

在Photoshop CS5版本后增加了一个裁剪快捷键，当完成上一步操作后，在标尺工具属性栏上会出现一个［拉直］按钮，单击该按钮，软件自动完成旋转。

单击［拉直］按钮

图3-7-3

第4步　确定旋转角度

图3-7-4

对于Photoshop CS5以前的版本，需要按照以下步骤完成。选择【图像＞旋转画布＞任意角度】菜单命令，弹出"旋转画布"对话框，此时，软件已经确定了校直所需的旋转角度和旋转方向（其实是第2步中测量的）。

第5步　画布旋转确认裁去多余画布

画布四周多余的空白图像

图3-7-5

单击［确定］按钮，照片按照要求校正了水平线，但图像会产生一些的多余空白画布。

使用［裁剪工具］将多余的空白画布裁掉。

3.8 用裁剪工具矫正建筑变形

由于透视的关系，垂直的建筑物会产生倾斜的效果，在摄影中是非常常见的。以往消除这种倾斜需要使用昂贵的移轴镜头，而数码技术使得这种现象在后期可以非常快捷简单地进行校正。

第1步　拖出完全裁剪框

①选用［裁剪工具］

②拖出裁剪框包含全图

图3-8-1

打开数码照片，将图像视图范围缩小到完全处在操作区域以内，单击工具箱中的［裁剪工具］（或按快捷键C）。

按住鼠标左键拖出一个包含整个图像的裁剪框（裁剪框的四角与图像四角重合）。

第2步 拖出垂直基准框

勾选［透视］复选框

在裁剪属性的选项栏中勾选［透视］复选框，此时，裁剪框的4个角点便可自由拖动。

分别移动裁剪框的4个角点使得裁剪框两条垂直边分别与照片中建筑高度直线平行。

使裁剪边与建筑垂直线平行

图3-8-2

第3步 确认裁剪

将鼠标指针移至裁剪框中双击（或按［Enter］键）即可完成校正裁剪，现在看上去，建筑"站直"了。如果还有倾斜，可以重复上述操作进行再次校正。

图3-8-3

 拉基准线的技巧

在做校正平行线时，不一定要与建筑直线完全平行，稍微欠一点为好，然后重复几次校正逐渐逼近。如果建筑倾斜在垂直和水平方向都存在，应该分开两次进行，如果需要多次校正，最好垂直和水平方向的校正交替进行。

镜头畸变矫正

3.9

使用广角镜头拍摄，由于透视关系或镜头抗变形品质，使得照片产生弯曲变形是在所难免的，尤其是拍摄建筑时，原来笔直的建筑线条往往会弯曲。在以往传统的建筑摄影中，需要使用昂贵的专业镜头来减小这类弯曲变形，对于广大摄影爱好者来说这些昂贵的投入是可望不可及的。而数字图像技术通过后期的处理，可以轻而易举地矫正这些镜头产生的弯曲变形。

第1步　镜头校正滤镜

②应用镜头校正滤镜

①复制背景图层

镜头产生的桶状变形

图3-9-1

打开需要校正的照片，如本案中，两侧的竖直墙线明显带有向外弯曲的弧线，需要将这些弯曲弧线校正为直线。强烈建议在复制的图层上进行校正，在图层调板中拖动背景图层至下方的［创建新图层］按钮（或按Ctrl+J快捷键）得到背景副本图层（或图层1），选择【滤镜＞扭曲＞镜头校正】菜单命令（或按Ctrl+Shift+R快捷键）进入镜头校正操作。

第2步　自动识别的校正

①自动校正：勾选校正项目

②自动搜索镜头校正数据的配置文件

③［联机搜索］可获得更多镜头校正数据

图3-9-2

进入镜头校正对话框后，选择［自动校正］控制栏（根据需要勾选几何扭曲、色差、晕影复选框），软件会识别照片的Exif数据，自动搜索数据库中相机与镜头的校正数据并自动完成校正。如果图像没有Exif信息，可以通过指定相机和镜头型号，通过单击联机搜索添加校正数据信息。单击［确定］按钮即可完成校正。

如果无法获得任何校正数据，或者，通过联机数据处理校正了桶状变形，仍需要校正倾斜变形（如本案中垂直墙线的倾斜），则需要继续往下做。

第3步　手工完成校正（选项1）

镜头校正 (20.3%)

将鼠标指针放置

①点选［拉直工具］

②画出实际水平/垂直线

图3-9-3

单击［自定］控制栏，首先需要确认照片真实现场的水平或垂直线，寻找真实场景的水平或垂直线，单击左上角的［拉直工具］按钮，在图像中部（这里的变形最小）画出真实场景的水平或垂直线，松开鼠标图像即完成旋转校正。

第4步 手工完成校正（选项2）

单击［自定］镜头校正后，建议打开显示网格，通过设置网格大小，以便为校正做更好的参照线。

［自定］手工校正操作面板提供了4种镜头变形的校正：

（1）几何扭曲：滑块向右可使图像边线中部收缩（减小桶状变形），向左可使图像边线中部膨胀（减少枕状变形）。

（2）色差：通过调整滑块可校正边缘色差现象，如紫边等。

（3）晕影：通过拖动数量滑块可校正四周暗角现象，向左增加暗角，向右减淡暗角，拖动中点滑块可改变暗角的大小范围，向右减小暗角范围（中心明亮区域变大），向左则加大暗角范围。

（4）变换：图像可做上下或左右的梯形变换。

如果效果不如意，可以按住Alt键单击［取消］按钮（按下Alt键后［取消］按钮变为［复位］按钮）即恢复为校正前，然后重新调整各项控制项，直至满意后单击［确定］按钮。

图3-9-4

矫正前后效果对比

笔记栏

获取 正确的图像（一）——

第4章

曝 光 修 正

对于数码照片而言，后期处理只能对一定范围内的偏差进行调整弥补，这种弥补是有限的。当曝光过度造成相机无法记录高光的影像信息时（即高光溢出），无论如何也不可能挽救。

这里介绍的处理曝光不正确的照片方法，准确来说是在一定范围内改善图像的影调状况，后期处理不是万能的，也就是说，并不是任何拍摄不当的照片都可以通过后期处理而使照片正常，后期处理仅仅是对照片拍摄缺陷和不足的修复和改善，这种后期图像的处理能力是有限的。因此，在拍摄时保证准确的曝光才是拍出好照片的重要前提。

曝光不足照片调整（一）：传统方法

照片曝光不足是摄影中常见的缺陷，对于整体偏暗的曝光不足照片，该方法主要针对高光与中间调的影调进行提亮。

第1步 分析图像影调

暗部多并没有大量溢出

高光缺乏

图4-1-1

打开曝光不足的照片，打开直方图信息面板，可以看到图像中右边亮部区域没有像素，而主要集中在左边。

说明图像影调高光缺乏，偏暗，但暗部影调未大量溢出。

第2步 调用色阶调整功能

①单击［色阶］工具图标

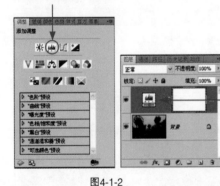

②产生色阶1调整图层

图4-1-2

单击调整调板中的［色阶］图标按钮，在图层调板中自动产生带图层蒙版的色阶1调整图层。

第3步 提高色阶亮度值

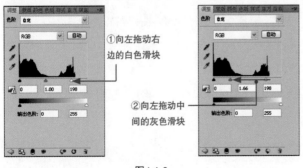

①向左拖动右边的白色滑块

②向左拖动中间的灰色滑块

图4-1-3

将右边的白色三角控制滑块向左拉至直方图的"山脚"边，此时照片整体变亮，天空被调节为正常影调，但人物脸部仍然不够明亮。

再将中间的灰色三角控制滑块稍稍向左拖动，人物脸部亮度被提高了。

前后调整的效果对比

曝光不足照片调整（二）：快捷方法

这是一种快速调整偏暗照片的方法，对暗部影调的提亮程度比对高光和中间调明暗的调整要明显。

4.2

第1步 直方图分析图像影调

打开一张曝光不足的照片，打开［直方图］面板，通过直方图分析图像的影调分布情况。

和上一节一样，查看直方图信息分析图像影调构成，像素山脉大多堆积在左侧。

图4-2-1

第2步 复制图像

在图层调板里，抓住背景图层拖至下方的［创建图层］按钮（按Ctrl＋J键），得到一个背景副本图层，并将此图层的混合模式设置为"滤色"。图像的暗部区域变亮了，而亮部区域并未改变。

②设置滤色图层混合模式

①复制背景图层

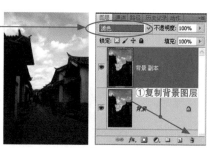

图4-2-2

第3步　多次操作

②降低图层不透明度

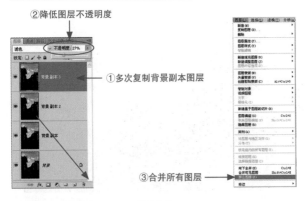

①多次复制背景副本图层

③合并所有图层

图4-2-3

如果照片仍显曝光不足，则可以再次复制背景副本图层，直到曝光正常（有可能会复制多个图层）。

有些时候再复制一次图层曝光又显过度了，此时，可以通过降低该图层的［不透明度］，把图像"亮度"调整到合适值。

照片曝光调整正确后，选择【图层＞拼合图像】菜单命令将所有图层合并。

前后调整的效果对比

4.3 曝光过度照片调整

这里所说的曝光过度照片主要是指中间调与暗部的影调偏亮，该方法可以有效的压暗照片的高光与暗部的影调。

第1步　分析高光有效信息

打开一张曝光过度的照片，观察直方图可以看出，在暗部区域几乎没有像素。

曝光过度图像的像素山脉大多堆积在右侧，暗部缺乏像素

图4-3-1

第2步 复制图像图层

在图层调板里，抓住背景图层拖至下方的［创建图层］按钮（按Ctrl＋J快捷键）得到背景副本图层，并将此图层的混合模式设置为"正片叠底"（暂称此图层为正片叠底图层）。

②正片叠底混合模式

①复制背景图层

图4-3-2

第3步 多次操作

如果照片仍显曝光过度，则可以再次复制正片叠底图层，直到曝光正常（有可能会复制多个图层）。

有些时候再复制一次图层曝光又显不足了，此时，可以通过降低该图层的［不透明度］，把"亮度"调整到合适值。

照片曝光调整正确后，选择【图层＞合并图像】菜单命令将所有图层拼合。

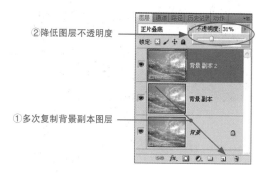

②降低图层不透明度

①多次复制背景副本图层

图4-3-3

前后调整的效果对比

在调整后的照片里我们可以看到仍有一部分高光曝光过度，这是因为拍摄时这部分产生了"高光溢出"，这一区域在拍摄时，影像的信息全部被置于最高值，因此，无法"恢复"这些溢出区域的细节信息。

闪光不足照片的弥补

4.4

对于闪光不足的照片，首先需要分析照片的闪光不足区域，确定该图像是否值得编辑或是它已无法完全修复。

第1步 查看直方图有效信息

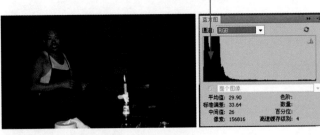

直方图中像素山脉大多堆积在左侧

图4-4-1

打开闪光不足的照片，首先需要分析照片的闪光不足区域，确定该图像是否值得编辑，还是它已无法完全修复。打开照片，打开［直方图］面板，可以看到所示照片的直方图左侧仍有较宽的"像素山脉"。

第2步 分析图像暗部细节

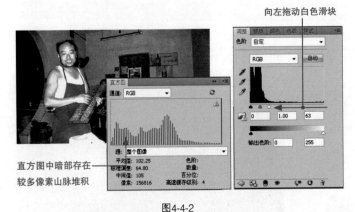

向左拖动白色滑块

直方图中暗部存在较多像素山脉堆积

图4-4-2

在调整调板中单击［色阶］图标按钮，将右侧的高光滑块逐渐拖向左侧，观察照片中的暗色调（不用担心出现高光溢出，因为我们不会保存此操作内容）。可以看到该图像在暗部的阴影区域中仍存在较多的细节，因此，通过Photoshop处理，恢复该区域的细节是可以挽救该图像的。

第3步 提高图像位深度

转为16位/通道图像模式

图4-4-3

取消第一步的"色阶"操作（删除色阶1调整图层）。选择【图像＞模式＞16位/通道】菜单命令，将图像转换为16位图像。提高编辑图像的位深度，这样可以在进行大量编辑后不会出现色调分离的现象。

第4步 重定图像像素

选择【图像>图像大小】菜单命令，弹出
"图像大小"对话框，设置图像大小。

宽度（或高度）降低为70%。

勾选［约束比例］和［重定图像像素］复
选框。

［重定图像像素］模式选择两次立方。

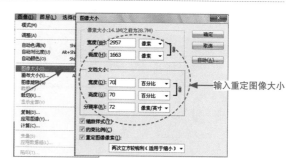

图4-4-4

第5步 应用图像

选择【图像>应用图像】菜单命令，在对
话框中，从［混合］模式的下拉菜单中选用滤
色，保持［不透明度］的默认设置100%，然
后单击［确定］按钮。

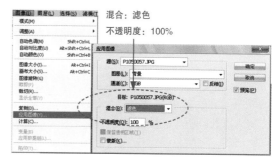

图4-4-5

第6步 阴影/高光调整

选择【图像>调整>阴影/高光】菜单命
令，在调整对话框中，拖动［阴影］调整项中
的［数量］调节滑块，可以进一步呈现出暗部
的色调部分。注意影调与前景对象之间呈现自
然和谐的过渡，过高的［数量］设置值会导致
严重的晕圈，通常使阴影色调部分极不自然。

阴影/高光菜单操作参数的含义参见5.3节。

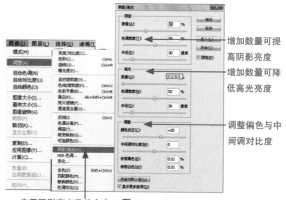

应用阴影高光菜单命令 图4-4-6

第7步 调整饱和度

通过上述调整后，图像往往仍缺乏较黑和
较亮的影调（图像偏灰），并且红色一般都过
度饱和。如此可以按照第6章相关的色彩处理
方法修正偏灰问题；单击调整调板的［色相/
饱和度］按钮，在调整面板中降低红色饱和度
5~15%。完成后将图像模式转回8位通道（操
作如第2步）

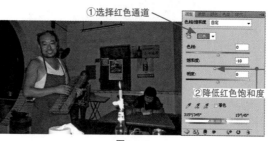

图4-4-7

调整处理前后效果对比

RAW格式照片的曝光修正

4.5

　　本案的照片是在极端光线反差的情况下拍摄的，显示器显示出暗部漆黑一片，几乎没有层次细节。由于使用RAW格式拍摄，比JPG的照片具有更多更宽更深的影调控制范围，通过RAW格式转换软件将这些影调信息拓展放大，便可获得超出视觉范围外的丰富影调表现。这里以Adobe Camera RAW 6.0插件为例加以说明，对大多数的RAW处理软件来说，这几项操作都是相似的。

第1步 打开RAW格式的文件

　　当Photoshop打开RAW格式照片时，软件会自动调用Camera RAW插件打开照片。

图4-5-1

第2步　查看图像有效信息

　　单击直方图面板上方左右两个三角块，如果画面中出现红色色斑（即高光修剪警告），说明此处高光溢出，即照片可能存在曝光严重过度；如果出现蓝色色斑（即阴影修剪警告），说明此处阴影溢出，即照片可能存在曝光严重不足的区域。

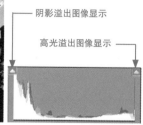

阴影溢出图像显示

高光溢出图像显示

图4-5-2

第3步　分析图像信息的可用范围

　　当出现红色色斑显示时，向左拖动［曝光］控制滑块可减少红色色斑直至消失。

　　当出现蓝色色斑现象时，向右拖动［曝光］控制滑块可减少蓝色色斑直至消失。

　　如果同时出现红色和蓝色色斑（本案例属于这种情况，向右增加曝光至最大值都无法消除蓝色色斑），说明该照片光比过大，已经超出记录的宽容度范围，此时需要根据照片主体和内容进行取舍。

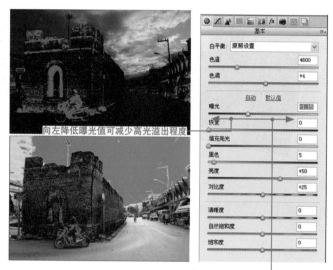

向左降低曝光值可减少高光溢出程度

向右增加曝光值可减少阴影溢出程度

图4-5-3

第4步　确定曝光，恢复另一侧溢出的信息

　　本案例首先向左拖动［曝光］滑块降低曝光值，直至高光溢出（红色色斑）消失，从而确定曝光值。然后，向右拖动［填充亮光］滑块，可以提高暗部区域的亮度直至大部分阴影溢出（蓝色色斑）消失。此时，如果高光部分过亮，则向右拖动［恢复］滑块，可以降低高光区域的亮度。

恢复可降低高光亮度

填充亮光可提高暗部亮度

图4-5-4

第5步 其他必要调整

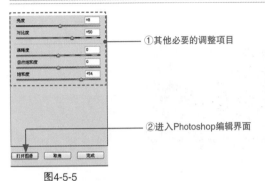

① 其他必要的调整项目

② 进入Photoshop编辑界面

图4-5-5

上述调整后即完成照片曝光和影调的调整，最终完美影调还需进一步调整照片的对比度、亮度、色调、色彩。效果满意后单击［打开图像］按钮，照片被置入Photoshop的正常编辑状态。

调整处理后效果对比

逆光照片的主体补光

4.6

在高原、海滩或主体背对天空拍摄时，很容易产生主体曝光不足，如果使用RAW格式拍摄的逆光照片可以使用4.5节的方法获得较好的影调恢复。但是，使用JPG格式拍摄时，由于JPG格式包含的层次细节数据量要少得多，一旦主体曝光不足，在后期提亮主体时，背景亮度往往产生过曝。因此，我们需要模拟传统拍摄时仅对主体进行补光。

第1步 确定补光区域

① 选用套索工具

② 选取补光主体区域

图4-6-1

打开用JPG格式拍摄的照片文件，单击工具箱中的［套索工具］，然后在图像中对需要补光的逆光区域画出一个大致的选区（本图为案例局部放大）。

第2步 羽化选区

选择【选择 > 修改 > 羽化】菜单命令（或按Shift+F6快捷键），在弹出的"羽化选区"对话框中设置羽化半径50~120。视图像大小而定，一般而言，网络照片设置50，印刷照片要设置80以上。

图4-6-2

第3步 提亮补光区域

在调整调板中单击［曲线］图标按钮，在图层调板中生成一个曲线1调整图层（此时调整图层自动形成一个以主体为白色的图层蒙版）。在曲线面板中将曲线向上提升，观察图像主题亮度，直至补光亮度满意。

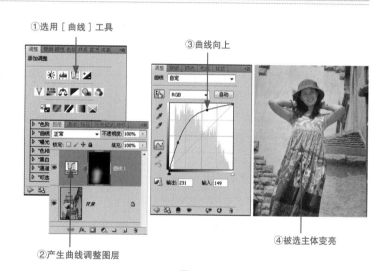

①选用［曲线］工具
②产生曲线调整图层
③曲线向上
④被选主体变亮

图4-6-3

第4步 设置画笔工具

如果背景与主体交界处有明显的不适合亮度，单击工具箱中的［画笔工具］（或按快捷键B），按D键将前景色选为默认前黑后白，选用带柔化的笔头，将画笔不透明度设为50%。

①单击［画笔工具］
②设置前景色
③选用带柔化的笔
④设置画笔不透明度

图4-6-4

第5步　使用和设置画笔工具

②涂抹主体补光边缘区域

①激活调整图层层蒙版

图4-6-5

确认曲线图层蒙板处在激活状态（缩略图为双线框），然后用画笔在图像中反复涂抹不需要补光的背景区域。

涂抹时用"［"或"］"键调节画笔笔头大小以适应处理区域。

相反，如果补光主体的边缘有明显不足的亮度，按X键将前景色设为白色，然后涂抹该区域直至补光效果满意。

调整处理后效果对比

局部影调明暗处理

实际上该方法就是Photoshop对局部图像进行影调明暗处理的方法，可以通过反复建立数个曲线调整图层，每一个曲线调整图层针对图像中不同的区域进行不同的明暗调整，从而营造出图像丰富的影调、明暗和层次变化。

第5章

获取正确图像（二）——

影 调 的 修 整

影调是图像品质的重要指标之一，又称为照片的基调或调子。指画面的明暗对比、灰度级别、层次过渡等之间的关系。通过这些关系，使欣赏者感受到光影的韵律美感。

由于影调的亮暗和反差的不同，分别以亮暗分为亮调、暗调和中间调；以反差分为硬调、软调和中间调等多种形式。调整前需要操作者先确定照片的表现基调，以此基调为目标，使用相应的工具进行调整。

本章介绍修正和调整图像明暗、灰度、层次的常用工具和方法。

5.1 灰度过大照片处理（一）：快捷方式

照片发灰是摄影爱好者经常遇到的情况，提高反差能使照片更显通透和色彩鲜艳。本节介绍的方法是快捷直观的操作，旨在详细解释调整工具与参数的含义及其使用方法。

第1步 分析直方图信息

①单击［曝光度］工具图标
②产生曝光度调整图层

图5-1-1

打开该照片，在调整调板中单击［曝光度］工具图标按钮，在图层调板中生成一个曝光度1调整图层。

第2步 灰度校正

调整灰度系数校正

图5-1-2

在调整调板的曝光度面板中，首先调整［灰度系数校正］控制参数。

向右拖动灰度系数校正滑块降低灰度即增加反差。

灰度系数校正滑块控制作用。
1. 向右增加图像反差。
2. 向左降低图像反差。

第3步 调整总体曝光

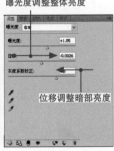

曝光度调整整体亮度

位移调整暗部亮度

图5-1-3

增加反差后图像整体亮度往往会降低，为此，向右拖动［曝光度］滑块，稍稍加大曝光。

如果暗部太亮，稍稍向左拖动［位移］滑块。

位移值的调整对暗部的影响远大于对高光的影响。换句话说，向左拖动位移滑块，对暗部区域的压暗程度大于对高光区域的压暗程度；同样，向右拖动滑块对暗部区域提亮的程度要大于对高光提亮的程度。

第4步 尝试图层混合模式（选项）

尝试变换曝光度调整的图层混合模式以增强照片的通透效果。本案例是用"叠加"图层混合，照片效果更具光影魅力。

必要时可降低曝光度调整图层的不透明度。

①设置图层混合模式

②调节图层不透明度

图5-1-4

调整前后效果对比

灰度过大照片处理（二）：精确方式

5.2

本案照片是在一次匆匆行程途中拍摄的照片，绿油油蓝盈盈的大地拍出来却是灰蒙蒙的一片，这是因为中午时空气的水分很大，光线透过水珠造成漫反射现象，从而产生了灰雾。因此在中午、阴雨天时节拍摄的照片很容易呈现出这种灰蒙蒙的影像。

第1步 分析直方图信息

打开直方图面板可以看出，"像素山脉"很窄，"山峰"主要集中在直方图的中间部分，也就是说照片主要为中间灰调，而两边的明亮和阴暗区域严重缺少像素。

像素基本集中在中间

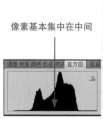

图5-2-1

第2步 调整色阶

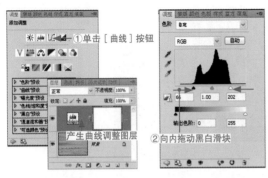

①单击[曲线]按钮

产生曲线调整图层

②向内拖动黑白滑块

图5-2-2

单击调整调板里的[色阶]图标按钮,在图层调板中自动产生一个色阶1调整图层。

在调整调板的色阶调整面板里,分别将黑、白设置滑块拖动至像素山脉的"山脚"边缘,照片灰蒙蒙的感觉消除了;确认调整完成后合并调整图层。

调整前后效果对比

5.3 高反差照片处理(一):快捷方式

对于高反差的照片,为了保证高光部分的细节,中间调和阴影部分往往曝光不足,一般来说通过上一节介绍的曝光不足照片的处理方法也可以得到改善,但是往往会对亮部细节造成一定的损失。在使用色阶调整时中间调还会产生色彩分离的怪异斑痕,针对这类高反差的照片处理,使用一个专门的功能,可以非常直观而且容易控制。

第1步 分析图像细节构成

暗部像素密集

图5-3-1

打开照片,打开[直方图]面板,可以看到所示照片的直方图左侧存在非常密集的"像素山脉",需要查看这些像素的影调是否有效。

第2步 检查图像暗部细节成分

单击调整调板的［色阶］图标，将中间的灰度滑块向左拖动，观察图像暗部细节的变化情况，虽然暗部提亮了，但是却出现了色彩分离。

图5-3-2

第3步 调用阴影/高光命令

单击调整调板右下方的［删除调整图层］按钮（见图5-3-2），将上述色阶调整图层删除。选择【图像>调整>阴影/高光】菜单命令，弹出"阴影/高光"对话框，并勾选［显示更多选项］复选框，打开扩展控制面板。

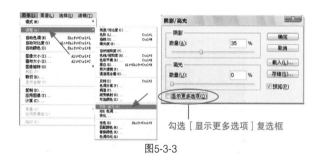

图5-3-3

第4步 调整参数——菜单各控制的含义和操作

阴影：向右拖动控制滑块增加数量，可以使图像中阴影部分变亮。

高光：向右拖动控制滑块增加数量，可以使图像中高光部分变暗。

色调宽度：控制图像中阴影或高光部分的修改范围，数值越大（滑块越往右侧）被调整的范围就越大。

半径：影调在被改变与未被改变之间的过渡宽度，数值越大（滑块越往右侧）过渡宽度越大，也就是说边缘的影调变化程度越平缓。

颜色校正：对图像的颜色进行微调，数值越大（滑块越往右侧），图像中的色彩饱和度越高，反之则图像色彩饱和度越低。

中间调对比度：调整位于阴影和高光部分之间的中间色调，使其与调整阴影和高光后的图像相匹配。

修剪黑色、修剪白色：分别设置新的阴影和高光的截止点，数值越大图像的对比度越强。

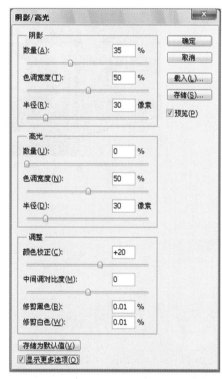

图5-3-4

调整前后的照片效果对比

不同工具和方法调整的效果对比。

原图　　　　　　　　　　　　　　色阶调整

"滤色"图层混合方式调整　　　　　阴影/高光调整

图5-3-6

高反差照片处理（二）：精确方式

5.4

　　我们常常会遇到一种高反差的照片，无论如何调整色阶、曲线或使用上一方法，在提亮暗部的同时，中间调也会被提亮，高光部分会产生亮度溢出变成了一片"死白"，原因是拍摄画面的光比大大超出了数码相机能够记录的色域范围，用单一的工具很难调整出满意的效果，可考虑尝试本节介绍的方法。

第1步 建立调整图层

打开一张高反差的照片，从图中实际元素影调可以看出其直方图是正确的，如果使用色阶或上述方法调整，则天空必然会被提亮，太阳部分出现曝光过度，亮度溢出的现象。

单击调整调板的［曲线］图标按钮，在图层调板中产生一个带图层蒙版的曲线1调整图层。

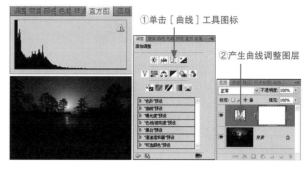

①单击［曲线］工具图标

②产生曲线调整图层

图5-4-1

第2步 提亮需调整的暗部区域

在弹出的曲线1调整面板中，提升曲线使图像变亮。此时，只关心暗部（即照片中的地面部分）提亮的效果，而无须顾忌亮部（照片中的天空和太阳）是否过亮。

向上提升暗部的曲线

图5-4-2

第3步 设置画笔笔刷

选择工具箱里的［画笔工具］（或按快捷键B），将［前景色］置为黑色。按如图4-6-4所示步骤设置画笔属性。

①选用［画笔工具］

②［前景色］为黑

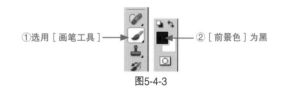

图5-4-3

第4步 恢复无须处理的区域

单击曲线调整图层中的图层蒙版缩略图，用画笔在照片中涂抹天空的部分，此时，被涂抹的地方"恢复"了原来的影调，涂抹中使用"［"和"］"键可快捷加大或缩小画笔的笔头大小。

如果不小心涂抹超出所需范围，按X键将［前景色］置为白色，可以修改被涂抹的部分。通过选择［前景色］为黑、白或灰色，以及画笔不透明度，即可精确地选择需要调整的区域和影调。

②用画笔涂抹天空

①单击图层蒙版缩略图

图5-4-4

第5步　最后整体色调的调整

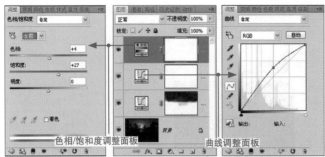

色相/饱和度调整面板　　　　曲线调整面板

图5-4-5

至此降低了图像高光与阴影的反差，根据图像影调和色彩的情况，对本图像整体再进行曲线和色相/饱和度的调整。

调整前后效果对比

精确控制照片反差

5.5

　　本案例是一张曝光在正确范围内的照片，为了增强光影效果，我们希望提高阳光映照在树木上的亮度，并压暗山体的亮度以更好地衬托阳光照射气氛。使用上述方法或曲线拖动调整反差时，很难精确控制调整的区域和程度。通过指定自己想要的高光和暗调来控制对比度是一种很好的方法，此方法能精确地调整某一个特定影调的明暗。

第1步　建立调整图层

①单击［曲线］工具图标

②产生曲线调整图层

　　打开照片文件，在调整调板里单击［曲线］图标按钮，在图层调板中产生了一个曲线1调整图层。

图5-5-1

第2步　使用目标调整工具

单击调整调板左上角的［目标调整工具］按钮，然后将鼠标指针移出对话框至照片中，这时鼠标箭头变成了吸管。在照片中需要变暗的山体区域单击，暗调点被标定在曲线上（图中红圈部位）。这一步就是精确"定位"，是将要修复的区域在曲线上标定，便可以准确地改变"所指定位置"的影调，我们把曲线上的这些标定点称为"影调调整点"。

①单击目标调整工具

②单击调整目标位置

图5-5-2

得到目标影调调整点

第3步　调整目标位置的影调

精确的"位置"还需有准确的调整值，在微小的调整范围内，要通过鼠标直接拖动曲线的方式往往是很困难的。Photoshop提供了一种微调的控制方式，在曲线上标定点为黑点的状态下，使用键盘上的向下方向键，每敲一下即可使曲线在很细微的范围内向下变化，直到得到了满意的影调，再转到下一步的操作。

敲向下方向键调整曲线向下

图5-5-3

第4步　调整另一个区域

接下来要提亮树木，也就是改变曲线上的另一点。单击照片中树木需要提亮的位置，如第3步一样，敲击向上方向键来使树木的亮度获得细微的提亮，直到得到满意的影调。

单击调整目标位置

图5-5-4

敲向上方向键调整曲线向上

第5步　调整更多的区域

图中地面的中间调有点太暗了。以第2步同样的"定位"办法获得地面需调整的位置在曲线上的标定点，敲击向上方向键使地面区域逐渐变亮，直至满意。

理论上可以随意增加调整点而精确调整照片中每一个部位影调，这个工具的操作方式确很绝妙！

敲向上方向键调整曲线向上

单击调整目标位置

图5-5-5

调整前后效果对比

5.6 指定区域的影调调整

理论上使用5.5的方法可以控制图像中任意一个影调的明暗，但是这种调整对整个图像的相同的影调都会发生改变。只针对某一区域的影调调整又不希望改变其他区域的影调，如逆光照片的主体亮度，上述方法就很难实现。通过添加调整图层，利用图层蒙版为使用者提供了可以随心所欲的局部区域的调整方法。

第1步 建立调整图层

①单击［曲线］工具图

②产生曲线调整图层

图5-6-1

打开照片文件，本案例图中，我们希望在提亮三匹马的亮度同时将背景压暗，以增强照片主体魅力。在调整调板单击［曲线］调整图标按钮，在图层调板中产生一个带有图层蒙版的曲线1调整图层。

第2步 提亮主体图像影调

②用目标调整工具在图像中直接改变影调

①单击目标调整工具

图5-6-2

在调整调板的曲线调整面板中，单击［目标调整工具］按钮，将鼠标移至照片中需要提亮的区域（图中棕色马匹的区域），按住鼠标向上拖动，鼠标指针指定的影调变亮（如果需要变暗则向下拖动鼠标）。

第3步 恢复无须处理的区域影调

选择工具箱里的［画笔工具］（或按快捷键B），将［前景色］置为黑色。按如图4-6-4所示步骤设置画笔属性。

此时整个图像中相同的影调也被提亮，单击图层调板中曲线1调整图层的蒙版缩略图，将前景色置为黑，选择较大羽化的［画笔工具］，用画笔将图像中无须改变影调的区域涂抹掉。

②点选［画笔工具］ ③画笔涂抹不需要改变影调的部分
①单击图层蒙版缩略图

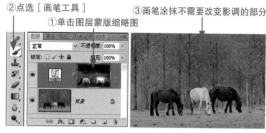

图5-6-3

第4步 处理背景影调

上面步骤通过图层蒙版使得调整仅仅对主体影调产生变化，接下来，我们需要对背景（照片中的树林和草地）进行影调处理。如1~3步一样新增一个曲线2调整图层针对背景调整（本案增加背景反差），不同的是，这一次是在曲线2调整图层的图层蒙版将主体（照片中的三匹马）用黑色涂抹图。

如果需要再调整某一个区域的影调，则可重复上述1~3步。

①S形曲线可增加影调的反差 曲线2调整图层
②用图层蒙版屏蔽掉曲线2对马匹的影调改变

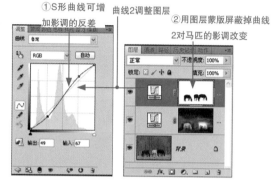

图5-6-4

调整前后效果对比

非破坏性局部影调的加深与提亮

该方法与上节介绍的方法并没有实质性的区别，只是本方法可以对暗部和亮部区域同时完成，更加便利直观。需要强调的是，没有哪一个方法是最好和最有效的，针对照片实际图像构成的不同，不同方法处理得到的效果也是有所差异的，使用者不妨尝试各种方法以获得最佳的效果。

第1步 创建中性图层

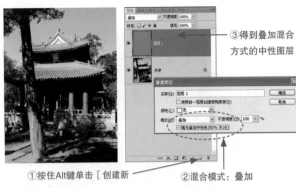

③得到叠加混合方式的中性图层

①按住Alt键单击[创建新图层]按钮

②混合模式：叠加
勾选：填充叠加中性色(50%灰)

图5-7-1

大反差照片的调整是希望提亮暗部的影调和压暗亮部的影调。

首先创建一个工作图层，按住Alt键单击图层调板右下方[创建新图层]按钮，在弹出的对话框中，将"模式"设为叠加后，即可勾选"填充叠加中性色（50%灰）"复选框。单击[确定]按钮后在图层调板中创建了一个混合模式为叠加的中灰图层1，此时图像并没有发生任何变化。

第2步 设置画笔笔刷

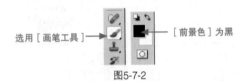

选用[画笔工具]

[前景色]为黑

图5-7-2

在工具箱里选用[画笔工具]（或按快捷键B），按如图4-6-4所示步骤设置画笔属性。将[前景色]置为黑色，选择带羽化的画笔笔头，画笔不透明度设成大约20~30%。

第3步 局部加深影调

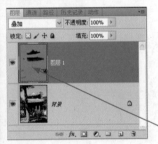

在需要压暗的区域涂抹

图层加深处对应位置里图像的影调被压暗

图5-7-3

按D键将[前景色]设为黑色，选择适当的画笔大小，在需要压暗的图像区域涂抹（本案例的屋顶琉璃瓦部分），画笔所画过区域的影调被压暗了，如果压暗程度不够，可以反复涂抹该区域，直到满意。

第4步 局部提亮影调

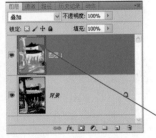

在需要提亮的区域涂抹

图层变淡处对应位置里图像的影调被提亮

图5-7-4

按X键将[前景色]转换为白色，然后在需要提亮的区域涂抹（本案例屋檐下的区域），画笔所画过区域的影调被提亮了，如果提亮程度不够，可以反复涂抹该区域，直到满意。

处理前后效果对比

在涂抹中不小心将提亮或压暗的效果做过了，可以将前景色选为中灰色（画笔不透明度100%）涂抹，即可恢复未处理前的影调，然后再按第3或第4步继续完成影调调整。

笔记栏

第6章

提高 照片的魅力——

色 彩 的 调 整

　　一般而言，照片的色彩调整要在照片影调调整后再进行。正如第2章曲线工具中所提到的，改变曲线平缓和陡急程度会对色彩产生一定的影响。如图2-3-15所示，使用曲线提高照片反差后，图像的色彩饱和度也被提高了，有时甚至会导致整体或某些颜色太过于浓艳。

　　对一幅照片的色彩调整通常包括色调的调整与颜色的调整。色调指的是一幅照片中画面色彩的总体倾向，是照片的色彩主旋律，不同的色调也可以使图片变得明亮怡人，或者冷酷忧郁，或者温暖舒适。颜色的调整是指对照片中某个色彩的色相、饱和度、明度等修正或改变。

　　良好的照片往往需要有明显的色调取向，利用协调色、补色等色彩原理营造出和谐的色彩效果，切忌颜色过多、过艳。本章通过多个色彩调整的案例来介绍色彩调整工具的使用效果以及对照片色彩调整的一些基本操作方法和技巧。读者通过举一反三，可以做出丰富的色彩变化。

预备操作

6.1

由于大多数输出设备（通常是印刷机）既不能打印最黑的阴影值（接近色阶 0）中的细节，也不能打印最白的高光值（接近色阶 255）中的细节，为了确保重要的阴影和高光细节置于输出设备的色域内，需要指定最小的阴影色阶和最大的高光色阶，即在印刷机上各保留5%的色阶。本书强烈建议读者按照以下方法设置您的色彩工作环境。

1. 定义黑

①双击设置黑场吸管工具
③设置B值为5%
定义黑点为95%的黑
RGB=（13, 13, 13）
②选择纯黑色
④单击确认

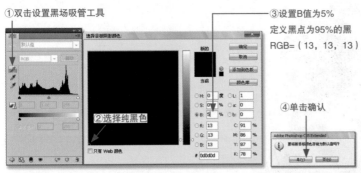

图6-1-1

打开任意一张RGB的彩色图像，在图层调板中单击［色阶］图标按钮。在色阶调整面板中，双击左边的［设置黑场］吸管工具。弹出"选择目标阴影颜色"对话框，先选择纯黑色，然后将B值设置为5，单击［确定］按钮，在警告对话框中单击［是］按钮。

2. 定义白

①双击设置白场吸管工具
③设置B值为95%
定义白点为95%的白
RGB=（242, 242, 242）
②选择纯白色
④单击确认

图6-1-2

双击［设置白场］吸管工具，在弹出"选择目标高光颜色"的对话框中，先选择纯白色，然后将B值设置为95，单击［确定］按钮，在警告对话框中单击［是］按钮。至此以后，上述设定值已经成为您的默认工作环境，在以后的校正照片中不必每次都做设置。

偏色照片的精确校正调整

6.2

本方法是偏色校正的经典技术，虽然操作比较烦琐，但几乎所有偏色图像都可以得到较好的改善，并且能多次使用，请务必按照本章导言中的方法设置好色彩工作环境。

第1步 使用阈值功能

打开照片，本案例照片偏色明显，单击调整调板中的［阈值］图标按钮。

单击阈值工具图标

图6-2-1

第2步 产生阈值效果图像

在图层调板中产生一个阈值1调整图层，图像变成一个只有黑白两个调子的图像。

阈值调整面板

产生阈值调整图层

图6-2-2

第3步 确定黑场

在阈值调节面板里用鼠标将滑块拖至最左边，图像完全变成白色。然后慢慢向右拖动滑块，直至一些黑色区域刚好呈现，这就是"黑场"的阈值,是图像最暗的部位。在工具箱里选用［颜色取样器工具］，并单击最暗的部位得到标记1。

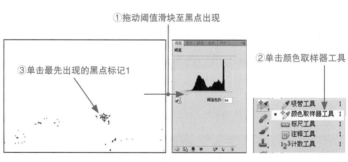

①拖动阈值滑块至黑点出现

②单击颜色取样器工具

③单击最先出现的黑点标记1

图6-2-3

第4步 确定白场

在阈值调节面板里将滑块拖至最右边，图像完全变为黑色。然后慢慢向左拖动滑块，直至一些白色区域刚好呈现，这就是"白场"的阈值，也就是图像最亮的部位。并如第3步方法得到此最亮部位的取样标记2。

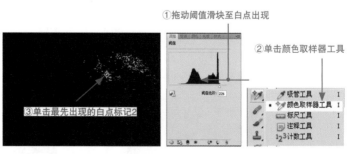

①拖动阈值滑块至白点出现

②单击颜色取样器工具

③单击最先出现的白点标记2

图6-2-4

第5步　取消阈值调整图层

图6-2-5

②建立色阶调整图层
①关闭阈值图层显示
标记2
标记1

　　标记完成后，在图层调板中单击阈值调整图层前的［眼睛］图标，隐藏它的显示，照片恢复原样，但标记仍然在图像中标示。单击调整调板中的［色阶］图标按钮，在图层调板里将产生一个色阶调整图层。

第6步　调整黑场

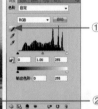

图6-2-6

①点选黑场吸管工具
②用黑场吸管工具单击标记1
标记1

　　从色阶调节面板中点选［设置黑场］吸管工具，单击取样标记1的圆圈以内，即指定该照片的黑场。

第7步　调整白场

图6-2-7

①点选白场吸管工具
②用白场吸管工具单击标记2
标记2

　　然后再选择［设置白场］吸管工具，单击取样标记2（即指定该照片的白场）。现在图像偏色得到明显纠正，如果需要精准的完全消除偏色，可再执行下一步。

第8步　设置灰场（选项）

图6-2-8

①点选灰场吸管工具
②用灰场吸管工具单击灰色景物

　　在色阶调节面板中选择［设置灰场］吸管工具，当使用此工具在图片上单击时就会将图像的这一点作为灰点，从而平衡全图的颜色搭配。找到照片中现实中应该是灰色的地方并单击，如水泥路面、灰色墙面、瓦当等（黑色、白色不算），本案图中如的银色小轿车。

调整前后效果对比

RAW照片的偏色调整（一）

RAW格式是没有经过图像数字色彩模型转换的光电信号的数据记录，它可以在后期照片转换中选择色彩模型，从而能让摄影师很容易地选择和指定照片的色彩构成，比如色温。本节使用Capture One Pro 6.2示范RAW照片偏色的调整。

第1步 选用吸管工具

打开RAW照片（参见1.5.2节内容），单击［颜色］工具标签，点选［选取白平衡］吸管工具。

本案例仍用6.2节例图。

①打开［颜色］工具调板

②点取［选取白平衡］吸管工具

图6-3-1

第2步 寻找灰调基准点

寻找照片里在真实中为灰调的景物，即没有色相的物体，比如灰色路面、白色墙面、屋顶瓦当等。本案选择一辆灰色轿车，用［选取白平衡］吸管工具去单击灰调的部分，照片偏色即刻得到纠正。为了准确点取，需将视图放至足够大。

值得注意的是，一些高光的白点和阴影的黑色并不一定是灰点，建议尽可能避免使用白或黑作为白平衡基准点。

用灰场吸管工具单击灰色景物

图6-3-2

第3步 调整曝光和影调

照片曝光不准确时往往需要再调整照片的影调，单击［曝光］工具标签，根据照片需要分别调整曝光、高动态范围或色阶等控制项，再检查偏色是否得到完全纠正。如仍有偏色，继续重做第1~2步操作。

②调整影调调整选项

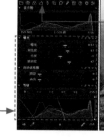

①打开［曝光］工具调板

图6-3-3

第4步 缺乏灰调基准点时

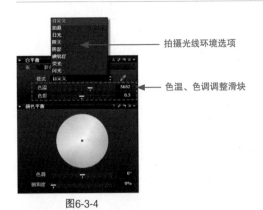

拍摄光线环境选项

色温、色调调整滑块

图6-3-4

当照片找不到准确的灰调的景物时，可通过调整色温、色调的控制滑块观察照片偏色的变化获得。如果能确认拍摄时的光线环境，可先选择对应的选项。然后再做色温、色调的细微纠正。

色温调节控制滑块：向左变冷，向右变暖。

色调调节控制滑块：向左偏绿，向右偏品。

Camera RAW方法

①按下［白平衡工具］图标

参见上一步内容

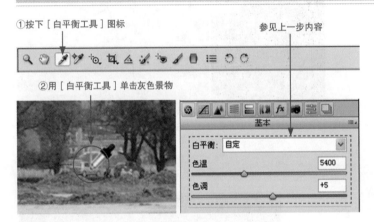

②用［白平衡工具］单击灰色景物

图6-3-5

Adobe Photoshop CS5的Camera RAW 6.2的插件对RAW照片偏色的纠正如出一辙，它也有一个白平衡吸管工具和色温、色调控制键。操作与上述方法同。

ACR界面请参见1.3.1内容。

RAW照片的偏色调整（二）

6.4

在数码摄影拍摄过程中往往需要设定白平衡，以往需要较专业色彩色温知识，让许多人都感到困惑和困难，望而却步。CS版本以后增加了模拟传统色温镜片的照片滤镜工具，用户可以轻松地调整因白平衡设置不当而造成的色偏，甚至可以按照主观拍摄意图调整照片色调。

本案例为夕阳照射下的树林，由于拍摄时使用自动白平衡调节，导致树林的暖调不能完美表现（色调偏冷），因此，需要提升色温使得照片色调变暖。当然，如果希望降低色温，则需要加入冷色滤镜。

第1步　创建照片滤镜调整图层

打开色温偏差的照片，单击调整调板中的［照片滤镜］图标按钮，在图层调板里产生一个照片滤镜的调整图层。

单击［照片滤镜］工具图标

图6-4-1

产生照片调整图层

第2步　选择滤镜

在照片滤镜的调整面板话框中，单击［滤镜］下拉菜单，为了提升色温，选择加温滤镜（85）。然后，拖动［浓度］控制滑块观察照片调整效果，直至效果满意。

①选择照片滤镜的型号或颜色

②调整照片滤镜的浓度

图6-4-2

第3步　选用和设置画笔

单击工具箱［画笔工具］（或按快捷键B），按如图6-4-3所示设置笔刷属性，前景色选为黑，带柔化的笔头，将画笔不透明度设为20~30%。

①点选［画笔工具］

③选用柔化的笔头

②选背景色为黑

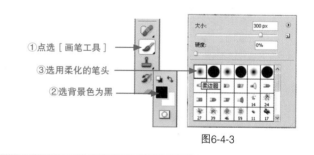

图6-4-3

第4步　局部修理

单击照片滤镜调整图层的图层蒙版缩略图，在图像预览区中用画笔对不需要调整色温色调的区域（如本案例中水面、山体和桥梁的部分）反复涂抹，从而屏蔽掉这些区域的照片滤镜的调整。

涂抹中用"［"或"］"键可快速改变画笔笔头大小以适应图像形状需要。

②涂抹不需要调整的区域

①单击图层蒙版缩略图

图6-4-4

调整前后的效果对比

6.5 锁定特定区域的色彩调整

仍然以6.4节的照片为例，以便读者前后对比不同方法调整的效果。图中湖面蓝色色彩不够饱和，如果通过调整全图的色彩饱和度获得饱和的蓝色湖面时，金黄的树叶饱和度就显得过了，蓝色的湖面与金黄色的树叶无法同时获得一致。

第1步　创建色相饱和度调整图层

①点选［色相饱和度］图标

②产生色相饱和度调整图层

③按下［目标调整工具］图标

图6-5-1

打开照片，单击调整调板的［色相/饱和度］按钮，在图层调板中创建一个色相/饱和度调整图层。单击色相/饱和度调整面板框左上角的［目标调整工具］手柄图标。

第2步　使用目标调整工具

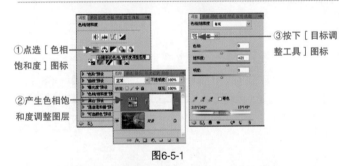

①直接调整树木的饱和度

③直接调整树木的饱和度

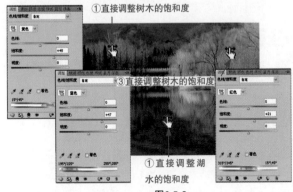

①直接调整湖水的饱和度

图6-5-2

将鼠标指针移至图中湖面区域，向右拖动鼠标使得湖水蓝色饱和度提高直至满意效果（这时调整面板中的通道自动变成"蓝色"，此时只有湖面蓝色饱和度发生变化，而树木饱和度并未发生改变）。

然后，将鼠标指针移至黄色树木区域，向右拖动鼠标使得黄色树木饱和度提高直至满意效果（调整面板中的通道自动变成"黄色"）；之后，将鼠标指针分别移至橙色树木区域，向右拖动鼠标使得橙色树木饱和度提高直至满意效果（调整面板中的通道自动变成"红色"）。

调整前后效果对比

锁定特定基色的色彩调整

在色彩调整时如果能运用好图像里颜色与基色的关系，结合曲线与通道的特点，能使色彩调整更加得心应手，本节内容旨在通过选择恰当的基色通道，介绍使用曲线工具进行色彩调整的方法。

6.6

第1步　建立曲线调整图层

打开照片，单击调整调板的［曲线］按钮，在图层调板中产生一个曲线1调整图层。

①单击［曲线］图标

②产生曲线调整图层

图6-6-1

第2步　锁定调整基色

原照片绿色的荷叶偏黄，绿色不够饱满，故在曲线调整框中选择绿色通道（默认值为RGB）。

单击曲线调整面板框左上角的［目标调整手柄］，然后将鼠标指针移至图中需要调整的荷叶区域，按着鼠标左键向上移动（曲线随之也向上变化），或按键盘的向上方向键也可获得同样效果（更多内容见下一节）。

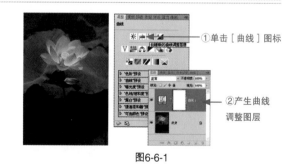

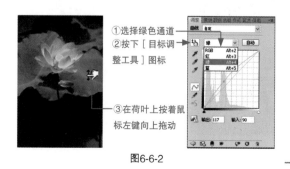

①选择绿色通道
②按下［目标调整工具］图标

③在荷叶上按着鼠标左键向上拖动

图6-6-2

调整前后效果对比

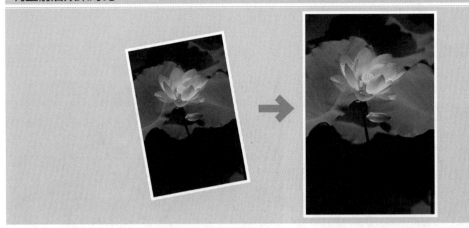

6.7 局部区域的颜色调整

在6.6节中，虽然荷叶的绿色饱和度提高了，可是荷花也变黄了，这并不是我们期望的。因此，我们需要屏蔽掉对荷叶操作时对荷花产生的影响。同样，在对荷花的色彩调整中也不希望影响到荷叶的色彩变化。

第1步　选用和设置画笔

①点选［画笔工具］
②选背景色为黑
③选用柔化的笔头

图6-7-1

如第6.6节方法调整后，单击工具箱［画笔工具］（或按快捷键B），按如图6-7-1所示设置笔刷属性，前景色选为黑，带柔化的笔头，将画笔不透明度设为40%左右。

第2步　画出下一调整的目标区域

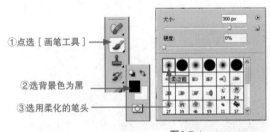

②在图像中涂抹荷花区域从而屏蔽上一步的曲线绿色通道调整
①单击图层蒙版缩略图

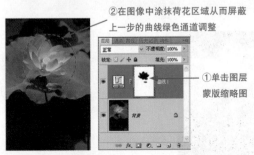

图6-7-2

单击曲线1调整图层的图层蒙版缩略图（激活图层蒙板），然后反复涂抹荷花区域，使得荷花恢复曲线调整前的色彩，在涂抹中使用"［"或"］"键来调整画笔大小以精准地适应荷花形状。

第3步 将目标局部区域转为选区

按住Ctrl键单击曲线调整图层中的图层蒙版，获得一个以荷叶为区域的选区，选择【选择 > 反向】菜单命令，将选区变为以荷花为区域（由于在上一步的涂抹中已将荷花区域画出，这里使用选区后就不必在下一步中再涂抹出屏蔽区域）。假如需要调整色彩的区域不同，则可以在完成下一步的色彩调整后，再如第1~2步那样涂抹不需要调整的其他区域。

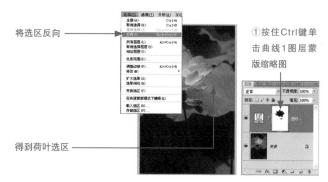

将选区反向

得到荷叶选区

① 按住Ctrl键单击曲线1图层蒙版缩略图

图6-7-3

第4步 调整饱和度

单击调整调板的［色相/饱和度］按钮后，在图层调板中再创建一个色相/饱和度调整图层（该图层的蒙版已形成对荷叶的屏蔽），单击调整调板的［目标调整工具］按钮，将鼠标指针移至荷花中向右拖动鼠标增加荷花的饱和度至15%左右。

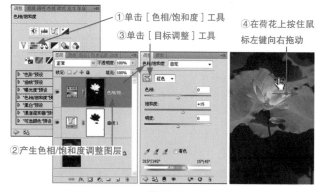

① 单击［色相/饱和度］工具
③ 单击［目标调整］工具
④ 在荷花上按住鼠标左键向右拖动
② 产生色相/饱和度调整图层

图6-7-4

整体色调调整与局部色调调整前后效果对比

提高图像通透的艳丽

由于器材不可克服的原因，在某些环境下拍出的照片色彩总是不够艳丽甚至是有点"脏"，通过提高饱和度的方法往往又会造成浓艳不自然的色彩效果，本方法可以较好地兼顾这两个方面的调整。

第1步 转换图像色彩模式

① 将图像转为Lab颜色模式
② 单击［曲线］工具
③ 产生曲线调整图层

图6-8-1

打开照片，选择【图像 > 模式 > Lab颜色】菜单命令，图像此时似乎没有发生任何变化，其实它已被转换为Lab色彩模式。然后单击调整调板中的［曲线］图标按钮，在图层调板里产生一个曲线1调整图层。

第2步 Lab下的曲线调整

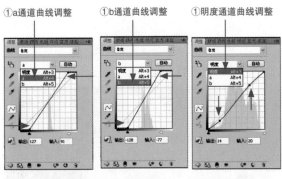

① a通道曲线调整
① b通道曲线调整
① 明度通道曲线调整

图6-8-2

在曲线1调整面板框中选择［通道］下拉菜单中的a通道（按住Alt键单击格子区域，可以得到更密的格子线，再次单击则恢复原格子），将曲线的上端向左移动一格半，下端向右移动一格半。

同样，选择［通道］下拉菜单里的 b 通道，将曲线的上端向左移动两格，下端向右移动两格。

必要时，选择［通道］下拉菜单里的明度通道，调整曲线为S型。

第3步 转回RGB色彩模式

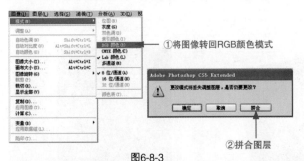

① 将图像转回RGB颜色模式
② 拼合图层

图6-8-3

上述调整后图像变得明亮，颜色艳丽而且通透自然，完成后选择【图像 > 模式 > RGB颜色】菜单命令，将图像转回到RGB色彩模式，在提示框中单击［拼合］按钮，调整图层被合并到原图像图层中。

调整前后的效果对比

忧郁的冷色调

　　冷色调是指用蓝、青或者主要含有蓝、青成分的色彩构成的画面。对于冷色调照片，除了主体色彩以冷色为主外，还可以通过选取周围环境的阴影部分（阴影主要由冷色构成）作为背景，进一步使冷色调效果得到统一，营造某种安静、忧郁的气氛。主调过于偏暖色（红、黄）和热烈的照片并不太适合做成冷色调效果。

第1步　创建色相/饱和度调整图层

　　打开照片，单击调整调板中的［色相/饱和度］图标按钮，在图层调板中产生一个色相/饱和度1调整图层。

①单击［色相/饱和度］工具
②产生色相/饱和度调整图层

图6-9-1

第2步　调整色相饱和度

　　在色相/饱和度调整面板中：
　　勾选下方［着色］复选框；将［色相］设置为205，将［饱和度］设置为15。

②产生色相/饱和度调整图层

①勾选着色复选框

图6-9-2

第3步　改变混合模式

　　在图层调板中将色相/饱和度调整图层的［混合模式］从正常换成颜色，降低调整图层的［不透明度］到大约为70%，照片呈现出忧郁冷调的效果。

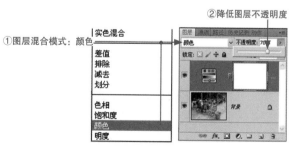

①图层混合模式：颜色
②降低图层不透明度

图6-9-3

调整前后效果对比

怀旧的暖调

6.10

暖色为红、橙、黄以及以红、橙、黄为主要成分的色彩，要得到暖色调效果的照片，可以利用红、橙、黄等暖色或者主要含有这些色彩成分的色调，主基调过冷的照片并不适合做成暖色调效果。另外，怀旧的气氛往往带有一丝宁静，因此怀旧暖色调照片可以适当降低一点色彩饱和度。

第1步　建立曲线调整图层

①单击［曲线］工具

②产生曲线调整图层

打开照片，单击调整调板的［曲线］按钮，在图层调板中产生一个曲线1调整图层。

图6-10-1

第2步　设置暖调

①蓝通道曲线调整　②红通道曲线调整　③RGB通道曲线调整

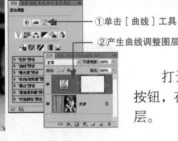

④［返回调整列表］按钮

图6-10-2

在曲线调整面板框中，按住Alt键单击格子区域，可以得到更密的格子线（再次单击则恢复原格子）。

选择对话框中的［通道］下拉菜单中蓝色通道，将曲线的上端往下移动两格，将下端向右移动两格。

在［通道］下拉菜单里转换到红色通道，将曲线下端向右移动一格，上端向左移动一格。

再选择［通道］下拉菜单里的RGB通道，拉动曲线呈S型可适当增加图像的反差。

第3步 降低饱和度

一般来说经过上述调整，色彩会比原片浓艳，需要降低一下色彩饱和度。单击［返回调整列表］按钮回到调整调板，单击［色相/饱和度］图标按钮，在色相/饱和度调整面板框中，向左拖动［饱和度］控制滑块降低饱和度。也可以针对某一个源色进行操作，如本案例中，灯笼的红色太过明显，故在选择"红色"后适当降低红色饱和度。

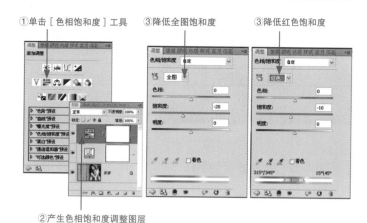

①单击［色相饱和度］工具　③降低全图饱和度　③降低红色饱和度

②产生色相饱和度调整图层

图6-10-3

调整前后的效果对比

黑白照片效果（转换）

Photoshop进行黑白照片转换的方法有很多，比如灰度、去色、Lab的明度通道，这些功能简单但是往往满足不了摄影师对黑白层次的细腻要求，虽然也可通过一些综合的方法来实现，如计算、通道混合等，但是，这些方法操作复杂，有极强的针对性，大多数人难以掌握。CS3版本后提供了一个黑白照片特效功能，操作简单，控制直观，也提供了多种黑白效果的预设转换值，可以让使用者随心地对色彩影调进行取舍与控制。

第1步 建立黑白调整图层

①单击［黑白］工具

②产生黑白调整图层

图6-11-1

打开一张需要转换为黑白的彩色照片，单击调整调板的［黑白］按钮，在图层调板中产生一个黑白1调整图层。

第2步 黑白调整面板的操作

在调整调板的黑白转换对话框中提供了6个源色的成分控制滑块，可以根据照片的具体色彩情况来获得各个源色对黑白层次的贡献大小。数值越小（靠左）该源色在黑白转换中的影调越暗，反之，数值越大（靠右）该源色的影调越亮。

②按住鼠标左键向左拖动

①单击［目标调整工具］图标

图6-11-2

单击黑白调整面板上方的［目标调整工具］按钮，将鼠标指针移至照片中特定的位置单击，在黑白调整面板上会自动识别该处属于哪一个源色。左右拖动鼠标使该位置的明暗得到降低或提高，直至满意效果。

如本案例中，先用目标调整工具单击天空区域向左拖动鼠标，可以看到蓝色的源色被减小，天空变暗。

第3步 调整源色成分

在草地上向右拖动鼠标

图6-11-3

在本案例中，草原的影调显得过于阴暗，继续用目标调整工具单击草原区域向右拖动鼠标，可以看到是黄色的源色被增加了，在对较暗的地方同样操作，可以找到红色的源色并加以提高。从而将草原影调提亮。理论上，这种目标调整可以无限制的在所需要改变影调的区域反复操作，直到满意为止。

第4步 单色效果

①勾选［色调］复选框并双击色调选择框

②在拾色器中选择颜色

图6-11-4

如果需要某一种单色调的照片效果，勾选黑白调整对话框上方的［色调］复选框，单击它右边的颜色框，弹出［选择目标颜色］对话框，选择所需的色调，然后单击［确定］按钮。

不同方法（工具）进行的黑白转换效果对比

本案例方法

本案例方法（棕色调）

使用【图像>调整>去色】菜单命令

使用色相/饱和度命令将饱和度降为零

使用黑白工具中的红色滤镜预设转换值

使用Nik Silver Efex Pro插件
Kodak 100 TMAX Pro胶片效果

图6-11-5

旧照片效果

6.12

　　旧照片效果有很多色调与风格，但无外乎具备两个重要的特征，低饱和度和颗粒感。本方法主要讲解如何产生旧照片的这些特征（颗粒感的制作也可以参考9.13节，这里介绍另外一种方法）。

第1步　创建黑白调整图层

　　打开照片，单击调整调板的［黑白］按钮，在图层调板中产生一个黑白1调整图层。

①单击［黑白］工具

②产生黑白调整图层

图6-12-1

第2步 制作旧色效果

①勾选［色调］复选
框并双击色调选择框

②在拾色器中选择颜色

③图层不透明度60%

图6-12-2

按照6.11节的方式制作单色效果，选择颜色为R=160，G=120，B=40，然后单击［确定］按钮；在图层调板中，拖动［不透明度］滑块降低黑白1调整图层的不透明度到60%（如果色彩太过鲜艳，通过添加色相饱和度调整图层适当降低饱和度）。

第3步 创建盖印图层

按着Alt键单击

得到盖印图层

图6-12-3

单击图层调板［创建新图层］按钮添加一个空的图层，按住Alt键选择【图层 > 合并可见图层】菜单命令，得到一个效果图层（或按Shift+Ctrl+Alt+E快捷键）。

第4步 制作颗粒感

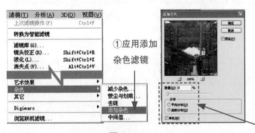

①应用添加杂色滤镜

②设置添加杂色参数，勾选［单色］复选框和设置高斯分布数量为9

图6-12-4

选择【滤镜 > 杂色 > 添加杂色】菜单命令，弹出［添加杂色］对话框，勾选［单色］复选框，选择［高斯模糊］单选按钮，拖动［数量］滑块为照片添加杂点至满意（本案例设置数量为9），单击［确定］按钮完成给照片添加颗粒感。

处理前后效果对比

双色调照片

本案例介绍的这种方法主要用于出版物的印刷用途，在这里借鉴这一方法能给读者提供一种调片的灵活思路和控制能力，做出意想不到的特殊色彩效果。

第1步　将图像转为灰度模式

打开需要转换为双色调的照片，如果照片是彩色的，则须选择【图像>模式>灰度】菜单命令将照片转为灰度模式（为了获得更丰富的灰调层次，可以参照6.11节介绍的方法将照片转为黑白图像），在弹出的是否要扔掉颜色信息的对话框中，单击［扔掉］按钮。

①转为灰度模式　　②单击［扔掉］按钮

图6-13-1

第2步　将图像转为双色调模式

当照片的图像模式变为灰度后，图像模式的双色调即可激活，因此，选择【图像>模式>双色调】菜单命令，弹出［双色调选项］对话框，在［类型］下拉菜单中选择"双色调"选项。

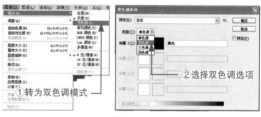

①转为双色调模式　　②选择双色调选项

图6-13-2

第3步　设置双色油墨

大多数双色调的深色都采用黑色，所以默认的［油墨1］为黑色（如果喜欢其他颜色，可单击颜色框，在弹出的拾色器中选择）。

单击［油墨2］的颜色框（默认情况下是白色）打开Photoshop的色库，在其中PANTONE颜色列表中选择所喜欢的颜色，PANTONE颜色是印刷机上默认的颜料。如果希望选择自定颜色，可单击［拾色器］按钮，用拾色器选择。

单击［确定］按钮。此时照片已变为双色调。

单击［油墨2］左边的方框打开一个类似于曲线调整的对话框，按照曲线的调整方式调整高光、中间调和阴影区域影调的成分，如果需要精确确定印刷油墨密度，可在右边字段内输入数值。

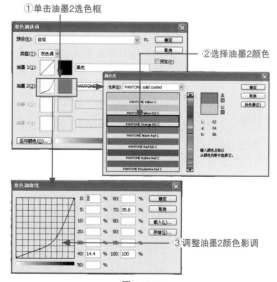

①单击油墨2选色框
②选择油墨2颜色
③调整油墨2颜色影调

图6-13-3

第4步　保存个性双色调参数（选项）

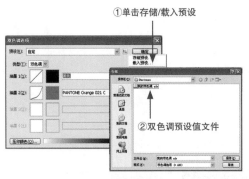

①单击存储/载入预设

②双色调预设值文件

图6-13-4

当设定好色彩和曲线后，在双色调选项对话框中单击［存储］按钮。在［存储］对话框里输入调整值记录文件命名（本案里命名为"我的双色调"），单击［保存］按钮，将此调整值存储。

当处理其他照片时，在打开的［双色调选项］对话框中，单击［载入］按钮，选择存储的双色调调整值文件（如本案例的"我的双色调"），即可完成双色调处理。

使用Photoshop的【文件＞自动＞批处理】菜单命令，即可完成对大批量进行相同双色调照片的处理。

调整前后效果对比

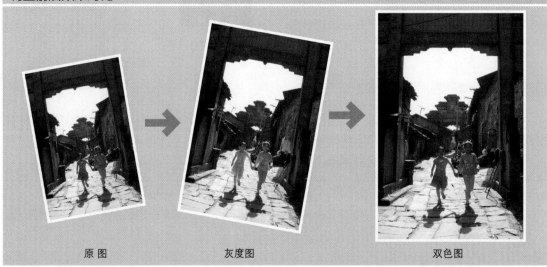

原图　　　　　　　　　灰度图　　　　　　　　　双色图

　双色调预设方案

　　当然，双色调选项中预设了许多调色方案，选择如图6-13-4中的［预设］，直接选用更加便利，尤其是需要大量印刷出版时，选用预设值往往更专业和准确，也能大大降低成本。

反转胶片色彩

6.14

　　在胶片摄影的时代，摄影师只能通过选择胶卷的色彩类型来控制其色调风格，例如，风光摄影师们都喜欢选择富士的Velvia胶卷，它拥有温暖、饱和绚丽的色彩以及高对比度。当使用数码相机拍摄时，相机的曝光控制方式跟以前一样，但不必太关注数码相机的颜色设置，可通过后期的色彩调整来模仿反转胶片色彩效果。

第1步 创建调整图层

单击调整调板［通道混合器］图标按钮，在图层调板中产生一个通道混合器1的调整图层。

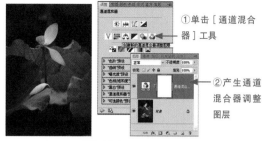

①单击［通道混合器］工具

②产生通道混合器调整图层

图6-14-1

第2步 模仿色调

在［通道混合器］调整面板的输出通道下拉菜单中分别选择红色、绿色、蓝色通道，调整参数参考如下：

红色通道：［红色］144%，其他至−22%。

绿色通道：［绿色］144%，其他至−22%。

蓝色通道，［蓝色］144%，其他至−22%。

①红通道色彩混合　　①绿通道色彩混合　　①蓝通道色彩混合

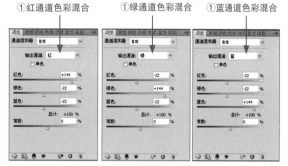

图6-14-2

第3步 增加对比度

返回调整调板列表，单击调整调板［曲线］图标按钮，在图层调板中新增加一个曲线1的调整图层，在曲线面板中的对角线上的交叉处标记三点，可通过输入控制点的数值来增加图像的对比度。

如果调整后的色彩饱和度与对比度太过，可以简单地降低曲线1调整图层的［不透明度］来获得满意的效果，最后合并所有图层。

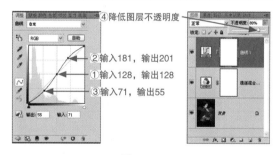

④降低图层不透明度

②输入181，输出201

①输入128，输出128

③输入71，输出55

图6-14-3

处理前后效果图对比

动作设定与操作

如果需要将大量的数码照片做成某种相同操作的处理时，每次重复的调整操作和枯燥的数值是很烦琐的，通过"动作"功能，记录每一步操作，在以后需要同样的处理操作时，只需要单击一下鼠标即可完成，甚至使用批处理可以一次性完成所有照片的同一种处理调整。以下以本节的反转胶片风格处理为例来介绍具体的动作制作方法：

① 打开任意一张照片，转到动作调板，单击 [创建新动作] 按钮，在弹出对话框的 [名称] 中输入动作名：反转胶片风格（如果希望一键式操作，可以在 [功能键] 里选择F2~F12任意一个，在以后进行反转胶片风格调整时只需要在键盘上方按一下所选择的那一个键即可完成），单击【确定】按键。

② 按照本节1~3步骤完成，并合并所有图层，然后转到动作调板，单击 [停止播放／记录] 按钮，可以看到动作调板列表里增加了一个名称为反转胶片风格的动作组。

③ 进行照片的反转胶片风格调整时，只需要打开调整照片，转到动作调板，选择反转胶片风格组，单击调板下方的 [播放选定的动作] 按钮。照片即自动完成反转胶片风格的处理。

④ 当需要处理大量照片时，将待处理的照片放在同一个文件夹里，选择【文件＞自动＞批处理】菜单命令，选择该文件夹，在播放中找到上面设置好的反转胶片风格动作。单击 [确定] 按钮，系统将自动对该文件夹里的所有照片文件应用上述操作直至全部完成。

6.15 不同色调照片的调整方法及参考数值

有许多方法可以改变照片的颜色基调，这里力图介绍最直观、最易于操作的方法，但并不等于说这些调整的数值一定适用于所有图像，借助本案例的调色方法和数值的改变来观察色彩发生的变化情况，为读者提供一个思考的方向，针对具体的图像基色做恰当的数值调整。

第1步 将图像影调色调调整正常

图6-15-1

使用调整图层将图像影调色彩调整到正常状态

打开照片，首先需将照片的影调色彩调整正常（参照本书第4、5章相关内容）

第2步 建立色彩的调整图层

①单击 [色彩平衡] 工具

②单击 [色相饱和度] 工具

色相/饱和度调整图层

色彩平衡调整图层

图6-15-2

单击调整调板的 [色彩平衡] 图标按钮，在图层调板中创建一个色彩平衡1调整图层；单击调整调板的 [色相/饱和度] 图标按钮，在图层调板中再创建一个色相/饱和度1调整图层。

第3步　调整色彩平衡

在色彩平衡调整面板里，分别调整高光、中间调、阴影的数值，即可得到不同效果的色调。

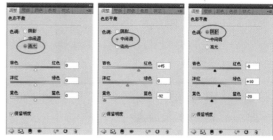

图6-15-3

第4步　调整色彩饱和度

如果照片色彩过于饱和，效果往往不佳，可使用色相/饱和度调整图层降低色彩饱和度。如果是某一颜色过于饱和，除了调整全图饱和度外，还分别对红色、黄色和蓝色的饱和度做适当调整。

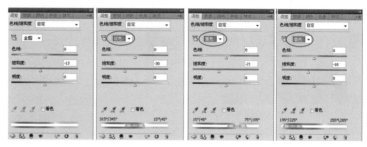

图6-15-4

3种不同色调的照片效果调整数值：

原图

图6-15-5

暖色调
色彩平衡的调整参数：
［高光］红色 0，绿色0，蓝色0
［中间调］红色+45，绿色0，蓝色-92
［阴影］红色-8，绿色+10，蓝色-20
色相/饱和度的饱和度参数：
［全图］-13，［红色］-30，［黄色］-21，
［蓝色］-18
（其他不变）

图6-15-6

图6-15-7

冷色调

色彩平衡的调整参数：

［高光］红色-20，绿色0，蓝色0

［中间调］红色-30，绿色0，蓝色+30

［阴影］红色-55，绿色+10，蓝色+25

色相/饱和度的饱和度参数：

［全图］-21，［红色］-70，［黄色］-50

（其他不变）

图6-15-8

绿宝石色调

色彩平衡的调整参数：

［高光］红色+10，绿色0，蓝色0

［中间调］红色-25，绿色0，蓝色-60

［阴影］红色-55，绿色+10，蓝色+15

色相/饱和度的饱和度参数：

［全图］-20，［红色］-50，［黄色］-60，

［蓝色］-30

（其他不变）

反转负冲效果

6.16

反转负冲是传统胶片的一种特殊冲洗方法，这种方法得到的影像效果给人一种强调冷调和颓废感觉，在数码人像照片中模拟反转负冲效果往往会得到一种意想不到的感染力。但并不是所有的照片都能做出很强烈的反转负冲效果，一般来说，偏于黄调的照片效果最佳。

第1步　转到通道调板

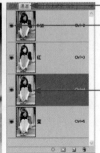

①单击打开［通道］调板

②单击分色通道缩略图

③点开［RGB］方式显示

图6-16-1

打开照片，复制背景图层后单击通道调板，单击除RGB通道以外的一个通道。此时在图片预览区只能看到一张灰度的图像，如果希望在调整过程中能看到整体色彩变化的效果，可以单击通道调板RGB复合通道前的［眼睛］图标以彩色状态显示。

第2步 对蓝色通道执行应用图像

单击蓝色通道，选择【图像 > 应用图像】菜单命令，弹出［应用图像］对话框，设置如下：

勾选［反相］复选框。

设置［混合模式］为"正片叠底"。

设置［不透明度］为50%。

①单击蓝通道　②应用图像命令　③设置应用图像选项

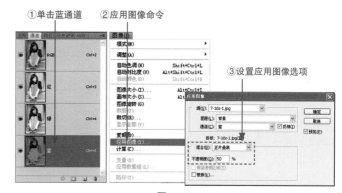

图6-16-2

第3步 对其他颜色通道实施应用图像

同理按以下参数对另外两个颜色通道进行应用图像的色彩运算：

单击绿色通道，应用图像的设置如下：

勾选［反相］复选框。

设置［混合模式］为"正片叠底"。

设置［不透明度］为20%。

单击红色通道，应用图像的设置如下：

［混合模式］设为"颜色加深"。

其他保持默认值不变。

①单击绿通道　②设置应用图像选项

①单击红通道　②设置应用图像选项

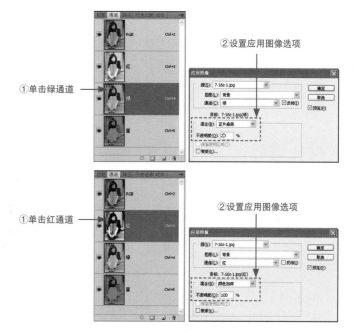

图6-16-3

第4步 对通道进行色阶调整

单击RGB复合通道，然后返回图层调板，单击调整调板上的［色阶］按钮添加一个色阶调整图层。单击色阶调板上的［通道］选项，分别对红、绿、蓝颜色通道进行色阶调整。

参数见下一步。

①单击［色阶］工具

①单击［通道］选项　③分别对颜色通道调整

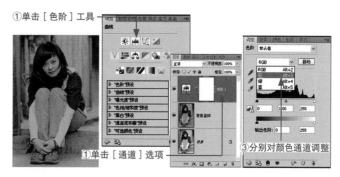

图6-16-4

第5步 对通道进行色阶调整

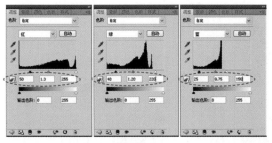

图6-16-5

选择红色通道，在输入框中分别输入：50，1.3，255。

选择绿色通道，在输入框中分别输入：40，1.2，220。

选择蓝色通道，在输入框中分别输入：25，0.75，150。

第6步 调整整体影调色调

③产生色相/饱和度调整图层

①产生亮度/对比度调整图层

②增加亮度、对比度

④增加饱和度

图6-16-6

至此，还需要对照片做最后的整体影调和色彩调整：

添加亮度/对比度调整图层：

［亮度］设置为5~10，［对比度］设置为20。

添加色相/饱和度调整图层：

［饱和度］设置为15左右。

完成反转负冲效果。

处理前后效果对比

电影剧照色调

电影效果总给人一种夸张而又和谐的视觉享受，严格来说，电影的色彩风格并非千篇一律，而是各有千秋，这里以电影《投名状》、《集结号》的冷色影调风格为例，其中数值对于不同的照片并非一成不变，本案例旨在提供一种对色彩影调调整的思路，以抛砖引玉，希望能给读者举一反三的启发。

第1步 降低原片饱和度

打开照片，单击调整调板的［色相/饱和度］工具按钮，在图层调板里创建一个色相/饱和度1调整图层。将照片饱和度降低70~80%，呈现淡淡的色彩即可。

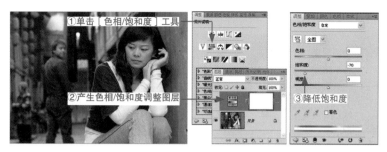

图6-17-1

第2步 调整图像明暗影调

单击调整调板的［曝光度］工具按钮，在图层调板里创建一个曝光度1调整图层，提高照片反差（曝光度调整参见第4章内容）。以上仅是提供一种思路方法，建议读者多尝试其他参数。

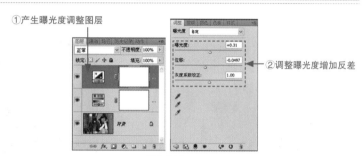

图6-17-2

第3步 调整色调

单击调整调板的［色彩平衡］工具按钮，在图层调板里创建一个色彩平衡1调整图层，先确定中间调色彩基调，降低红色和绿色，适当提高一点蓝色（本案例以冷色电影风格为例，降低［中间调］的暖色，即增加了［中间调］的冷色）；然后增加［阴影］冷色，稍稍提高［高光］的暖色。

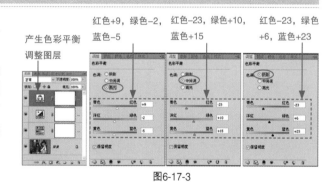

图6-17-3

第4步 调整人物皮肤色彩（选项）

如果照片中人物皮肤色彩过于冷，可使用调整图层蒙版对皮肤区域进行局部的色彩调整。单击调整调板的［曲线］工具按钮，在图层调板里创建一个曲线1调整图层，提高红色通道曲线，降低蓝色通道曲线（即增加黄色），然后使用黑色的［画笔工具］（参见图4-6-4）在该调整图层的蒙版中将皮肤以外的区域涂抹掉。

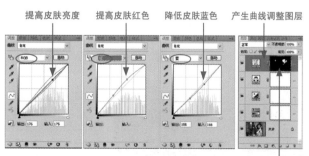

图6-17-4

第5步 提高人物皮肤饱和度（选项）

降低色彩饱和度

图6-17-5

如果人物肤色的饱和度不够，可单击调整调板的［色相/饱和度］工具按钮，在图层调板里创建一个色相/饱和度2调整图层，提高整体［饱和度］和［明度］，使用黑色的［画笔工具］在该色相/饱和度2调整图层的蒙版中将人物皮肤以外的区域涂抹。

处理前后效果对比

6.18 用曲线调出浓郁的晚霞

曲线工具不仅能调整图像的影调明暗，通过曲线的分量通道亦能改变图像的色相，这种方法对调整的色彩色相具有普遍性，掌握好这种曲线的色彩调整方法即可随心所欲的驾驭色彩的变化。

第1步 创建曲线调整图层

①单击［曲线］工具

②产生曲线调整图层

打开照片，在调整调板中单击［曲线］按钮，在图层调板中创建一个曲线1调整图层。

图6-18-1

第2步　增加云彩暖色

按照以下操作将暗淡无色的云层调整为晚霞。

在曲线调整面板中选择红色通道，将曲线右上角向上拖动（即增加图片中高光部分的红色成分）。

选择蓝色通道，将曲线右上角向下拉低（即增加图片中高光部分的黄色成分）。

如果需要增加晚霞的紫红色，选择绿色通道，将曲线右上角向下拉低。

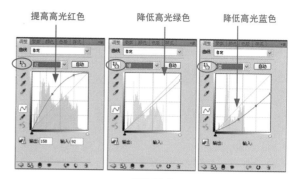

提高高光红色　降低高光绿色　降低高光蓝色

图6-18-2

第3步　局部区域效果的取舍

在山体也呈现了过度的或是不应该出现的红黄色，需要消除这些区域的色彩变化。

单击工具箱的［画笔］工具，设置前景色置为黑，选择较大的柔边羽化笔头，不透明度为20%；然后单击曲线1调整图层的图层蒙版缩略图，用鼠标在图像中涂抹不需要变化的地面区域，涂抹次数越多上述调整的影响就越小直至完全消失。

画笔工具涂抹无须过度渲染的红色区域

利用图层蒙版屏蔽曲线处理

图6-18-3

第4步　改变曲线调整图层的不透明度（选项）

如果在第2步中调整的晚霞色调控制不够精确（一般可以稍微调过一些），通过降低曲线1调整图层的［不透明度］来控制。确定满意和操作完成后，选择【图层＞合并图像】菜单命令，将所有图层合并，最后保存完成。

降低图层不透明度

图6-18-4

处理前后效果对比

更换衣服颜色

通过结合图层蒙版的使用，可以精确的重新定义某一区域的颜色，从而可以随意的重新营造图像的色彩气氛。

第1步 选取衣服区域

①单击［套索工具］

②画出衣服的大致区域

图6-19-1

打开需要更换衣服的照片，单击工具箱的［套索工具］（或按快捷键L），将略大于所换衣服区域大致圈住。

第2步 创建调整图层

①单击［色相/饱和度］图标

②色相/饱和度调整图层与蒙版

图6-19-2

单击调整调板中的［色相/饱和度］按钮，在调整调板中创建一个色相/饱和度1调整图层。该调整图层带有一个以第一步选区为调整对象的图层蒙版。

第3步 改变主体颜色

②按住Ctrl键左右拖动鼠标　①按下［目标调整工具］图标

图6-19-3

点选色相/饱和度调整面板中的［目标调整］工具，按住Ctrl键用鼠标在图像的衣服上左右拖动，衣服颜色即发生变化，直至衣服呈现出所需颜色基调（本案例将蓝色T恤变为红色）。操作时可在衣服不同位置上拖动，以使得衣服整体颜色一致。

第4步 细部修补

放大视图（按Ctrl+"+"快捷键）可以发现，在衣服边缘有一些不希望发生颜色变化的地方也产生了变化（如衣服左下边缘处）。单击色相/饱和度调整图层的图层蒙版缩略图（此时缩略图以蓝色边框显示，表明已激活该图层蒙版）。选用[画笔工具]，按如图4-6-4所示设置前景色为黑，柔边羽化的笔头，画笔不透明度设为30~50%，然后用画笔涂抹衣服边缘不希望发生颜色变化的区域。如发生涂抹错误，可按X键将前景色置为白，涂抹即可恢复。描绘中按"["或"]"键可快速改变画笔的大小。

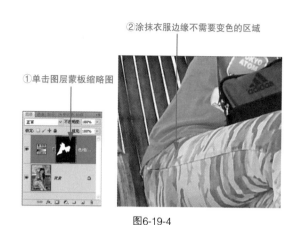

①单击图层蒙板缩略图

②涂抹衣服边缘不需要变色的区域

图6-19-4

第5步 改变细部颜色（选项）

如需要细微的颜色变化，可在色相/饱和度调整面板中，选择对应的颜色通道（本案例衣服边缘有少许蓝色，故选择蓝色通道），拖动下方的色彩变化范围控制块（按住Alt键可单独拖动旁边的两个小三角控制块），使得衣服颜色的过渡区域一致和自然。

利用同样的方法，将绿色的树叶变为金黄色，从而获得秋天的感觉。

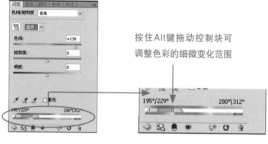

按住Alt键拖动控制块可调整色彩的细微变化范围

图6-19-5

处理前后效果对比

还原美丽——
第7章

风 景 照 片 的 常 见 修 饰

　　按照数码照片处理的一般流程，风景照片的修饰内容包括了构图裁剪、修复修补、影调明暗、色彩调整与修饰、个性增强，甚至创意合成。按照本书的编排方式，这些内容被分别放在相应的章节里。比如二次构图的裁剪可以参见第3章，光影和色彩的调整可参见第4、5章，色彩调整与修饰可参见第6章。对于创意合成等后期特效、艺术处理的方法则放在第9~12章介绍。

　　本章内容主要是针对风景照片，对景物修补、图像瑕疵的修复等的各种工具、命令和使用方法，并给出对风景照片中局部光影、色彩的调整的案例方法，帮助读者理解风景照片常用处理的技巧和方法，希望读者能举一反三，综合运用。

7.1 清洁点状污渍

照片的点状污渍是最常见的图像修饰修复内容，比如，CCD上灰尘造成的图像污点最多，曝光不足造成的局部噪点，均适用于本节介绍的工具。

修复画笔工具直接修复

①单击［污点修复画笔工具］按钮

②单击污点

图7-1-1

打开照片，右击工具箱中的修复画笔工具组，在弹出的列表中点选［污点修复画笔工具］，将光标移到杂点上单击即可消除。按"［"或"］"键可快速改变画笔的大小，处理时最好是画笔大小略大于杂点，使画笔完全包含杂点（操作时将图像按100%视图显示）。

反复处理污点，即可清洁画面。

7.2 清除线状杂痕

有长度方向的线状杂痕或多余景物的修饰也很常见，比如摄影中不太喜欢的电线、铁丝网，扫描照片产生的划痕等，使用本节工具更有效。

第1步 修复画笔工具

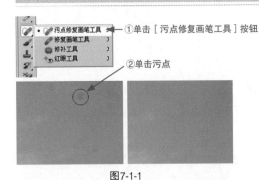

②正常模式；取样源

①单击［修复画笔工具］按钮

图7-2-1

打开照片，右击工具箱中的修复画笔工具组，在弹出的列表中点选［修复画笔工具］，在其工具属性选择栏中的［模式］为正常，［源］选择取样，按"［"或"］"键可快速改变画笔的大小。

第2步 取样修复

①按住Alt键单击取样点

②按住鼠标左键涂抹

图7-2-2

在图像中寻找一块色调与斑痕部位尽量相接近的干净区域，按住Alt键（此时鼠标指针变成一个靶心图标）单击一下鼠标左键，释放Alt键后，将靶心图标移至需要修复的区域，按住鼠标左键拖动，即可修复鼠标划过的部分。

第3步　反复取样、修复

反复对被修饰图像重复
第2步的取样、修复，直至完
全修复。多做取样可以获得
更好的修复效果。

修复前后效果对比见
右图。

图7-2-3

 修复画笔工具技巧

"取样"工作是修饰效果好坏的关键，取样点要尽可能地接近被修饰目标背景的图案；因此，取样要
经常进行。取样点的大小也是一个重要的设置。在实际操作中，请将图像以100%视图显示（按Ctrl+1快捷
键），笔尖大小应尽量接近划痕（被修饰对象）大小，稍稍覆盖划痕即可。

清除块状杂物

7.3

对于块状图案的修补，如本案例图像中，草丛中主体人像顶
部多余的人物影响了照片的美观，消除这类多余的图像景物是美
化照片必不可少的后期工作。

第1步　画出修补区域

打开照片文件，建议首先在图层
调板中复制一个背景图层（按Ctrl+J
快捷键）。右击工具箱的修复画笔工
具组，在弹出的列表中点选［修补工
具］，并确认修补工具属性栏的［修
补］项选为源。

③［修补］项选为源
①复制背景图层
② 单击［修补工具］按钮

图7-3-1

第2步　替代修补区域

按住鼠标，在背景人物（多余景物）外围
画出一个需要修补的区域（使用方式类似［套
索选取工具］），此区域以蚂蚁线显示。

将鼠标指针移入蚂蚁线区域中，按住鼠标
拖至相似的草丛上，需要修补的区域随鼠标的
移动被即时补上修补效果。松开鼠标，背景人
物覆盖上了草丛。

①划出修补区域　②将划定区域拖至相似图像区域

图7-3-2

第3步 修补更多区域直至完成

图7-3-3

同样方法，将其他多余的景物图像去除。修补工具可以反复使用，当修补的结果不理想时，可以对该结果再进行修补工具的应用，直到满意。

左图为修补前后效果对比。

7.4 智能添加背景内容

如本案照片，清除多余景物的关键是要"恢复"具有明显特征图案但又不规则的背景，这种情况下，需要"无中生有"的景物，使用7.3节的方法完成是很难的，甚至是不可能完成的。CS5版本后，增强了内容识别的功能，软件能自动寻找图案特征，天衣无缝地补充缺失的图像内容。

第1步 选取区域

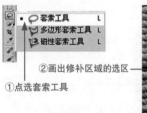

①点选套索工具
②画出修补区域的选区

图7-4-1

打开照片，右击工具箱的套索工具组，在弹出的列表中点选［套索］工具，将需要补充的区域画出选区。

第2步 智能填充

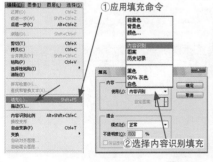

①应用填充命令
②选择内容识别填充

图7-4-2

选择【编辑>填充】菜单命令（或按Shift+F5快捷键）打开［填充］对话框，在填充［内容］里选择内容识别，［混合模式］设置为正常，单击［确定］按钮。

第3步　重复操作直至满意

该工具会自动模拟出背景后的"景物"，如果填充内容不吻合，可以继续对不满意的模拟景物再做一次智能内容填充，甚至可以反复进行上述填充操作。

如果反复上述操作都无法获得满意的效果，可以先使用［印章］工具填补相近的图像内容，然后再做上述智能内容填充。

图7-4-3

修补有透视关系的景物

7.5

在具有明显透视关系的景物时，使用上述几种办法很难获得"自然"的修饰，原因是景物随位置的不同其大小也会发生变化。因此，修补时必须做成近大远小的透视关系。Photoshop CS4版本以后提供了一种仿制透视关系的处理，使得这种透视变化的修饰修补变得简单。

第1步　应用消失点滤镜

打开照片，这里希望修掉挂在墙上的空调管道，恢复墙面"近大远小"透视变化的方格瓷砖。因此，选择【滤镜 > 消失点】菜单命令。

图7-5-1

第2步　建立透视平面

在打开的消失点操作窗口中，单击左上角的［创建平面工具］按钮，然后在图像中沿着景物的真实水平与垂直线画出一个平面框。

①选用［创建平面工具］

②画出透视平面

图7-5-2

第3步　调整透视平面框的大小

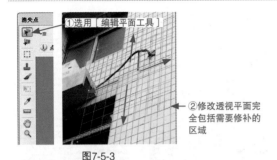

①选用［编辑平面工具］

②修改透视平面完全包括需要修补的区域

图7-5-3

单击左上角的［编辑平面工具］按钮，拖动透视框的四周和四角控制点，可以选择、移动和调整透视平面的大小，让透视平面包含需要修饰的景物区域，并保证有足够的参照修饰区域。

第4步　使用图章工具取样

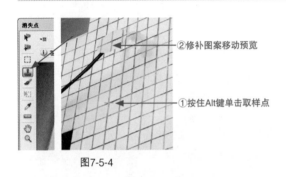

②修补图案移动预览

①按住Alt键单击取样点

图7-5-4

在消失点面板的左侧工具栏中点选［图章工具］，然后按住Alt键（此时鼠标变成一个十字图标）在图像中寻找一个景物特征与有待涂抹区域一致的地方，单击一下鼠标左键，这一步工作称为"取样"（本案选择墙砖线的交叉点），然后移动鼠标，此时可以看到鼠标以一个取样的图块在移动。必要时可通过选择直径、硬度调整修补的大小和效果。

第5步　为填充区域添加肌理

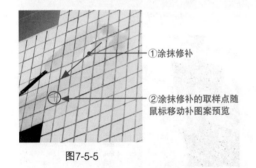

①涂抹修补

②涂抹修补的取样点随鼠标移动补图案预览

图7-5-5

找到需要修饰区域与取样特征一致的地方（这里是墙线的交叉点），按住鼠标涂抹需修补的区域。每一处取样点不必修补太大的区域，经常取样可以更有效地提高修补的准确度，直至完成。

完成全部涂抹修补后单击右上方的［确定］按钮。

处理前后效果对比

修补景物的规则边缘

当所要消除的多余景物处于一个有规则或者有明显边界的景物附近，如本案图中，需要消除位于建筑前的路灯，使用上述几种方法恐怕很难保证建筑的外墙窗户仍然保持清晰完整的图像，此时，往往需要在原图上寻找一些相同的"源"图案来替代。

第1步　选用图章工具并取样

打开照片，选择工具箱［仿制图章工具］，为了更准确的操作，建议将图像按100%视图大小显示（按Ctrl+1快捷键）。在照片中寻找与修补部位相同的图像（本案以修补电线杆与墙边交叉处为例，这里沿着墙边），然后，按住Alt键对准某一个参照点（鼠标变为靶心图标），单击鼠标左键，获得修补的"取样"图案。

图7-6-1

第2步　覆盖目标

将鼠标指针移到电线杆附近，此时圆圈内会出现取样点的图案，将墙边对齐，按住鼠标顺着墙边划过，电线杆被"取样"的图案覆盖了。

图7-6-2

第3步　反复操作

一旦新产生的图像与原图不融合时，则需要重新"取样"，比如本案例中沿墙体内侧与玻璃交叉处，再取参照点，反复进行1、2两步，直至完全修补所有边缘处的"杂物"。

对于没有边缘的部分，如本案例中天空背景处的电线杆和电线，可以使用本章7.1、7.2、7.3的方法处理。

图7-6-3

修复前后效果比较

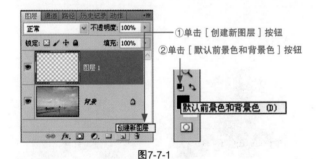

增强天空

传统胶片摄影中为了增强蓝色天空效果，是通过在镜头前安装一渐变中灰镜来获得压暗天空的效果。在数码摄影时代这种增强填空的技术很容易通过后期技术来完成，拍摄者甚至可以按照自己的意图自由控制增强区域和效果。

第1步　创建空白图层

①单击［创建新图层］按钮

②单击［默认前景色和背景色］按钮

默认前景色和背景色 (D)

图7-7-1

单击图层调板右下方的［创建新图层］按钮，创建一个空白（透明）的图层1，并单击工具箱中［默认前景色和背景色］图标（或按快捷键D），此时［前景色］为黑，［背景色］为白。

第2步　选用渐变工具

①单击［渐变工具］

②渐变方式：前景色到透明渐变

前景色到透明渐变

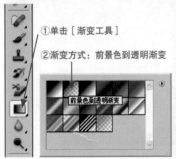

图7-7-2

在工具箱中单击［渐变工具］按钮（或按快捷键G），用鼠标在图像预览窗口位置之内右击即可弹出渐变类型选择器，双击第二种自左上到右下的［前景色到透明渐变］的渐变方式。

第3步　画出渐变范围

此时鼠标指针变为一个十字星，在天空需要加深的地方开始向下拖动鼠标至地平线（如果想画出垂直线可以按住Shift键进行拖动）。松开鼠标，照片的上半部分被覆盖了一个黑色。

按住鼠标左键画出渐变的范围

图7-7-3

第4步　设置图层混合模式

将图层1的图层混合模式设置为"叠加"。天空被增强了。如果增效太强，则降低图层的"不透明度"以获得满意结果。

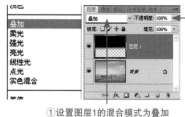

②适当降低图层不透明度

①设置图层1的混合模式为叠加

图7-7-4

第5步　细部修整（选项）

有时候天空中的白云也被压暗了，这并不是我们期望的。因此，单击图层调板下方的［添加图层蒙版］按钮为图层1增加一个图层蒙版，使用黑色、带羽化效果的画笔，将画笔不透明度设为15%（画笔笔刷按如图4-6-4所示步骤进行设置），反复涂抹天空中的白云区域直到效果满意。

①为图层1创建图层蒙版　②单击［画笔工具］

①涂抹天空白云区域

图7-7-5

处理前后效果对比

逆光风景照片的补光

7.8

在逆光条件下拍摄的相片，会出现大量的阴影，在传统的胶片摄影里，摄影师会在暗室内将底片置于放大光源下，然后调节放大焦距造成焦点不实，再使用遮挡或局部洗印控制法来增加阴影部分的光亮度，这样就可以使得在逆光下拍摄的相片还原。从原理上来说，完全可以按照4.6节介绍的方法来提高这些曝光不足的阴影亮度，但是在风光照片里由于边缘常常是不规则的和复杂的，使用手工涂抹出蒙版是一件非常繁重和精细的事情，本节介绍的方法能快速做出精确的选区来提亮暗部的影调。

第1步　选择最大反差的通道

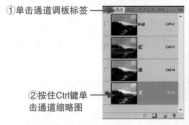

①单击通道调板标签

②按住Ctrl键单击通道缩略图

③获得通道高光图像作为选区

图7-8-1

打开照片，单击通道调板标签，选择反差最大的通道（本案例为蓝色通道），然后按住Ctrl键单击该通道，获得该通道的高光区域选区。

第2步　使用曲线调整影调

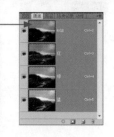

③单击RGB通道缩略图

①应用选区反向命令

②获得通道暗部图像作为选区

图7-8-2

选择【选择＞反向】菜单命令（或按Ctrl+Shift+I快捷键），将选区反选使得暗部区域变为选区；然后单击RGB复合通道。

第3步　使用曲线调整影调

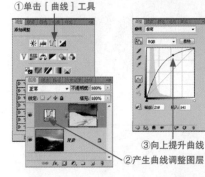

①单击［曲线］工具

④图像暗部区域被提亮

③向上提升曲线

②产生曲线调整图层

图7-8-3

单击图层调板标签，在调整图层中单击［曲线］按钮，在图层调板中建立一个曲线1调整图层，在曲线对话框中将曲线向上提升。照片暗部被提亮了，其他影调变化甚小。

第4步 调整图层蒙版的反差（选项）

如果暗部影调不够理想，可单击曲线1调整图层蒙版缩略图，按Ctrl+L快捷键打开色阶调整面板，分别拖动黑、灰、白3个控制块，恢复中间调和高光影调，效果满意后，单击［确定］按钮。

①单击曲线调整图层蒙版缩略图

②向内拖动黑白控制块可调节图像影调效果

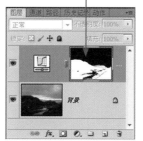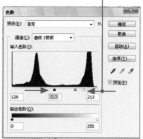

图7-8-4

调整前后效果对比

笔记栏

数码美容术——

第8章

人 像 照 片 修 饰

生活中，人们总是通过各种方式来记忆一些美好的时光，比如拍生活照、写真、婚纱或者合影留念照，尽管如此。由于每个人自身形体的不同或后天造成的某些形体上的缺憾都是难以让画面效果完美的因素，在这种情况下，电脑图像处理软件给我们带来了惊喜，也满足了一部分追求自身完美的人的需要。

人像照片调整的原则是美化修饰而不是改头换面，不是无限制的美化失去人物真实的容貌。肤色美白、皮肤柔化、明显缺陷的修饰、适当的塑身是人像照片最常见的修饰内容。

8.1 清除斑点 / 青春痘 / 雀斑 / 痤疮 / 去红眼

本节介绍的修饰工具较适合清除人物皮肤上面积不大的点状污点，比如斑点、青春痘、雀斑、痤疮以及消除红眼现象。

使用污点修复画笔工具

①单击［污点修复画笔工具］ ②单击污点

污点修复画笔工具
修复画笔工具
修补工具
红眼工具

图8-1-1

右击工具箱的修复画笔工具组按钮，在弹出的列表中点选［污点修复画笔工具］，将光标移到斑点上，按"［"或"］"键可快速改变画笔的大小，使笔头刚好将斑点套住，单击鼠标即可消除斑点。

使用修复画笔工具

模式：正常　源：⊙取样　○图案　□对齐　样本：当前图层

②正常模式；取样源

污点修复画笔工具
修复画笔工具 ←①单击［修复画笔工具］按钮
修补工具
红眼工具

③按住Alt键单击取样点

④单击污点

图8-1-2

右击工具箱的修复画笔工具组按钮，在弹出的列表中点选［修复画笔工具］，设置其工具属性选择栏中的［模式］为正常，［源］选择［取样］单选按钮，按"［"或"］"键可快速改变画笔的大小。

在照片中寻找一处与污点肤色相近，图像光滑的区域，按住Alt键单击该部位，完成取样。

然后将光标移到斑点上单击或按住鼠标左键涂抹斑点斑纹的区域，松开鼠标污斑即可消失。操作时，可以通过按"［"或"］"键快速改变画笔的大小。

消除红眼工具

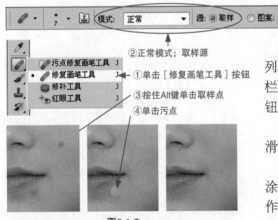

污点修复画笔工具
修复画笔工具
修补工具
红眼工具

①单击［红眼工具］按钮

瞳孔大小：50%　变暗量：50%

②设置红眼工具参数

③单击红眼

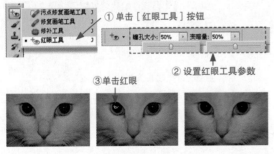

图8-1-3

右击工具箱的修复画笔工具组按钮，在弹出的列表中点选［红眼工具］，在工具属性栏中设置适当的瞳孔大小和变暗量数值（本案例均设为50%）。

将鼠标指针移至红眼区域，单击鼠标左键即可消除红眼。

有些时候，红眼可能不会一次全部消除，此时可以再次单击红色区域。

（本案使用猫眼睛为例）

修复画笔工具技巧

在进行污点和红眼修饰时，为提高修复的准确度，建议将视图放大，按Ctrl+1快捷键可快速以100%像素大小显示图像视图，按Ctrl+0快捷键可将图像快速适应视图窗口大小。

消除黑眼袋／皱纹／斑痕

8.2

对于人物皮肤上面积较大的块状斑痕，理论上使用上一节的工具也可以进行修饰，但是效果比较难控制。本节介绍的修饰工具较适合对面积较大的块状修饰，在修饰前需要确保图像本身存在一些干净柔和的皮肤。

第1步　复制背景图层及选用工具

首先在图层调板中拖动背景图层至下方的［创建新图层］按钮（或按Ctrl+J快捷键）得到背景副本图层（或图层1）。然后，右击工具箱的修复画笔工具组按钮，在弹出的列表中点选［修补工具］，并确认修补工具属性栏的［修补］项选为源。

③选择"源"修补

①复制背景图层

②单击［修补工具］按钮

图8-2-1

第2步　使用修补工具修补区域

按住左键鼠标，在眼袋外围画出一个需要修补的区域（使用方式类似套索选区工具），区域将以蚂蚁线显示，将鼠标指针移入选择的区域中，按住鼠标拖至光滑、干净、没有边缘的脸部区域。

确定了干净区域后，松开鼠标，眼袋被光滑的肤色代替了。同样方法将左眼眼袋进行修饰。

画出修补区域并拖至干净皮肤处

图8-2-2

第3步　改变图层不透明度

很多情况下，我们会发现，这种办法修整过的地方太过于平整光滑以至于看起来很不自然（尤其是中老年人眼尾纹处理后与其年龄容貌极不和谐）。实际上，这种修复是希望减轻减少皱纹而不是完全消除。为此，在图层调板里降低背景副本图层的［不透明度］，恢复一些原眼袋或皱纹细节直到效果满意。由于在没经过处理的地方上下两个图层的图像是完全一致的，不必担心其他地方的图像有任何差异。

降低图层不透明度

图8-2-3

处理前后效果对比

从复制背景图层开始工作

这是一个良好的习惯，除了在后面看到的作用以外，这种做法最大的好处是保护原图，在操作不当或修饰效果不佳时可以避免原图无法复原。

8.3 消除脸部油脂亮斑

由于不均匀光线或闪光灯导致人物脸部出现亮斑，看起来油渍渍的，该方法类似绘画的方法来修补这部分图像的缺陷。

第1步 设置仿制图章工具

③选择"源"修补

②选择印章笔头类型

①单击［仿制图章工具］按钮

仿制图章工具 S
图案图章工具 S

图8-3-1

打开照片，由于不均匀光线或闪光灯导致人物脸部出现亮斑，看起来油渍渍的；选择工具箱中［仿制图章工具］（或按快捷键S），在其工具属性选择栏中，选择一支较大尺寸的柔角画笔（按"["或"]"键可快速改变画笔的大小），把［模式］选为变暗，［不透明度］降低到25～50%。

第2步 取样并修饰油光区域

②涂抹修饰区域

 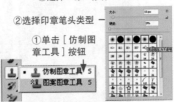

①按住Alt键单击取样

图8-3-2

然后按住Alt键在接近要修补亮斑后的干净皮肤区域上单击一次进行"取样"。

用［仿制图章工具］在亮斑区域轻轻地绘制，画笔画过的区域，亮斑被消褪了，而其他肤色仍保持不变。当然，处理不同的亮斑则必须在其附近的皮肤区域上重新取样，使得皮肤色调更好的匹配。如果修饰区域边缘过渡不自然，使用［修复画笔工具］进行修饰（参见8.1、8.2节内容），使画面细节层次过渡自然。

修饰前后的效果对比

皮肤柔和（一）——高斯模糊法

8.4

使用本节的方法处理皮肤前，建议先使用8.1节的方法消除或修饰皮肤中较明显的污点。

第1步　复制两个原图图层

打开需要柔和皮肤的人像照片，复制背景图层两次（可以按复制快捷键Ctrl+J两次）。得到图层1和图层1副本两个图层。

← 复制两次背景图层

图8-4-1

第2步　处理暗部影调

单击图层调板中最上面的图层（图层1副本）左侧的［眼睛］图标关闭该图层显示。单击中间图层（图层1）将此图层激活，并把该图层［混合模式］设置为变暗。

选择【滤镜 > 模糊 > 高斯模糊】菜单命令，在对话框中拖动滑块对该照片进行模糊处理，处理效果以将皮肤亮部杂点消除为宜（本例设置为20像素）。然后，单击［确定］按钮。

③图层混合模式：变暗

④应用高斯模糊滤镜

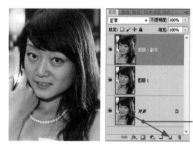

①关闭图层1副本显示 →

②单击图层1缩略图 →

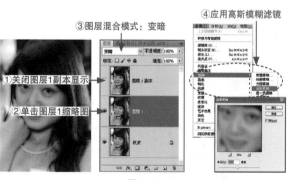

图8-4-2

第3步　处理亮部影调

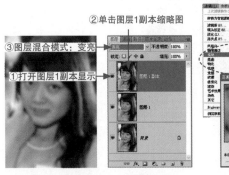

③图层混合模式：变亮

①打开图层1副本显示

②单击图层1副本缩略图

④应用高斯模糊滤镜

图8-4-3

转到图层调板，单击图层1副本前的［眼睛］图标使该图层再次显示出来，并单击图层1缩略图激活该图层。将该图层［混合模式］设置为变亮。

再次选择【滤镜 > 模糊 > 高斯模糊】菜单命令，在对话框中拖动滑块对该照片进行模糊处理，处理效果以将皮肤暗部点消除为宜（本例设置为15像素）。然后，单击［确定］按钮。

第4步　整体调整柔化效果

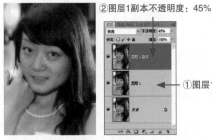

②图层1副本不透明度：45%

①图层1不透明度：40%

图8-4-4

应用了高斯模糊后，皮肤有了柔和的效果，但是显得太夸张，接下来分别降低图层1和图层1副本的［不透明度］使得人物脸部图像柔和更自然（本例中图层1设为40%，图层1副本设为45%左右）。

此时，只需关注脸部需要进行皮肤柔和的效果，无须顾忌其他部位的变化。

第5步　创建柔和效果图层

②创建盖印可见图层

①关闭背景图层显示

图8-4-5

单击背景图层的［眼睛］图标隐藏该图层显示，按住Shift+Ctrl+Alt+E快捷键，得到一个图像柔和的图层2。

第6步　获得柔和效果

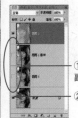

①关闭图层1、图层1副本两个图层的显示

②打开背景图层显示

图8-4-6

单击背景图层的［眼睛］图标将该图层再次显示出来，同时，单击图层1和图层1副本的［眼睛］图标将这两个图层隐藏起来（准确来说，这两个图层已经没有用了，完全可以删除掉）。可以看到，人物的皮肤柔和了，但是一些不需要柔和的地方也变得模糊了，如眉毛、眼睛、嘴唇、衣服等。

第7步 去除不需要柔和的区域

单击图层调板下［添加图层蒙版］图标，为柔和图层2添加图层蒙版。选择工具箱中的［画笔工具］，按如图4-6-4所示步骤选择中等柔角画笔，前景色设为黑色，然后在不需要柔和处理的区域（如眼睛、眉毛、睫毛、头发、衣服、背景等）上绘涂，绘制过程中，按"［"或"］"键可快速改变画笔的大小，以适合细节的形状。

← 利用图层蒙版屏蔽不需要柔和处理的区域

图8-4-7

第8步 增白肤色（选项）

如需要增白皮肤，可将柔化效果的图层2的图层［混合模式］置为滤色，并调整该图层［不透明度］来调节增白的效果和程度。

← 图层混合模式：滤色 降低图层不透明度

图8-4-8

处理前后效果对比

皮肤柔和（二）——绿色 通道美容法

本方法对斑点很多、污渍明显的皮肤有较明显的柔和效果，在操作中需要控制好调整的程度，避免使皮肤产生塑料感。

第1步　复制绿色通道

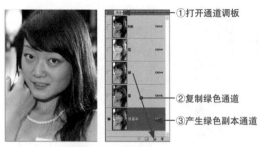

①打开通道调板

②复制绿色通道

③产生绿色副本通道

图8-5-1

打开需要进行皮肤柔和的照片，转到通道调板，用鼠标将绿色通道拖动到调板下方的［创建新通道］按钮，复制得到一个绿副本通道。

第2步　应用高反差保留滤镜

①应用高反差保留滤镜度　　②设置滤镜半径值

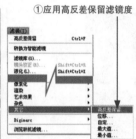
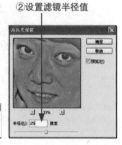

图8-5-2

选择【滤镜 > 其他 > 高反差保留】菜单命令，对绿副本通道进行滤镜处理，在［高反差保留］对话框中选择［半径］为20～25像素，以图像暗部与中间灰调突出即可，但不要出现太明显的明暗分界，单击［确定］按钮。

第3步　对通道进行图像计算处理

③产生Alpha1通道　　①应用计算命令　　②设置强光混合

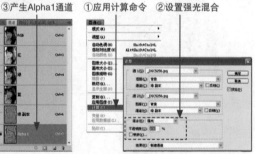

图8-5-3

对绿副本通道应用【图像 > 计算】菜单命令，在对话框中将［混合］模式设置为强光，其他选项为默认，单击［确认］按钮。

第4步　加大图像明暗分离

重复操作产生Alpha 2、Alpha 3通道

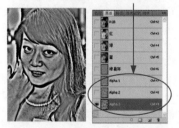

图8-5-4

为了使皮肤的暗部斑痕能被明显地分离出来，重复第3步两次，人物皮肤的暗部斑痕被明显的加深了，而其他正常的部位则以更亮的色调显示。在通道调板中我们可以看到增加了Alpha 1、Alpha 2、Alpha 3 3个通道。

第5步 提取选区

按住Ctrl键，单击Alpha 3通道获得一个选区，注意这个选区选择的是亮部区域，我们希望选择的是暗部。因此，选择【选择>反向】菜单命令。

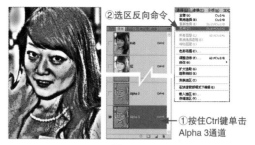

②选区反向命令

①按住Ctrl键单击 Alpha 3通道

图8-5-5

第6步 创建带蒙版的曲线调整图层

单击通道调板上的RGB通道，再转到图层调板，此时可以看到在人物暗部形成了一个很复杂但很精确的选区。单击调整调板上的［曲线］按钮，在图层调板里产生一个以第5步的选区为图层蒙版的曲线1调整图层。

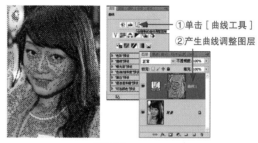

①单击［曲线工具］
②产生生曲线调整图层

图8-5-6

第7步 提亮图像

慢慢提升右半侧的曲线，皮肤里的暗点斑痕被逐渐"消褪"了，同时皮肤也呈现了柔和的效果。

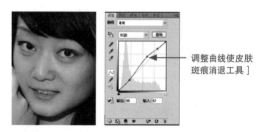

调整曲线使皮肤斑痕消退工具］

图8-5-7

第8步 创建柔化图层

人物的皮肤虽然被清洁柔和了，但是一些不需要柔和的地方也被变亮、变模糊了，如眉毛、眼睛、嘴唇、衣服等。按Shift+Ctrl+Alt+E快捷键得到一个所有可见图层拼合的图层1，然后单击图层调板下方的［创建图层蒙版］按钮为此图层创建一个图层蒙版，按D键将［前景色］置为黑，并按Alt+Del快捷键，将图层蒙版填充为黑色。

单击曲线1调整图层前的［显示］眼睛图标，关闭曲线1调整图层。此时图像完全恢复为处理的效果。

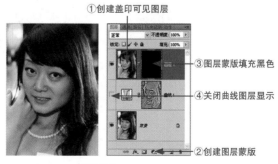

①创建盖印可见图层
③图层蒙版填充黑色
④关闭曲线图层显示
②创建图层蒙版

图8-5-8

第9步　恢复需要柔和的区域

①用白色画笔涂抹柔化区域

②白色为柔和区域

图8-5-9

选择工具箱中的［画笔工具］，按如图4-6-4所示步骤选择中等柔角画笔，按X键，直到［前景色］变为白，然后在需要柔和处理的区域上涂抹（如人物皮肤）。

绘制过程中，按"［"或"］"键可快速改变画笔的大小，以适合细节的形状。在经过涂抹处皮肤则被"柔和"了，如果不小心涂抹了不需要柔化的区域，可以按X键将［前景色］置为黑色，涂抹不需要柔化的区域即可恢复。

第10步　增白肤色（选项）

图层混合模式：滤色
降低图层不透明度

图8-5-10

如需要增白皮肤，可将柔化效果图层1的图层［混合模式］置为滤色，并调整该图层［不透明度］来调节增白的效果和程度。完成后，将合并所有图层。

柔化处理前后效果对比

皮肤美白（一）

8.6

对皮肤的美白首先需要对人像照片完成影调明暗与色调色彩的正确调整（请参见4、5、6章的相关内容），以及皮肤污渍斑痕的修饰。

第1步　提取红色高光选区

打开图片，转到通道调板，按住
Ctrl键同时单击红色通道得到选区，
选择【选择 > 修改 > 羽化】菜单命令
（或按Shift+F6快捷键），设置羽化
半径为2~10个像素（视图像分辨率大
小而定），单击［确定］按钮。

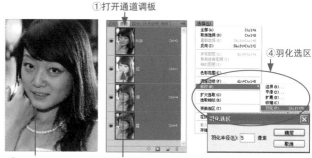

①打开通道调板

④羽化选区

③产生高光选区　②按住Ctrl键单击红色通道缩略图

图8-6-1

第2步　创建选区的图像图层

返回图层调板，按Ctrl+J快捷键添
加一个以选区为图像的图层1，然后，在
调整调板中单击［色阶］图标按钮，则
在图层调板中产生一个色阶1调整图层。
并单击［建立剪贴调整图层］按钮，此
时，色阶1调整图层仅对图层1起作用，
而不影响其他图层。

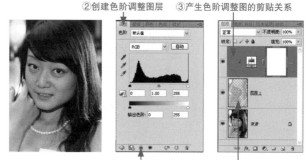

②创建色阶调整图层　③产生色阶调整图的剪贴关系

③单击［建立剪贴调整图层］按钮　①按Ctrl+J快捷键添加图层1

图8-6-2

第3步　创建剪贴的色阶调整图层

将色阶对话框中的灰色滑块向左
拖动，使皮肤逐渐变白，直至满意
（一般此时中间的［输入色阶值］在
2~3之间）。

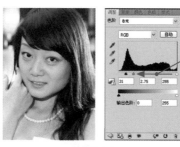

向左拖动灰色滑块
可使皮肤变白

图8-6-3

第4步　除去多余增白的区域

单击色阶1调整图层中的图层蒙版
缩略图，用黑色［画笔工具］（按如图
4-6-4所示步骤设置）擦去不去要增白
的部分，并擦出轮廓使棱角清晰。

①单击色阶调整图
层蒙版，黑色为无
须增白处理的区域

②用黑色画笔涂
抹无须增白处理
的区域

图8-6-4

第5步　提高红色成分

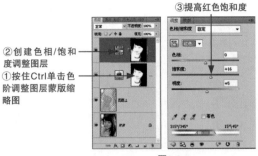

③提高红色饱和度

②创建色相/饱和度调整图层

①按住Ctrl单击色阶调整图层蒙版缩略图

图8-6-5

通常经过这样的皮肤美白后，皮肤的色彩饱和度会有所降低，故需要适当提高红色的饱和度。按住Ctrl键单击色阶1调整图层蒙版缩略图，得到一个选区；然后在调整调板中单击［色相/饱和度］按钮，产生一个色相/饱和度1调整图层，选择红色通道，并向右拖动饱和度滑块从而提高红色成分。注意，该调整图层仍被置为剪贴调整图层。

处理前后效果对比

8.7 皮肤美白（二）

先对人像照片的影调明暗与色调色彩做必要的调整，以及皮肤污渍斑痕的修饰。使用本节的处理方法尤其需要注意滤镜控制值的选用。

第1步　对背景复制图层做中和处理

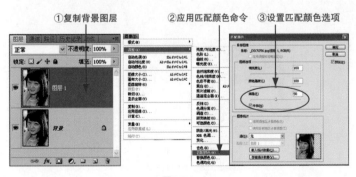

①复制背景图层　　②应用匹配颜色命令　③设置匹配颜色选项

打开图片，按Ctrl+J快捷键复制背景图层，得到一个图层1，选择【图像 > 调整 > 匹配颜色】菜单命令。

勾选对话框中的［中和］复选框，设置［渐隐］为50%，单击［确定］按钮。

图8-7-1

第2步 增加滤色混合图层

皮肤变白了一些，但仍不符合美白的要求。按Ctrl+J快捷键复制图层1，得到一个新图层图层1副本，将图层［混合模式］设置为滤色，［不透明度］设置为60%

②图层混合模式：滤色
图层不透明度：60%

①复制中和处理的图层

图8-7-2

第3步 执行减少杂色滤镜

按住Shift+Ctrl+Alt+E快捷键得到一个所有可见图层拼合的图层2，然后选择【滤镜＞杂色＞减少杂色】菜单命令，在减少杂色对话框中单击［高级］并选择每通道，分别选择红、绿、蓝3个通道按以下参数设定，然后单击［确定］按钮。

红［强度］10，［保留细节］100%

绿［强度］10，［保留细节］5~10%

蓝［强度］10，［保留细节］5~10%

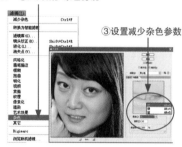

①创建盖印可见图层 ②应用减少杂色滤镜

③设置减少杂色参数

图8-7-3

第4步 屏蔽非增白区域

单击图层1副本、图层1左侧的［眼睛］图标，关闭这两个图层的显示。单击图层调板的［添加图层蒙版］按钮，为图层1创建图层蒙版，使用黑色的画笔（按如图4-6-4所示步骤设置）涂抹不需要增白的区域（比如背景、头发、眼睛、眉毛等）。如果皮肤的"塑料感"太强烈，可适当降低图层2的［不透明度］，恢复皮肤自然纹理。

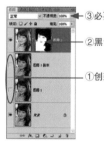

③必要时降低图层不透明度

②黑色屏蔽无须增白的区域

①创建盖印可见图层

图8-7-4

处理前后效果对比

增白眼睛（一）

该方法主要通过将眼白里黄色与红色的成分变白、变亮，达到增白提亮眼睛眼白的效果，从而增强人物眼睛神韵。

第1步　创建色相/饱和度调整图层

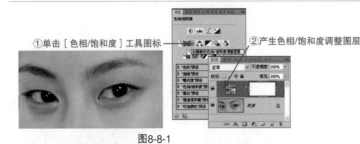

①单击［色相/饱和度］工具图标　　②产生色相/饱和度调整图层

图8-8-1

打开需要修饰的照片，图中可以看到人物的白眼球发黄还有红血丝。单击调整调板的［色相/饱和度］图标按钮，在图层调板中即可产生一个色相/饱和度1调整图层。

第2步　去除红色

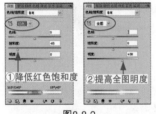

①降低红色饱和度　　②提高全图明度

图8-8-2

在色相/饱和度1调整面板中，选择红色通道，向左拖动［饱和度］滑块，降低红色饱和度（实际上是消除白眼球中的红色血丝）；之后再切回全图通道，向右拖动［明度］滑块，使得白眼球增亮。

在上面两次调整中，不必担心整个图像的色调和亮度也发生变化，只关注需要增白的白眼球的效果达到合适状态就可以了。

第3步　屏蔽上一步的多余调整区域

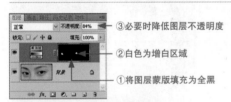

③必要时降低图层不透明度
②白色为增白区域
①将图层蒙版填充为全黑

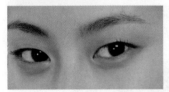

图8-8-3

单击色相饱和度调整图层的图层蒙版缩略图，将工具箱的前景色设为黑色（可按多次X键直到前景色变为黑色），然后，按Alt+Del快捷键，用黑色填充这个蒙版（图像恢复到调整前的效果了）。

选择工具箱中的［画笔工具］，选择一支柔角画笔（或说边缘羽化的画笔）（按如图4-6-4所示步骤设置），按X键直至把［前景色］设置为白色，按"［"或"］"键可快速改变画笔的大小，然后在图中白眼球的区域涂绘。眼球恢复了调整过的增白效果。如果增白效果过于强烈，可降低色/相饱和度调整图层的［不透明度］至满意效果。

增白眼睛（二）

使用在上一节中的方法增白眼球，如果感觉失去立体感，可以尝试本节方法。

第1步　创建曲线调整图层

使用在上一节中的方法增白眼球，如果感觉失去立体感，可以尝试本节方法。

在调整调板中，单击［曲线］图标按钮，在图层调板即可产生一个曲线1调整图层，在曲线调整面板对话框中并不需要做任何调整。只需将曲线调整图层的图层［混合模式］设为滤色，此时整个照片被提亮了许多。

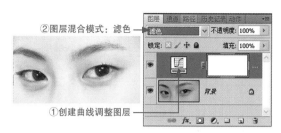

②图层混合模式：滤色

①创建曲线调整图层

图8-9-1

第2步　屏蔽上一步处理

单击一下曲线1调整图层的图层蒙版缩略图，将工具箱的前景色设为黑色（可按多次X键直到前景色变为黑色），然后，按Alt+Del快捷键，用黑色填充这个蒙版（图像恢复到调整前的效果了）。

选择工具箱中的［画笔工具］，选择一支柔角画笔（或说边缘羽化的画笔）（按如图4-6-4所示步骤设置），按X键直至把［前景色］设置为白色，按"［"或"］"键可快速改变画笔的大小，然后在图中白眼球的区域涂绘。眼球恢复了调整过的增白效果。如果眼睛看起来太白了，通过降低曲线调整图层的［不透明度］，使增白效果减弱、自然一些。

③必要时降低图层不透明度

②白色为增白区域

①将图层蒙版填充为全黑

图8-9-2

增白牙齿

牙齿的增白方法与上两节增白眼睛的原理是一样的，实际上牙齿增白大多是除去牙齿的黄色成分，并提高明度，类似上一节的做法。

8.10

第1步　创建色相/饱和度调整图层

牙齿的增白方法与上两节增白眼睛的原理是一样的，实际上牙齿增白大多是除去牙齿的黄色成分，并提高明度，类似上一节的做法。单击调整调板［色相/饱和度］图标按钮，则在图层调板中产生一个色相/饱和度1调整图层。

①单击［色相饱和度］工具图标

②产生色相/饱和度调整图层

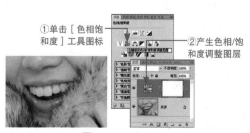

图8-10-1

第2步　调整牙齿颜色成分

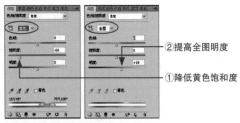

②提高全图明度

①降低黄色饱和度

图8-10-2

在色相/饱和度调整面板的颜色通道选择黄色，向左拖动饱和度滑块，降低黄色的饱和度（实际上是消除牙齿中的黄色）。

然后再切回到全图通道，向右稍稍拖动明度滑块，使得牙齿增亮（整个图像也被提亮了）。

第3步　处理牙齿区域色调

使用图层蒙版恢复
无须增白的区域

图8-10-3

最后，运用图层蒙版（参见8.8的第3步骤）将牙齿以外的区域用黑色屏蔽掉，从而只使牙齿的区域获得增白。

8.11 头发染色

改变人物头发的颜色可以增强画面的活力，但人像头发需要有足够的细节层次的过渡，完全漆黑的头发无法获得自然逼真的效果。

第1步　创建色彩平衡调整图层

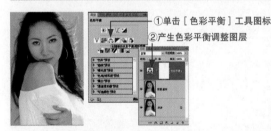

①单击［色彩平衡］工具图标

②产生色彩平衡调整图层

图8-11-1

打开照片，本案希望给这位女士的头发添加一些红色以增强画面的活力，在调整调板中单击［色彩平衡］按钮，在图层调板中产生一个色彩平衡1的调整图层。

第2步　调出染发色调

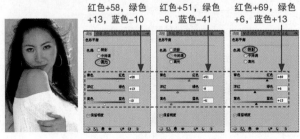

红色+58，绿色+13，蓝色-10

红色+51，绿色-8，蓝色-41

红色+69，绿色+6，蓝色+13

图8-11-2

在色彩平衡调整面板中，分别将［阴影］、［中间调］和［高光］中最上方的青-红色调整滑块往右拖动，使照片整体偏为红色，此时只注意观察头发的色调合适即可，而无须顾及其他部位的区域。

第3步 指定头发区域的染色

单击色彩平衡1调整图层的图层蒙版，按D键将［前景色］变为黑，然后按Alt+Del快捷键，用黑色填充该蒙版（此时图像恢复原来色彩）。

选择工具箱中的［画笔工具］，选择一支柔角画笔（按如图4-6-4所示步骤设置），画笔不透明度为25%，按X键直至把［前景色］设为白色，然后在图中头发的部位涂绘。在涂绘过的地方原来添加的红色被重新绘制出来了。涂抹次数越多，头发色彩变化越重。

全部绘制完后，在图层调板中将图层色彩平衡1的［图层混合模式］设置为颜色，适当降低图层［不透明度］，使头发颜色看起来更自然一些。

⑤适当降低图层不透明度
①图层蒙版填充全黑
③白色为头发染色图像
④图层混合模式：颜色

②白色画笔涂抹头发区域

图8-11-3

处理前后效果对比

圆脸变瘦

大多情况下是针对正面圆脸进行脸型修饰，本方法是通过改变人物头部宽度来使得圆脸整体变瘦，而对于脸部局部变瘦可参见8.17的液化方法。

8.12

第1步 将人脸立正

打开照片，用类似3.7节里介绍的方法，右击工具箱吸管工具组按钮，在弹出的列表中点选［标尺工具］，确认［背景色］为白，在图像中沿人脸中线拉一条直线，然后选择【图像＞图像旋转＞任意角度】菜单命令，弹出［旋转画布］对话框，并单击［确定］按钮。

①点选［标尺工具］
②画出人中线
③应用旋转画布命令

图8-12-1

第2步 使用变换工具

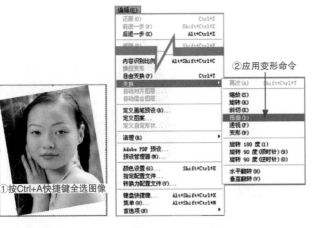

①按Ctrl+A快捷键全选图像

②应用变形命令

图8-12-2

图像以人脸竖直方向旋转了，按Ctrl+A快捷键全选图像。选择【编辑>变换>扭曲】菜单命令，将图像置于形状变换操作状态，以通过调整四周8个控制柄可使图像形状产生大小、旋转等变化（本案中，人物脸型下半部稍显过宽，因此使用扭曲，仅仅需要收窄宽脸形，可以选用变换的其他命令，比如缩放）。

第3步 调整脸形

操作控制块产生图像
变形使人物脸形变瘦

图8-12-3

如果仅改变宽脸方向，可直接使用［自由变换］，并在工具属性选项栏的W（宽度）字段中，将100%改为95~97%，然后按［Enter］键。

本案希望将人物脸部下半部收小，故将左上角控制块向外拉伸，左下角控制块向内压缩，使得人物脸型瘦小。

第4步 恢复图像方向并裁除多余区域

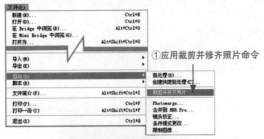

①应用裁剪并修齐照片命令

②裁剪空余图像

图8-12-4

调整完毕，将鼠标置于控制框以内，双击鼠标完成变换调整（也可直接按［Enter］键）。接下来需要将图像恢复原方向。本案介绍一种快捷方式，首先需要在第一步时确认［背景色］为白，旋转图像所得的多余区域则以白色显示。选择【文件>自动>裁剪并修齐照片】菜单命令。

执行上述命令后，变形后的图像以一个新文件出现，图像人物恢复原来的角度方向。

然后使用工具箱中的［裁剪工具］将多余区域裁掉（参见本书第3章相关内容）。

处理前后效果对比

眼睛变大

人物眼睛过小、或经过上一节的处理后眼睛的变小，可以通过提取眼睛局部图像进行形状改变使得眼睛变大。该方法同样适合鼻子、嘴巴等变大变小的修饰。

8.13

第1步　画出眼睛区域的选区

打开照片，单击工具箱中的［套索工具］（或按快捷键L），在其中一个眼睛周围绘制一个宽松些的选区，必要时可以把眉毛也完全选入，不需要太精确但必须尽量多的包含眼睛周围区域的皮肤色调。按Ctrl+J快捷键将选区内容复制为图层1。

①点选［套索工具］

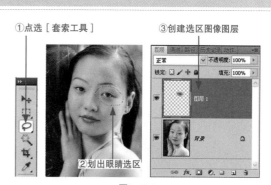
③创建选区图像图层
②划出眼睛选区

图8-13-1

第2步　扩大眼睛并调整位置

为了下一步的精确操作可将该图层的［不透明度］设为50%左右。按Ctrl+T快捷键显示自由变换边框，按住Shift键拖动四周其中一个控制手柄将眼睛变大，注意观察［自由变换］工具属性选项栏的W（宽度）字段，其变化值不易太大，一般105~110%之间（否则如此大的眼睛会很恐怖）。

眼睛大小变化调整适宜后，使用上下左右方向键移动图层1使眼睛至适当位置（即扩大后，眼睛的眼角应落在原图像双眼四个眼角连成的弧线上）。位置安放合适后将鼠标指针移入自由变换控制区内双击鼠标（或按［Enter］键）确认操作完成。

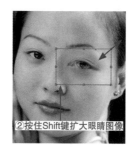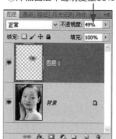
①降低图层不透明度至50%
②按住Shift键扩大眼睛图像

图8-13-2

第3步　使用图层蒙版细化边缘过渡

① 恢复图层不透明度至100%

② 利用图层蒙版修饰眼睛边缘衔接

图8-13-3

将图层1的［不透明度］恢复到100%。单击调整调板下方的［添加图层蒙版］按钮，为图层1添加一个图层蒙版。然后，在工具箱中点选［画笔工具］，将［前景色］置为黑色（按如图4-6-4所示设置），使用带羽化边缘的画笔，在眼睛的边缘由外向里慢慢涂抹，使得眼睛边缘周围肤色自然过渡。

第4步　处理另一只眼睛

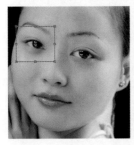

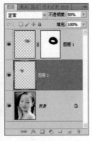

图8-13-4

单击图层调板的背景图层，重复1~4步骤，用同样的方法对另一个眼睛进行修改。值得注意的是，大多数情况下修改眼睛的大小要与前一只眼睛的变化值一致。当然如果针对大小眼的照片修改，则只真对小眼睛进行修饰即可。

处理前后效果对比

眨眼睛处理

8.14

　　准确来说这是一种修补的方法，需要利用另一个正常的图像对缺陷的图像进行"替代"，替代效果的好坏关键在于替代图像的形状、影调、色调与原图像的协调一致。

第1步 寻找相近的素材照片

左图A为眨眼睛的照片。需要找到一张眨眼者的正常照片，角度应尽可能接近。

本案例选用在相同时期拍摄、角度一致的照片（右图B），然后同时打开这两张照片。

图8-14-1

第2步 选取正常的眼睛

在正常眼睛的照片图B状态下，单击工具箱中的［套索工具］（或按快捷键L），在眼睛周围绘制一个宽松些的选区，必要时可以把眉毛也完全选入。然后选择【编辑 > 拷贝】菜单命令（或按快捷键Ctrl + C）将选取的"正常眼睛"复制到剪贴板中。

①点选［套索工具］　③拷贝选区图像

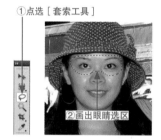

②画出眼睛选区

图8-14-2

第3步 复制眼睛

单击A照片标签，回到A照片编辑状态，选择【编辑 > 粘贴】菜单命令（或按快捷键Ctrl + V），将剪贴板中的"眼睛"复制到照片A中，得到一个"睁开的眼睛"的图层1。

②粘贴选区图像　③得到选区图像图层

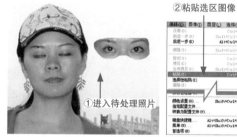

①进入待处理照片

图8-14-3

第4步 调整眼睛位置

降低图层1的不透明度50%左右，单击工具箱中的［移动工具］，抓住"睁开的眼睛"移到眨眼部位。按Ctrl+T快捷键显示"睁开的眼睛"的自由变换边框，通过控制手柄调整"睁开的眼睛"的大小、角度使其与眨眼者自然吻合。调整满意后，按［Enter］键确定。

①降低图层不透明度

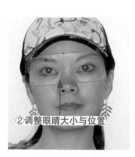

②调整眼睛大小与位置

图8-14-4

第5步　修理眼睛边缘细节

①恢复100%图层不透明度
②利用图层蒙版修饰眼睛边缘衔接

图8-14-5

将该"睁开的眼睛"图层1的［不透明度］恢复到100%，然后单击图层调板下［创建图层蒙版］按钮为眼睛图层添加图层蒙版；选择工具箱中的［画笔工具］，选择中等柔角画笔（按如图4-6-4所示步骤设置），［前景色］变为黑，画笔［不透明度］设为30~50%，然后在眼睛周围由外向内涂抹，绘制过程中，按"［"或"］"键可快速改变画笔的大小，以适合眼睛的边缘。

第6步　调整影调色调一致

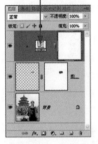
①产生曲线调整图层

③用曲线调整眼睛影调
②建立曲线调整图层的剪贴关系

图8-14-6

为了使修补后的眼睛与原图自然融合，还需要对眼睛图层1进行影调和色彩的匹配调整。请参考第5、6章相应内容和方法。本案对图层1使用一个剪贴的曲线调整图层完成调整。完成后，选择【图层＞合并图层】菜单命令拼合图层。

修补前后效果对比

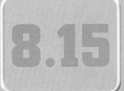
8.15

充满微笑

通过液化工具将人物嘴角稍稍向上翘起即可增加笑容，如果变形过大则会产生强烈的漫画夸张效果，无法获得自然微笑的表情。

第1步　创建脸部区域图层

打开照片，按Ctrl+J快捷键复制得到背景图层1，也可以跳过此步骤，作者强烈建议执行这一步骤，当处理效果不合适时，不会将原图破坏掉，只要删除图层1即可重新进行。

选择【滤镜＞液化】菜单命令（或按快捷键Shift+Ctrl+X）进入到液化对话框中操作。

①复制背景图层
②应用液化滤镜

图8-15-1

第2步　应用液化滤镜

液化对话框左边为工具栏（移动鼠标在工具按钮上就可以看到快捷键操作），右边为工具的属性设置栏。单击左边的［向前变形工具］（或按快捷键W），在右边的工具属性设置栏里将［画笔密度］和［画笔压力］设置为50。

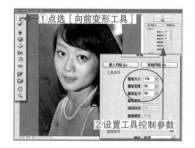

①点选［向前变形工具］
②设置工具控制参数

图8-15-2

第3步　液化嘴角

按Ctrl+"＋"键将图像放大至适当的视图大小。按住空格键鼠标变成手型图标，此时可以拖动图像嘴巴区域置于视窗内。然后，按"［"或"］"可调节画笔的尺寸大小，将画笔中心移至嘴角中心让画笔圆圈大约圈住嘴巴的一半，按住鼠标轻轻地向上拖动。呈现满意笑容后，单击［确定］按钮。

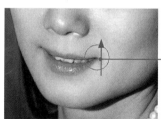

——向上推挤嘴角图像

图8-15-3

处理前后效果对比：

假如做的效果过于夸张，可单击左边的［重建工具］（或按快捷键R），轻轻地单击嘴角边缘。假如对所做的一部分不满意，继续用［重建工具］单击。假如对所做的全部都不满意，单击右边的［重建］按钮重新操作。操作液化功能，不要急着一步到位完成，往往需要多重复做几次。

8.16 小蛮腰

并非是身材肥胖才需要修补腰部，拍摄中角度不同可能会显得体型肥胖。因此，通过一定的修饰可以让身材变得更加苗条，让人显得更加精神年轻。

第1步　创建背景图层副本

①点选［钢笔工具］

②画出塑腰封闭路径

图8-16-1

并非是身材肥胖才需要修补腰部，拍摄中角度不同可能会显得体型肥胖。因此，通过一定的修饰可以让身材变得更加苗条，让人显得更加精神年轻。打开照片文件，为了能准确地描绘腰部曲线，这里使用工具箱里的［钢笔工具］，沿着腰部画出变形后的边界，然后圈出一个闭合的路径。

第2步　将路径转换为选区

①点开路径调板

②将路径转为选区

③路径转为塑腰选区

图8-16-2

单击路径调板，在路径调板中显示第一步画出的路径，单击下方的［将路径作为选区载入］按钮，路径即可变为选区。

第3步　羽化选区

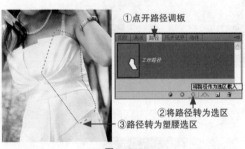

羽化选区：2~3个像素

图8-16-3

为了确保修型后的边缘自然过渡，需要对选区进行羽化，选择【选择 > 修改 > 羽化】菜单命令（或按Shift+F6快捷键）弹出［羽化选区］对话框，设置羽化半径2~3个像素。

第4步　应用液化滤镜工具

　　上述选区是针对内部，而我们需要塑形的区域是在选区外侧，因此需要对选区进行反向选区，选择【选择 > 反向】菜单命令（或按Shift + Ctrl + I快捷键）将选区反向。然后选择【滤镜 > 液化】菜单命令（或按Shift + Ctrl + X快捷键）。

①反向选区　②应用液化滤镜

图8-16-4

第5步　设置液化画笔参数

　　在打开的液化工具对话框中，选区被显示为透明红色的冻结区域。单击左边的［向前变形工具］（或按快捷键W），在右边的工具选项设置［画笔密度］为10~15，［画笔压力］为5~10。按"［"或"］"选择较大尺寸的画笔。

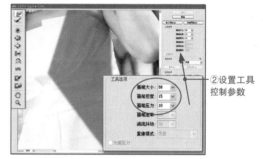

②设置工具控制参数

图8-16-5

第6步　液化腰部

　　用较大的画笔尺寸由外向里反复推挤腰部，逐渐让腰线逼近被冻结的腰部边缘（红色区域即是被冻结的图像，这部分图像不会发生液化变形），完成后单击［确定］按钮。

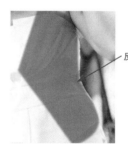

反复向内推挤腰部图像

图8-16-6

处理前后效果对比

修去赘肉（一）

完美的人凤毛麟角，即使存在完美，照相机也经常无法如人所愿。使用液化工具给照片做个数字手术，如本方法一样一点点的应用即可消除双层下巴或者减去赘肉。

第1步　调用液化工具

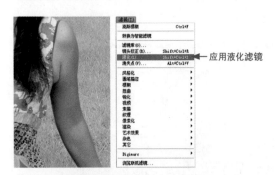

图8-17-1

选择【滤镜＞液化】菜单命令（或按Shift＋Ctrl＋X快捷键）命令。

第2步　冻结不需要变形的区域

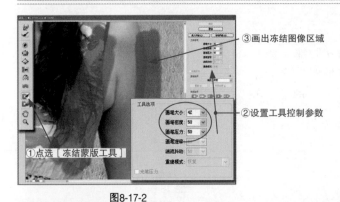

图8-17-2

在打开的液化工具对话框中，单击左侧的［冻结蒙版工具］，在右边的工具选项中设置［画笔密度］为50，［画笔压力］为50，按"［"或"］"选择较大尺寸的画笔。然后在不需要变形的区域涂抹（只需画出边界即可）

第3步　液化赘肉

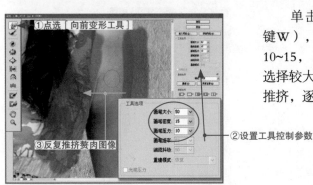

图8-17-3

单击左边的［向前变形工具］（或按快捷键W），在右边的工具选项设置［画笔密度］为10~15，［画笔压力］为5~10。按"［"或"］"选择较大尺寸的画笔。然后将赘肉向缩小方向反复推挤，逐渐消除。完成后单击［确定］按钮。

第4步 手臂塑形

手臂用力时往往容易产生变形，参照8.16节的冻结方法，先画出手臂塑形的冻结区域，调用液化滤镜工具，同样使用［向前变形工具］完成手臂赘肉的塑形处理。

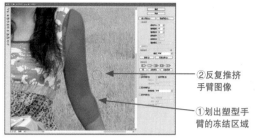

②反复推挤手臂图像

①划出塑型手臂的冻结区域

图8-17-4

第5步 修补塑形痕迹

在塑形区域较大的情形时，往往会出现很明显的液化痕迹，单击工具箱中的［修补工具］对液化痕迹进行修补修饰。

工具的使用和修补的方法参见8.2节内容。

①点选［修补工具］

②修补液化痕迹的图像

图8-17-5

处理前后效果对比

修去赘肉（二）

该方法是通过拉长腿部方向的图像来增加人体的腿长，如果腿部方向与图像垂直方向倾斜较大时，需要如8.12那样先将图像画布沿腿长方向旋转，完成图像拉长后再恢复画布原方向。

8.18

第1步 使用矩形选取工具

打开照片，单击工具箱中的［矩形选框工具］（或按快捷键M），选择人物髋部以下的所有图像。

②画出选框

图8-18-1

第2步 使用自由变换工具

①按Ctrl+T快捷键进
入选区变化框

②拉长选区图像

图8-18-2

按Ctrl+T快捷键启用［自由变换］工具，向下拖动
自由变换边框底边中间的控制手柄，人体的下半身被拉
长了。当人物的脚看起来"自然"修长后，将鼠标指针
移入自由变换控制区内双击鼠标（也可直接按［Enter］
键）完成苗条变换。

第3步 修复局部

应用液化滤镜

图8-18-3

按Ctrl+D快捷键取消选区，虽然腿被拉长了，
但是脚部却看上去有点不自然（被斜拉的缘故，本
案中如膝盖与大腿之间）。为此，可选择【滤镜 >
液化】菜单命令。

第4步 用液化修饰细部

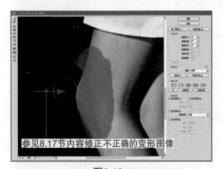

参见8.17节内容修正不正确的变形图像

图8-18-4

使用液化滤镜对细部进行局部修正和修饰处
理，请参见8.17节介绍的方法。

处理前后效果对比

数码仿真——

第9章

模拟传统摄影术

　　在传统的胶片摄影中，运用一些特别的拍摄附件或方法，营造出许多有趣的影像效果，能大大增强照片的感染力。数码图像技术的出现，使得许多这类特效可以通过后期处理进行模拟获得。除了节省了一大笔器材配件的花费外，最大的好处就是能够非常直观、自如地控制图像的影像效果。

　　当然，这种模拟的好坏也直接决定了影像的效果。因此，分析传统的特效图像特征，并再现这些特征是数码仿真照片成功的关键。

数码滤色镜

如本案例照片是在雨雾朦胧中拍摄的，色彩饱和度非常低，我们希望给照片增加一些忧伤的蓝色冷调。类似这类几乎为黑白片的照片，如果靠提高蓝色饱和度是很难做到的，而且效果不理想（读者不妨试验一下）。在传统胶片摄影中，往往通过在镜头前叠加色镜实现，在数码摄影中，可以通过后期模拟添加这种色镜。

第1步　使用照片滤镜功能

① 单击［照片滤镜］按钮

② 产生照片滤镜调整图层

图9-1-1

打开照片文件，单击调整调板中［照片滤镜］按钮，在图层调板中片产生一个照片滤镜1调整图层。

第2步　选定加色滤镜

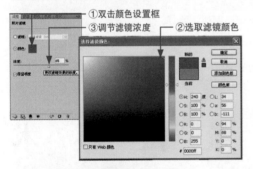

① 双击颜色设置框
③ 调节滤镜浓度
② 选取滤镜颜色

图9-1-2

在照片滤镜的调整面板中，单击［颜色］复选框，双击颜色设置方框，在弹出的［选择滤镜颜色］对话框中选择一个蓝颜色，然后单击［确定］按钮。

勾选"保留明度"复选框，拖动浓度控制滑块，使图像获得满意效果。

处理前后效果对比

数字天空

日落下的暖色天空与绿色大地能增强照片的魅力，我们希望增加天空暖色的气氛，同时也增加大地绿色的冷调子。在7.7节里介绍过增强天空的一种方法，本节介绍的方法原理上并没有大的差异，只是操作方式不同。可让读者对比一下两种方法的操作与效果。以此强调灵活运用Photoshop的工具，可以采取不同的方法获得同样的效果，这就是Photoshop强大与吸引人的魅力。

第1步　选择暖调前景色

打开照片，单击图层调板下方的[创建新图层]按钮得到透明空白的图层1，双击[前景色]设置框打开[拾色器]对话框，选择一个暖色。完成后单击[确定]按钮。

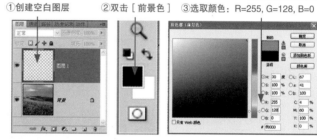

①创建空白图层　②双击[前景色]　③选取颜色：R=255, G=128, B=0

图9-2-1

第2步　设置渐变类型

单击工具箱里的[渐变工具]（或按快捷键G），在其属性栏中选用[前景色到透明渐变]方式，将鼠标指针移至照片中，从天空一半的地方按住鼠标左键向下拖至远山地面以下的位置。

②选择前景色到透明渐变空白图层

①单击[渐变工具]

③画出渐变范围

图9-2-2

第3步　调整渐变效果

松开鼠标后，图层1填充为由暖色逐渐变淡的渐变色；将图层1的[图层混合模式]改为叠加，将[不透明度]降低，直至满意效果。

①图层混合模式：叠加

②降低图层不透明度

图9-2-3

第4步 选择绿调前景色

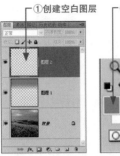

①创建空白图层　②双击[前景色]

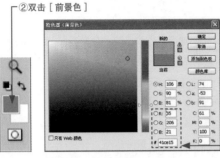

③选取颜色：R=65, G=206, B=21

图9-2-4

如第一步操作一样，单击图层调板下方的[创建新图层]按钮得到透明空白的图层2，双击[前景色]设置框打开[拾色器]对话框，这次选择一个绿色。完成后单击[确定]按钮。

第5步 画出地面渐变

①单击[渐变工具]
②选择前景色到透明渐变空白图层

③画出渐变范围

图9-2-5

类似第2步一样操作，单击工具箱里的[渐变工具]（或按快捷键G），在其属性栏中选用[前景色到透明渐变]方式，将鼠标指针移至照片中，从靠近图像下方边缘的地面按住鼠标左键向上拖至图像中间位置。

第6步 调整渐变效果

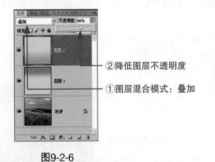

②降低图层不透明度
①图层混合模式：叠加

图9-2-6

松开鼠标后，图层2填充为由绿色逐渐变淡的渐变色；将图层2的[图层混合方式]改为叠加，将[不透明度]降低，直至满意效果。

处理前后效果对比

数字偏光镜

在传统胶片摄影中，常常会使用偏光镜（CPL，又称偏振镜），可以增强天空蓝色的成分，营造蓝天白云的清新气氛。

第1步　复制背景图层

打开照片文件，在图层调板中用鼠标抓住背景图层拖至下方的［创建新图层］按钮（或按Ctrl+J快捷键），得到背景副本图层（或图层1）。

复制背景图层

图9-3-1

第2步　复制红色通道

打开照片文件，在图层调板中用鼠标抓住背景图层拖至下方的［创建新图层］按钮（或按Ctrl+J快捷键），得到背景副本图层（或图层1）。

①点开通道调板　③全选红色通道

②单击红色通道　④拷贝红色通道

图9-3-2

第3步　转换图像颜色模式

选择【图像>模式>Lab颜色】菜单命令，在弹出的提示对话框中单击［不拼合］按钮。

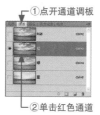
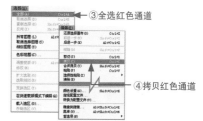

①转为Lab颜色模式

②选择不拼合图层

图9-3-3

第4步　加强明度通道

此时，图像处在通道调板中Lab通道状态，单击明度通道缩略图，选择【编辑>粘贴】菜单命令（或按Ctrl+V快捷键）将剪贴图中的红色通道内容替代明度通道。

②单击明度通道　④粘贴红色通道至明度通道中

天空明显加深

图9-3-4

第5步　恢复RGB颜色模式

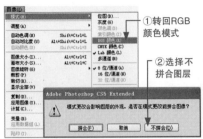

①转回RGB颜色模式

②选择不拼合图层

图9-3-5

选择【图像>模式>RGB颜色】菜单命令，在弹出的提示对话框中单击［不拼合］按钮。

蓝色的天空和水面得到了明显的加强，但是红色部分也被减弱了。

第6步　消除不必要的增强区域

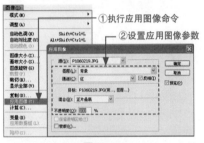

①执行应用图像命令

②设置应用图像参数

图9-3-6

这一步需要消除对红色的影响。单击图层调板，按Ctrl+D快捷键取消选框，单击图层调板下方的［添加图层蒙版］按钮为背景副本图层添加图层蒙版，并选择【图像 > 应用图像】菜单命令，在［应用图像］对话框中，按下述设置参数后单击［确定］按钮。

［图层］设置为背景；［通道］设置为红；勾选［反相］复选框；［混合］设置为正片叠底；［不透明度］设置为100%。

第7步　整体效果调整

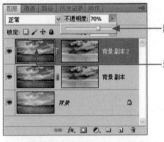

降低图层不透明度可减弱偏光程度

通过复制偏光效果图层可增强偏光特效

图9-3-7

如果不够明显，可以多次复制背景副本图层直至效果满意；如果偏光镜增效太强烈，可降低背景副本图层的［不透明度］。

处理前后效果对比

本方法并非对所有照片都有效，在以下情况下，其偏光效果不明显或不理想：照片有大量的红色、在高光和暗部没有细节的高反差照片、因高ISO、曝光不足等原因造成噪点很明显的照片。

背景模糊（一）：大光圈虚化

杂乱的背景总是会破坏一张好的照片视觉效果，为了让照片中的主题展现更加明显，通过采用大光圈将那些可能会分散视觉注意力的色彩、人物、景物背景等进行虚化。然而，要获得良好的虚化效果往往需要昂贵的大光圈专业镜头，对于广大的业余摄影爱好者是一个艰难的负担。数字图像技术让这种"大光圈虚化"效果变得便利简单，省去了影友们一笔很大的经济投入。

第1步 选区主体景物

打开图片，点选工具箱中的［快速选择工具］（或按快捷键W），在图像中将主体与前景的景物画出一个大致选区。

如果有不希望选出的区域被选中（如本案图中的A处），可以按住Alt键由选区外向里拖动鼠标，直至多余选区被取消。然后单击工具属性栏中的［调整边缘］按钮对选区边缘进行精确调整。

①点选［快速选择工具］
②选取主体景物
③消除多余选取区域
④单击［调整边缘］按钮

图9-4-1

第2步 精确调整主体景物选区边缘

打开调整边缘控制窗口，通过调整各个控制滑块来更精确地选出边缘。其中，提供了多种视图模式以便更好地观察主体选区与背景的分离。勾选［智能半径］复选框，拖动［半径］滑块观察边缘选择的精准变化。建议选择［输出到］新建带有图层蒙版的图层。使用［调整半径工具］涂抹边缘区域可以自动获得更准确的选取边缘；使用［抹除调整工具］可以恢复不希望被剔除的图像。完成后单击［确定］按钮。

调整模式设置选项：勾选［智能半径］复选框，［平滑度］设置为20～50%，［羽化］设置为1～2，［对比度］设置为10%，［移动边缘］负值可以使主体选区缩小，正值可以扩大主体选区，［输出到］新建带有图层蒙版的图层。

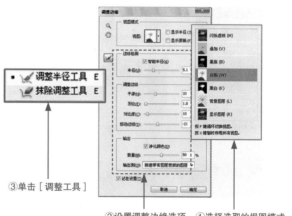

③单击［调整工具］
②设置调整边缘选项
①选择选取的视图模式

④涂抹主体与背景的边缘

图9-4-2

第3步　修正主体细部选区

②点选［画笔工具］
①单击图层蒙版缩略图

图9-4-3

调整边缘工具完成后会得到一个带图层蒙版的背景副本图层，蒙版的内容就是上面选出的主体景物。用［缩放工具］将视图尽可能的放大，单击图层蒙版缩略图，使用［画笔工具］（按如图4-6-4所示进行设置）对不准确的细微边缘进行修补，如图中A处为不准确的边缘，B处为经过修补完成的边缘。

第4步　产生自然的远近虚化渐变

①点选［渐变工具］

②选择前景色到透明渐变

③画出渐变范围

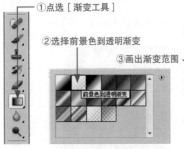

前景色到透明渐变

图9-4-4

由于镜头的背景虚化与距离有关，因此需要制作出从近至远逐渐虚化的效果，因此使用［渐变工具］（按快捷键G）来确定远近虚化的范围，选择［前景色］为白色，渐变类型为［前景色到透明］，然后，由近处向远处画出渐变线。按住Alt键单击图层蒙版缩略图，可在工作浏览区中直观观察图层蒙版图像，单击图层缩略图可恢复正常显示状态。

第5步　提取虚化范围作为选区

③反选选区
②得到主体景物选区
①按住Ctrl键单击蒙版缩略图

图9-4-5

按住Ctrl键单击背景副本图层的图层蒙版缩略图，得到以主体为目标的选区，由于需要虚化的是背景，因此需要将选区反向选取。选择【选择＞反向】菜单命令（或按Ctrl+Shift+I快捷键）将背景作为选择目标。

第6步　应用镜头模糊滤镜

①关闭背景副本图层显示

②再次复制背景图层

③应用镜头模糊滤镜

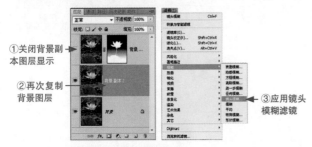

图9-4-6

在图层调板中，单击背景副本图层前的［眼睛］图标关闭该图层的显示，用鼠标拖动背景图层至下方的［创建新图层］按钮，得到背景副本2图层，然后选择【滤镜＞模糊＞镜头模糊】菜单命令。

第7步　调整镜头虚化效果

打开镜头模糊控制窗口，先选择〔高斯模糊〕分布方式。向右拖动〔半径〕可增加虚化的程度，调整镜面高光的〔亮度〕和〔阈值〕两个控制块，可以模拟产生大光圈虚化的高光影调（如图中A处的效果），效果满意后单击〔确定〕按钮。

调节镜头模糊滤镜参数

图9-4-7

第8步　整体效果检查与调整（选项）

仔细观察可以发现，主体景物（荷花）似乎变小了，这是因为选区的羽化造成的。因此，在图层调板中按住Ctrl键单击背景副本图层的图层蒙版缩略图提取主体选区，然后单击〔创建图层蒙版〕按钮为背景副本2图层创建一个以主体景物为目标的图层蒙版（记住，在上一步完成后，背景副本2图层一直处于激活状态），最后，选择【图像＞调整＞反相】菜单命令（或按Ctrl+I快捷键）将该蒙版图像反相。

①按住Ctrl键单击蒙版缩略图　　　③反相图层蒙版图像

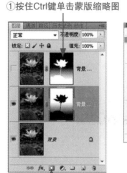

②创建背景副本2的图层蒙版

图9-4-8

处理前后效果对比

在第4步里，主要模拟远景景物虚化渐变，渐变的范围直接影响到模拟的"真实"程度。如果背景景物没有明显的远近空间感，则无须做此渐变的选区变化。

背景模糊（二）：目标追逐拍摄

9.5

传统的追逐运动目标拍摄能产生运动的主体清晰而背景有动感的模糊，这是动感照片常用的表现方法，由于运动的快慢和拍摄距离直接影响到拍摄快门的选择，拍摄起来成功率不高，需要长期拍摄经验的积累。对于瞬时即逝不再重现的场面，拍摄的失败无疑是很大的遗憾和损失。使用数码图像处理技术可以轻而易举模拟出这种动感十足的画面。

第1步　复制背景图层

复制背景图层

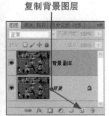

图9-5-1

打开照片，在图层调板中拖动背景图层至下方的［创建新图层］按钮，复制出一个背景副本图层

第2步　设置快速蒙版颜色

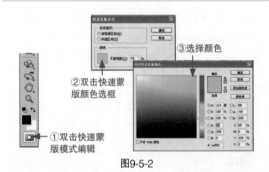

②双击快速蒙版颜色选框

①双击快速蒙版模式编辑

③选择颜色

图9-5-2

双击工具箱最下方的［快速蒙版模式编辑］按钮，在弹出的［快速蒙版选项］对话框中，双击［颜色］框选择快速蒙版颜色（默认状态为红色，由于本案例的背景是红色，为了明显区别选为绿色）。

第3步　绘制主体图像

③涂出主体图像区域

②点选［画笔工具］

①进入快速蒙版模式

图9-5-3

按D键将［前景/背景色］置为默认状态（前黑后白），点选工具箱中的［画笔工具］（或按快捷键B），用画笔涂抹图像的主体部分（无须模糊的区域）。涂抹时可按Ctrl+"+"放大图像，用"["或"]"键调整画笔鼻头大小，精确涂抹主体图像。任何状态下，按住空格键，鼠标图标以手型表示，此时用鼠标可以移动画面，松开鼠标将自动回到画笔工作状态。

第4步　细部涂抹主体

②涂抹背对运动方向的主体边缘区域

①选择前景色为白

图9-5-4

在主体运动方向的边缘尽可能的精确绘制，而对于可能产生动感模糊的主体部位（如本案中飞扬的头发），可降低画笔的不透明度涂抹，以获得不同程度的模糊效果。如果不小心描绘错了，将［前景色］设为白色（按X键可让前景色和背景色互换）描绘出错的地方即可恢复原状态。

第5步 将蒙版转为选区

涂抹完成后，得到一个绿色标示的蒙版状态（按Ctrl+0快捷键可将图像调整到适合窗口大小）。

单击［快速蒙版模式编辑］按钮回到正常的编辑状态，此时，绿色蒙版区域以外部分变为选区。选择【选择＞反相】菜单命令（或按Shift+Ctrl+I快捷键）将选区反向，主体部分变为选区。

①单击快速蒙版按钮

②获得主体选区

③反向选区

图9-5-5

第6步 创建主体图像图层

按Ctrl+J快捷键在图层调板中复制出一个以主体选区图像为内容的图层1。

复制主体选区图像作为新图层

图9-5-6

第7步 将背景动感模糊

单击图层调板背景副本图层缩略图将其激活，选择【滤镜＞模糊＞动感模糊】菜单命令，在对话框中调整［角度］使动感模糊方向与目标运动方向相一致，在［距离］文本框中设置像素值产生动感，数值越大动感效果越强烈，这需要多试验几次以使其与画面动感程度相协调。

①单击激活背景副本图层

②应用动感模糊滤镜

③调节动感模糊效果

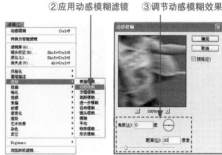

图9-5-7

第8步 调整主体位置

由于动感模糊滤镜效果是双向的，在运动主体的前进方向也产生反相的模糊，因此需要消除主体向前模糊的部分。单击图层调板中图层1缩略图将该图层激活，单击工具箱中的［移动工具］按钮，敲击上下左右方向键将主体图像向运动方向前方移动，使主体图像遮盖向前模糊的图像。

①点选［移动工具］

②向运动方向移动主体图像

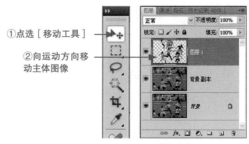

图9-5-8

处理前后效果对比

9.6 背景模糊（三）：变焦追逐拍摄

传统的变焦追逐拍摄能产生背景爆炸的动感效果，也是高难度的拍摄。使用数码图像处理技术也可以轻而易举模拟出这种拍摄效果。

第1步 创建快速蒙版

②画出主体图像快速蒙版

①复制背景图层

图9-6-1

打开照片，如9.5节介绍的方法第1～3步骤将图像中主体部分用快速蒙版涂抹出来。

第2步 将蒙版转为选区

②反向选区

①单击快速蒙版按钮

图9-6-2

单击［快速蒙版模式编辑］按钮回到正常的编辑状态，此时，绿色蒙版区域以外的图像变为选区。选择【选择 > 反相】菜单命令（或按Shift+Ctrl+I快捷键）将选区反向，主体部分变为选区。

第3步　创建主体图像图层

按Ctrl+J快捷键在图层调板中复制出一个以主
体图像选区为内容的图层1。

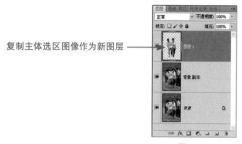

复制主体选区图像作为新图层

图9-6-3

第4步　制作背景爆炸效果

单击图层调板背景副本图
层缩略图将其激活，选择【滤镜
>模糊>径向模糊】菜单命令打
开对话框，选择［模糊方法］为
缩放，在［中心模糊］图框中，
用鼠标拖动模糊中心与照片的爆
炸中心位置相一致，然后，拖动
［数量］滑块调整爆炸程度，数
值越大爆炸效果越强烈，选择完
成后单击［确定］按钮。

①单击激活背景副本图层
④调节径向模糊效果
②应用径向模糊滤镜
③设定爆炸中心位置

图9-6-4

第5步　调整细部模糊

单点图层调板中图层1缩略图将图层1激活，
单击下方［创建图层蒙版］按钮为图层1添加一个
图层蒙版。选择工具箱中的［画笔工具］（或按快
捷键B），在其工具属性选项栏中选择一支柔角画
笔（即边缘羽化的画笔），将［前景色］设置为黑
色，将画笔的［不透明度］降低至30%，在图中主
体与背景交界的边缘处涂抹使其自然融合。

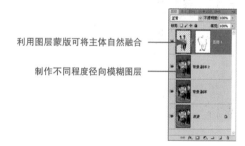

利用图层蒙版可将主体自然融合

制作不同程度径向模糊图层

图9-6-5

处理前后效果对比

为了获得更逼真的爆炸效果，可以创建两个
不同径向模糊程度的图层，并将上面一个径向模
糊图层的［不透明度］降低，从而产生爆炸的层
次感。本案例即采用了两个模糊图层。

数码多重曝光

在传统的胶片摄影中，往往需要将不同场景或不同焦距的拍摄对象合在一张底片上，这就是所谓的多重曝光。在拍摄时需要计算每一次的曝光分量，然后按照分量进行每一次曝光。而在数码摄影里，由于后期技术的灵活使用而无须如此烦琐的拍摄方式，本案以明月夜景为例。

第1步　将多张照片置入同一文件中

产生月亮图层

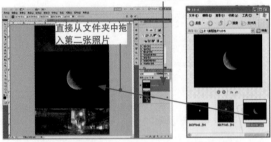

直接从文件夹中拖入第二张照片

图9-7-1

打开以广角拍摄夜幕下的近景照片（如图中左边大图）；然后打开以长焦镜头拍摄的明月照片所在的文件夹（图中右边小图），单击工具箱最上方［移动工具］（或按快捷键V），按住Shift键用鼠标抓住文件夹里的明月照片拖入夜景大图中。明月照片被置入夜景照片的中心区域，并得到以月亮照片文件名命名的图层（以下称为月亮图层）。

第2步　调整重叠景物的大小位置

①降低月亮图层的不透明度至50%

②拖动并改变月亮图像的大小与位置

图9-7-2

用鼠标拖动月亮图像移动到适当位置，或按住Shift键拖动四角控制柄改变月亮的大小。为了便于准确移动位置，可降低月亮图层的［不透明度］至50%。

第3步　叠加效果

月亮前的树枝也被遮挡了

②图层混合模式：滤色

①恢复月亮图层的不透明度100%

图9-7-3

月亮位置安放满意后，将月亮图层的［不透明度］恢复100%，并将其图层［混合模式］置为变亮或者滤色。至此，多重曝光效果基本完成。由于本案中月亮的位置前有树枝，因此需要做以下处理，使树枝遮挡月亮的部分呈现出来。

第4步 用通道抽出遮挡物的形状（选项）

在图层调板中单击月亮图层前的［眼睛］图标，关闭月亮图层的显示。然后单击通道调板，观察红、绿、蓝3个分色通道，找出树枝反差最大的通道（本案例为红色通道），然后用鼠标拖动红色通道至下方的［创建新通道］按钮，得到一个红色副本通道。

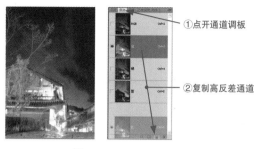

①点开通道调板

②复制高反差通道

图9-7-4

第5步 加大遮挡物的对比度

在红色副本通道激活的状态下，按Ctrl+L快捷键调出［色阶］对话框，分别拖动［黑、白、灰］三角控制滑块，使得树枝与背景的反差加大，树枝与背景以黑白影调分离出来。

提高反差使树枝与背景分离

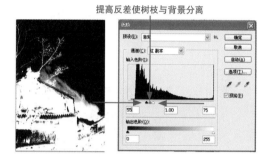

图9-7-5

第6步 将通道转换了选区

按住Ctrl键单击红色副本通道，得到以白色区域为选择对象的选区；选择【选择 > 反向】菜单命令（或按Shift+Ctrl+I快捷键），将选区反向选区。然后单击RGB复合通道的缩略图。

①按住Ctrl键单击复制通道得到选区

②反选选区

图9-7-6

第7步 返回图层操作界面

单击图层调板激活月亮图层，并单击月亮图层前的眼睛图标位置，将月亮图像显示出来。

单击打开月亮图层显示

图9-7-7

第8步　用蒙版将遮挡物调出

①创建选区为图层蒙版

②屏蔽月亮照片多余图像

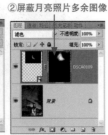

图9-7-8

单击图层调板下方的［创建图层蒙版］为月亮图层添加一个图层蒙版，从而使得树枝遮挡月亮的部分呈现出来。

本案例使用"滤色"混合模式效果更自然逼真，但是出现了多余的边框亮光（图中绿箭头所指图像）。使用黑色的［画笔工具］（按如图4-6-4所示步骤进行设置）将过亮的月亮照片区域涂抹掉。

处理前后效果对比

9.8　暗角效果

暗角的照片常给人一种遥远神秘的感觉，在传统的摄影中由于镜头广角的像场不够，在照片四周形成比画面中间更昏暗的影调。为表现苍凉久远神秘的效果，不少摄影人喜欢使用镜头的这一缺陷。

方法一：产生高仿真效果

第1步　应用镜头校正滤镜

①复制背景图层

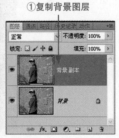

②应用镜头校正滤镜

图9-8-1

打开照片，在图层调板中用鼠标拖动背景图层至下方的［创建新图层］按钮，得到该照片的背景副本图层，然后选择【滤镜＞镜头校正】菜单命令（或按Shift+Ctrl+R快捷键）。

第2步　制作暗角

打开镜头校正控制窗口。为了不影响预览效果，取消选择下方的［显示网格］复选框，选择右边［自定］菜单。在晕影调整选项中将［数量］滑块调向左边最小值-100；将［中点］滑块也调向左边直至满意影调效果，单击［确定］按钮。

调整晕影参数

图9-8-2

第3步　调整暗角效果

如果暗角效果太深，可以适当降低背景副本图层的［不透明度］；相反，如果暗角效果不够深，可以再做一次（按Ctrl+F快捷键重复最近一次滤镜功能）。

调节图层不透明度

图9-8-3

方法二：产生强烈视觉效果

第1步　划定选区

打开照片，右击工具箱里选框工具组按钮，在下拉列表中点选［椭圆选框工具］（或按Shift+M快捷键直至出现椭圆选框），在图片中画出一个椭圆。

②拖出椭圆选框
①点选［椭圆选框工具］

图9-8-4

第2步　压暗选区

单击调整调板中的［曲线］按钮，在图层调板中产生一个曲线1调整图层。在曲线调整面板中将曲线右上角向下拉动一半以上，此时，照片中间的选区部分变暗。

①单击［曲线］工具图标　③下拉曲线压暗影调

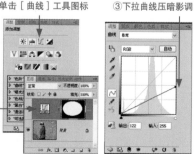

②产生曲线调整图层

图9-8-5

第3步 调整选区形成暗角

①点开蒙版调板
③羽化蒙版
②反相蒙版 → 反相

图9-8-6

点开蒙版调板，单击[反相]按钮将图层蒙版反向（照片四周变暗），向右拖动羽化滑块直至暗角形成过渡效果。注意到在图层调板中，曲线调整图层蒙版的缩略图变为中间黑四周白。

方法二：产生强烈视觉效果

第1步 调用调整图层产生暗角影调

①单击[色阶]工具图标
②产生色阶调整图层
③降低输出白场

图9-8-7

打开照片，在调整调板中单击[色阶]按钮，在图层调板中产生一个色阶调整图层。

在色阶调整面板中，将输出色阶右上方的白色三角滑块向左拖动至中间，图像被整体压暗。

第2步 用蒙版恢复主体影调

①点选[画笔工具]
②[前景色]置为黑
③划出中心亮度区域

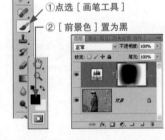

图9-8-8

在工具箱里选用[画笔工具]（快捷键为B键），按如图4-6-4所示步骤选取较大的羽化笔刷，将[前景色]置为黑，画笔的不透明度设为20~50%。由图像边缘往中间画圈，越往中间反复次数越多，使得中间区域恢复原来的影调。

柔焦效果

柔焦效果的照片总是给人一种朦胧柔和的感觉，表现一种宁静娴雅的意境。这种风格的照片也是许多摄影爱好者追求的唯美风格，传统摄影中通过在镜头前添加一块叫做"柔光镜"的镜片来获得。数码摄影通过后期柔化也能轻而易举地获得柔焦照片，其柔焦效果可以直观控制，随心所欲！

第1步 对原片的色彩明暗调整

大多数情况下数码柔焦效果处理会增加图像的反差和饱和度，因此，需要先对照片降低饱和度，提高暗部的亮度，具体参见第4、5、6章内容。本案调整如下：

用［色相/饱和度］工具降低图像饱和度。

用［曲线］工具提高暗部亮度。

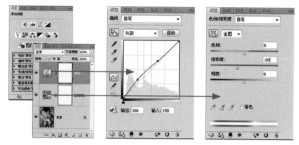

图9-9-1

第2步 创建盖印可见图层

按Ctrl+Shift+Alt+E快捷键得到一个盖印可视图层1，并将图层1的［混合模式］置为叠加，［不透明度］设置为60~80%。

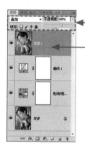

②图层混合模式：叠加，降低图层不透明度
①盖印可见图层

图9-9-2

第3步 调整柔焦效果

对图层1应用【滤镜 > 模糊 > 高斯模糊】菜单命令，在［高斯模糊］对话框中，调整［半径］值观察图像变化直至获得最佳的柔焦效果。

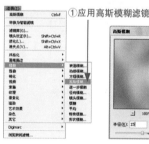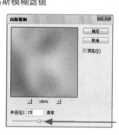

①应用高斯模糊滤镜

②调整模糊程度

图9-9-3

处理前后效果对比

红外摄影（一）

在传统的红外线胶片拍摄时需要一个不透明或者红色过滤器以防红外线外露而使胶片曝光，或在特殊暗室来冲洗胶片，以达到这种超自然的效果，操作起来非常烦琐。这里介绍的是利用数码图像后期处理模拟红外摄影的效果。

第1步　调用通道混合器

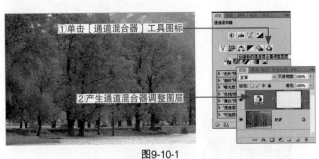

①单击［通道混合器］工具图标

②产生通道混合器调整图层

图9-10-1

打开风光照片，单击调整调板中［通道混合器］按钮，在图层调板建立一个通道混合器1的调整图层。

第2步　设置参数

调节通道混合参数

图9-10-2

在通道混合器调整面板中进行设置：勾选［单色］复选框，将［红色］滑块拖至+100%，将［绿色］滑块拖到+200%，将［蓝色］滑块向左移至-200%。

如果图像内的白色过曝，可降低［常数］滑块降低白色直到没有过曝，单击［确定］按钮，得到黑白的红外照片。

第3步　彩色红外效果

变化图层混合方式

调节图层不透明度

图9-10-3

如果希望得到彩色的红外效果，只需将通道混合器1调整图层的图层［混合模式］设置为变亮。

也可尝试将图层［混合模式］设为滤色，必要时降低该图层的［不透明度］调节满意效果，本案例采用此做法。

处理前后效果对比

在使用上述通道混合器调整参数时，常常会遇到一些照片有"过曝"的效果，当使用第2步降低[常数]改善了过曝的区域后，其他区域往往又变得很暗了。此时，可以使用多个[通道混合器]调整图层，使用图层蒙版来分别对所需要的区域进行红外效果模拟。

颗粒感是红外摄影的一个显著特征，请参见9.13节的制作方法完成。

红外摄影（二）

本节介绍另一种模拟红外摄影的数字处理方法，与上一种方法相比，并没有效果优劣之分，不妨针对不同的照片进行两种处理效果的对比来选择。

9.11

第1步 复制背景图层

打开照片文件，在图层调板中用鼠标抓住背景图层拖至下方的[创建新图层]按钮（或按Ctrl+J快捷键），得到背景副本图层（或图层1）。

复制背景图层

图9-11-1

第2步 模糊绿色通道

单击通道调板，并单击绿色通道缩略图（此时图像变成黑白灰度效果），选择【滤镜＞模糊＞高斯模糊】菜单命令，在[高斯模糊]对话框中选择模糊[半径]为4个像素。

①点开通道调板

③应用高斯模糊滤镜

②单击绿色通道

④调节模糊效果

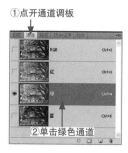

图9-11-2

第3步 设置图层混合模式

图层混合模式：滤色

单击图层调板，并单击背景副本图层将图层［混合模式］改为滤色，

图9-11-3

第4步 通道混合器

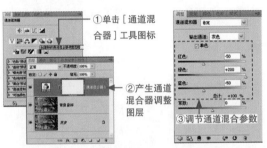

①单击［通道混合器］工具图标

②产生通道混合器调整图层

③调节通道混合参数

在调整调板中单击［通道混合器］按钮，在图层调板中产生一个通道混合器1调整图层，在通道混合器面板中进行设置：勾选［单色］复选框，［红色］设置为-50%，［绿色］设置为+200%，［蓝色］设置为-50%。

图9-11-4

第5步 调整效果强烈程度

通过改变图层不透明度调节效果

至此已经获得在黑白模式下的红外摄影效果。如果图像高光太过突出，然后降低该图层的［不透明度］直至满意效果，本案例为35%。

图9-11-5

第6步 制作彩色效果（选项）

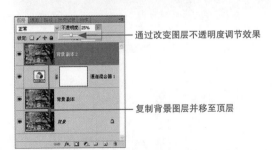

通过改变图层不透明度调节效果

复制背景图层并移至顶层

单击背景图层，再次复制背景图层（方法同第一步），得到背景副本2图层（或图层2），然后抓住此图层拖到图层最上一层，将［不透明度］降低至25%左右。

图9-11-6

处理前后效果对比

在调整彩色红外最终效果时，背景副本图层和背景副本2图层两个图层的［不透明度］做平衡调节可获得更好的效果。

颗粒感是红外摄影的一个显著特征，请参见9.13节的制作方法完成。

强迫显影

9.12

强迫显影来自传统的胶片摄影，就是在胶片曝光不足的情况下，增加显影时间，强迫底片影像显影的冲洗方法。这种照片有着明显的特点，边缘反差强烈、色彩浓烈、颗粒明显。

第1步 将图像转换为Lab颜色模式

打开照片文件，在图层调板中用鼠标抓住背景图层拖至下方的［创建新图层］按钮（或按Ctrl+J快捷键），得到背景副本图层（或图层1）。选择【图像>模式>Lab颜色】菜单命令，在弹出的提示框中单击［不拼合］按钮。

①复制背景图层　　②转为Lab颜色模式

图9-12-1

第2步 转入通道调板

单击通道调板标签，打开通道调板。单击明度通道，此时图像变为灰度图，为了更好地监视效果，单击Lab通道前的眼睛图标框，图像处在彩色状态下。

③打开色彩显示方式

①点开通道调板

②单击明度通道

图9-12-2

第3步 应用锐化滤镜

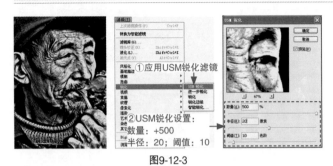

①应用USM锐化滤镜

②USM锐化设置:
数量: +500
半径: 20; 阈值: 10

图9-12-3

选择【滤镜 > 锐化 > USM锐化】菜单命令,在[USM锐化]对话框中,将[数量]滑块拖到最大,然后从左至右拖动[半径]滑块直到图像的边缘部分出现强烈的反差,如果过渡太明显,可通过加大[阈值](一般在10左右)可以减缓反差边缘过渡。

第4步 调节整体效果

①转为Lab颜色模式

②降低图层不透明度

图9-12-4

选择【图像 > 模式 > RGB颜色】菜单命令,在弹出的提示框中单击[不拼合]按钮。如果效果太强烈,可以降低图层1的[不透明度]。

处理前后效果对比(未添加颗粒感前)

第5步 添加胶片颗粒感

强迫显影照片有着强烈的胶片颗粒,制作颗粒感参见9.13节方法。

胶片颗粒感

颗粒感是高感胶片的一种特性,往往给人以一种久远、陈旧的感觉,非常适合营造一种怀旧的气氛。

第1步 创建强光中灰图层

打开照片文件，选择【图层>新建>图层】菜单命令（或按住Alt键单击图层调板下方的［创建新图层］按钮），在弹出的［新建图层］对话框中，将［模式］设为强光，勾选下方的［填充强光中性色（50%灰）］复选框。为了便于识别图层作用，可以在［名称］文本框中给图层命名（本案例命名为：胶片颗粒），然后单击［确定］按钮。

①新建图层
②选择填充强光50%中灰

图9-13-1

第2步 添加杂色滤镜

在图层调板中得到一个胶片颗粒图层，选择【滤镜>杂色>添加杂色】菜单命令，在［添加杂色］对话框中选择［高斯分布］单选按钮和勾选［单色］复选框，［数值］设置为4-10%。

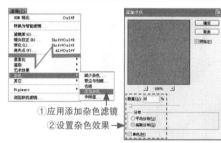

①应用添加杂色滤镜
②设置杂色效果

图9-13-2

第3步 调整杂色整体效果

如果颗粒感不够明显，可复制胶片颗粒图层；如果颗粒感太过了，可降低胶片颗粒图层的［不透明度］。

通过降低图层不透明度来减弱颗粒感
通过复制胶片颗粒图层来增强颗粒感节效果

图9-13-3

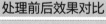

处理前后效果对比

Lomo风格照片（一）

Lomo原指前苏联一款由于技术局限而导致曝光不足的有缺陷的相机。拍摄出有鲜明个性特征的照片，异常鲜艳甚至夸张的色彩、扭曲变形的空间、边缘模糊和自然的暗角，给人视觉上的冲击，常常给人一种深邃遥远世界的感觉。在拍摄上它是一种更加恣意、纯粹、主观的拍摄方式。这里介绍使用软件后期加工，形成Lomo效果

第1步　增强色彩

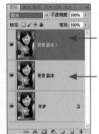

②复制背景图层：背景副本2
图层混合方式：柔光

①复制背景图层：背景副本
图层混合方式：滤色

图9-14-1

在图层调板里拖动背景图层至下方的［创建新图层］按钮，得到背景副本图层，将背景副本的图层［混合模式］设置为滤色。然后再拖动背景副本图层至下方的［创建新图层］按钮，得到背景副本2图层，将背景副本2图层［混合模式］改为柔光。

第2步　添加杂点

②应用添加杂色滤镜

①盖印可见图层

③调节杂色效果

图9-14-2

按Ctrl+ Shift+Alt+E快捷键在图层调板中获得一个盖印可视图层1。选择【滤镜>杂色>添加杂色】菜单命令，弹出［添加杂色］对话框：取消勾选［单色］复选框，选择［高斯分布］单选按钮，［数量］设置为5~10（视图像大小而定），单击［确定］按钮。

第3步　强化颗粒效果

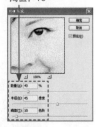

②设置USM锐化参数
数量：40；半径：45
阈值：10

①应用USM锐化滤镜

图9-14-3

选择【滤镜>锐化>USM锐化】菜单命令，弹出［USM锐化］对话框，对参数进行设置：［数量］设置为30~40；［半径］设置为40~50；［阈值］设置为10~20。设置完毕后单击［确定］按钮。

第4步　仿真变形

选择【滤镜 > 镜头校正】菜单命令（或按Ctrl+Shift+R快捷键）。

在弹出的［镜头校正］对话框里，单击自定菜单面板，在几何扭曲调整项目中，拖动［移去扭曲］滑块产生所需要的变形（本案例选择向右产生凹陷变形效果）。在晕影调整项目中，将［数量］滑块向右拖至−100，适当拖动［中点］滑块调整暗角大小范围，从而获得暗角效果。满意后单击［确定］按钮完成。

如果暗角不明显，可以再次执行一次，此次不调整［移去扭曲］，而只调整晕影项目。

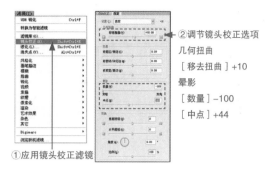

②调节镜头校正选项

几何扭曲
［移去扭曲］+10

晕影
［数量］−100
［中点］+44

①应用镜头校正滤镜

图9-14-4

处理前后效果对比

Lomo风格照片（二）

在传统的黑白摄影时代，得到一张彩色照片是采用在黑白照片上染色的方法，尽管它与真实的色彩世界相差很大，但是黑白着色照片仍具有独特的色彩风格。当今数码摄影并不存在彩色的问题，将黑白旧照片扫描为数字图像后，利用Photoshop软件也很容易完成黑白照片的着色。

第1步　快速选取着色区域

打开照片文件，先对人物脸部着色。单击工具箱中的［快速选择工具］（或按快捷键W），在人物脸部反复画出所需要的区域（如果有多余的被选中，可按住Alt键划过不要选取的区域），得到一个大致的人物脸部选区。

①点选［快速选择工具］

②画出脸部大致选区

图9-15-1

第2步 为选区染上基本色调

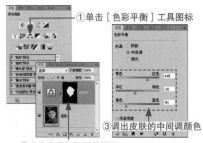

①单击［色彩平衡］工具图标

③调出皮肤的中间调颜色

②产生色彩平衡调整图层

图9-15-2

在调整调板中单击［色彩平衡］按钮，在图层调板中产生一个以上面选区为图层蒙版的色彩平衡1调整图层，先对中间调调出皮肤基调颜色。

用色彩平衡的中间调着出基调颜色：［青色-红色］设置为+45，［洋红-绿色］设置为-10，［黄色-蓝色］设置为-51。

第3步 处理选区边缘

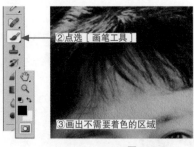

②点选［画笔工具］

①单击激活色彩平衡的图层蒙版缩略图

③画出不需要着色的区域

图9-15-3

使用［快速选择工具］往往不能得到准确的选区边界，因此通过图层蒙版来修正边缘。单击色彩平衡1的图层蒙版缩略图，点选［画笔工具］将前景色置为黑，然后在图像中仔细涂抹出边缘处色彩准确变化的效果，比如本案中的头发与皮肤交错的地方，以及不需要着色的眼睛区域。

第4步 重新提取选区

②重新得到着色脸部的精细选区

①按住Ctrl键单击图层蒙版

图9-15-4

图层蒙版修正后，按住Ctrl键单击图层蒙版，得到一个准确的选区

第5步 调整着色的明暗变化

①单击［曲线］工具图标

②产生曲线调整图层

③调节曲线营造明暗

图9-15-5

在调整调板中单击［曲线］按钮，在图层调板中产生一个以选区为图层蒙版的曲线1调整图层，通过分别调整各个基色分量的通道曲线，使人物脸部明暗与色彩发生立体变化效果。

以下为本案例曲线调色的调整参考图示。

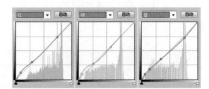

第6步 调整着色的色彩饱和度

按照第4步的方法再次提取选区，然后在调整调板中单击［色相/饱和度］按钮，在图层调板中产生一个色相/饱和度1调整图层，通过分别调整各个基色分量（人物皮肤主要是红色和黄色）使人物脸部明暗与色彩发生立体变化效果。

以下为本案例曲线调色的调整参考图示。

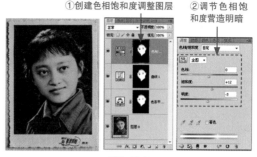

①创建色相饱和度调整图层　②调节色相饱和度营造明暗

图9-15-6

第7步 对其他着色部位操作

分别按照第1~6步继续对其他不同的区域进行着色，所有区域着色完成后，按Ctrl+Shift+Alt+E快捷键复制得到一个盖印可视图层1，必要时对该图层进行明暗、色调、色彩的整体调整（具体操作准则参考第4~6章内容）。

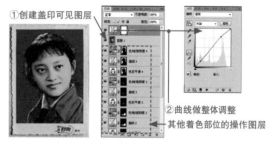

①创建盖印可见图层

②曲线做整体调整
其他着色部位的操作图层

图9-15-7

第8步 添加腮红等细部颜色

单击调整调板下方的［创建新图层］按钮添加透明的空白图层2，将图层［混合模式］设为叠加，使用［画笔工具］选用一个桃红颜色，设置［不透明度］为20~30%，用较大的画笔在脸处画出腮红，降低图层［不透明度］可以控制腮红的自然效果。如画得不准确，可对图层2添加图层蒙版，用蒙版修饰腮红的形状与过渡。同理，完成另一侧的腮红图层3。

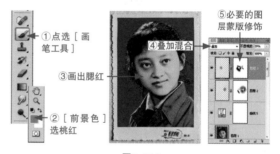

①点选［画笔工具］

③画出腮红

②［前景色］选桃红

④叠加混合

⑤必要的图层蒙版修饰

图9-15-8

第9步 描绘口红

单击调整调板下方的［创建新图层］按钮添加透明的空白图层4，将图层［混合模式］设为正片叠底，用第8步相同的办法用朱砂红色绘出口红。然后为图层4添加一个剪贴的色相/饱和度调整图层降低饱和度至口红与人物自然融合。

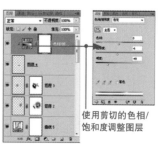

使用剪切的色相/饱和度调整图层

图9-15-9

第10步　细部明暗影调的修饰

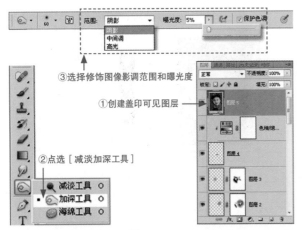

③选择修饰图像影调范围和曝光度

①创建盖印可见图层

②点选［减淡加深工具］

图9-15-10

按Ctrl+Shift+Alt+E快捷键再次复制一个盖印可视图层5，选用工具箱中的［加深工具］或［减淡工具］，使用3~5%的曝光度，对图像中必要的区域（如眼眶、鼻梁、嘴唇、脸部阴影等）进行仔细的修饰。

修饰时要针对图像明暗情况，对应的选择加深或减淡的阴影、中间调或高光范围，直至完成每一个细部的修饰。

处理前后效果对比

延伸摄影视野——

第10章

数 码 照 片 合 成

　　数码图像技术让我们能大大摆脱许多传统摄影器材或方法的束缚，延伸我们摄影的视野，甚至重构我们摄影的理念和操作方式。本章内容不是讨论这些摄影理念的变革与创新，而是通过案例来介绍一些能拓展数码摄影空间的图像处理软件及其工具的应用方法，旨在为数码摄影者开拓摄影视野，创新拍摄思路，建立个性风格而做一些抛砖引玉。

大场景照片的拼接合成（PS方法）

随着图像软件技术的不断提升，接片软件越来越智能化，效果也越来越好。能够自动接片的软件也非常多，然而，并不是智能化程度高的接片软件就能随意把几张照片接得天衣无缝。接片效果与前期拍摄的关系很大，拍摄时考虑到后期接片，做好预先的拍摄计划和拍摄实施是至关重要的。

大场景照片需要使用三角架拍摄，有条件的尽可能使用接片云台。照片之间应该有不少于1/3的重叠区，按照横竖矩阵排列拍摄数张，甚至数十张照片。然后使用Adobe Photoshop CS 5 的自动接片功能完成拼接制作。

第1步　调入拼接拍摄的组成照片

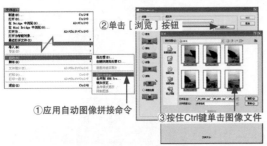

②单击［浏览］按钮

①应用自动图像拼接命令

③按住Ctrl键单击图像文件

图10-1-1

如果使用RAW格式拍摄，尽量在进行格式转换中，对每一张照片的色温、曝光、锐化等调整时使用相同的参数设置。选择【文件 > 自动 > PhotoMerge】菜单命令打开自动接片对话框，单击［浏览］按钮打开文件选择对话框，按住Ctrl键单击所要拼接的数张照片文件，然后单击［确定］按钮，将照片加入拼接处理框中。

第2步　选择拼接版面并自动拼

①选择拼接方式

②选择拼接变形选项

图10-1-2

在照片拼接对话框中，Photoshop CS5提供了5种接片版面，一般来说选择自动较为常用，如果照片中有移动景物或轻微抖动，可勾选［晕影去除］复选框；对景物变形要求高时可以勾选［几何扭曲校正］复选框。如果不能确定，不妨都勾选，一般来说，此时要求电脑系统具备较高的配置。

单击［确定］按钮，软件系统将自动拼接照片的处理进程，这一进程可能会需要运行较长的时间。照片越大数量越多，时间会越长。

第3步　检查必要的变形调整

①创建盖印可见图层

②按Ctrl+T快捷键进入图块形状编辑状态

图10-1-3

系统完成拼接后，通常都会有一定的变形（如本案中，远处海平线是弯曲的），因此需要进行手工校正。由于图像是以带有图层蒙版的图层形式存在的，因此需要产生一个合并的完整图像图层。按Shift+Ctrl+Alt+E快捷键得到一个盖印可见图层1。然后按Ctrl+T快捷键，选择【编辑 > 变换 > 变形】菜单命令。

第4步　调节变形

分别拖动并调节变形的控制点使照片变形得到改善。调整完成后按［Enter］键确定。

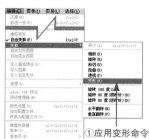

①应用变形命令

②调节变形

图10-1-4

第5步　修补缺失图像并整体效果调整

接片后的图像四周与边缘往往会出现一些没有图像的空白区域，可以参照7.1~7.6节的方法进行修补。

最后选择【图层 > 拼合图像】菜单命令，将拼接的图层全部合并，并进行必要的影调色彩调整（参见第4、5、6章相应内容）。

①修补缺失图像

②合并所有图层

③调整图像影调色调色彩

图10-1-5

多张照片拼接前后效果对比

大场景照片的拼接合成（PT方法）

大多数情况下Photoshop的拼接全景图功能可以满足照片拼接的要求，但Photoshop的运行对计算机硬件环境要求比较高，当拼接照片数量多、尺寸大时，往往需要耗费非常长的时间。这个时候不妨尝试一下其他软件。本节介绍一个全景照片制作专门软件PTGui Pro来完成照片的拼接合成。

第1步　调入拼接拍摄的照片

②按住Ctrl键单击拼接的图像

①单击［加载图像］导航

图10-2-1

运行PTGui Pro软件后，系统有明确的操作导航，按照方案助手的提示首先单击［1.加载图像］，在添加图像对话框中选择照片所在文件夹，并按住Ctrl键选择（一个场景中）需要拼接的所有照片。然后单击［打开］按钮调入拼接图像进程。

第2步　对准图像后进入拼接进程

单击［对准图像］导航

图10-2-2

所有需要拼接的照片在加载图像下被列出，然后单击［2.对准图像］，软件进入自动拼接处理的进程。

第3步　调整拼接图视觉模式

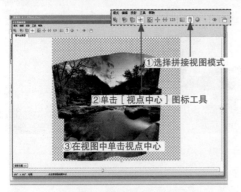

①选择拼接视图模式

②单击［视点中心］图标工具

③在视图中单击视点中心

图10-2-3

进程结束后软件自动打开全景图编辑器窗口，在这里按照需要设置全景图的拼接视图模式（平面透视、柱面或球面），或者人为设置视点中心位置。完成调整后关闭该窗口。

第4步　生成拼接图

①单击［创建全景图］导航按钮

②设置拼接图的文件属性

③单击［创建全景图］执行按钮

图10-2-4

单击［3.创建全景图］导航按钮进入创建全景图窗口，设置或选择输出图像的［尺寸大小］、［文件格式］、［图层］方式、［输出文件］所在位置，然后单击［创建全景图］按钮，软件进入处理进程。

第5步　调整拼接图效果

PTGui Pro软件完成创建全景图处理后并没有特别的显示，所拼接的图像自动保存在上一步指定的文件夹位置。使用Photoshop打开该图，做必要的变形、裁剪、修补和影调色彩调整。

进入Photoshop编辑状态进一步调整拼接图 ————

图10-2-5

大场景拼接照片效果前后对比

高反差场景摄影（HDR照片拍摄与制作）

高反差场景是影友经常会遇到的，如果按照天空曝光，地面变成漆黑缺乏细节；如果按照地面曝光，虽然获得了地面细节层次，但是天空云彩的魅力丢失了。这是因为场景的光比（最亮到最暗的光线强度的范围）超出了相机能记录下来的光比宽度。

　　解决高反差场景下的拍摄可以采用包围曝光与后期合成的方式，具体做法是在前期拍摄时分别对高光、中间调、阴影以不同的曝光拍摄同一画面的若干张照片，然后由软件合成出一张高宽容度的照片，又叫高动态范围照片，简称HDR。

第1步 调用HDR生成工具

①应用HDR生成命令　②单击[浏览]按钮

图10-3-1

运行Photoshop CS5软件，选择【文件 > 自动 > 合成到HDR Pro】菜单命令打开对话框，单击[浏览]按钮。

第2步 打开不同曝光的照片

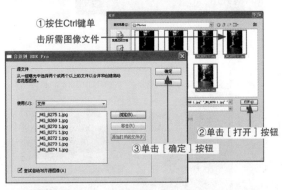

①按住Ctrl键单击所需图像文件

②单击[打开]按钮

③单击[确定]按钮

图10-3-2

在[打开]对话框中，按住Ctrl键单击所合成的照片源文件，单击[打开]按钮将照片加入HDR选择框中，然后在合并到HDR Pro对话框中。单击[确定]按钮，系统进入自动合成运算的进程。

第3步 调整HDR影调参数

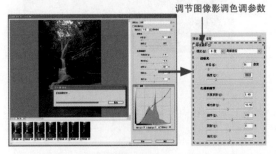

调节图像影调色调参数

图10-3-3

进程完成后软件进入合并到HDR Pro的参数调整窗口，一般来说，软件会自动读取照片的Exif数据获得照片不同的曝光值，从而获得高动态的影像。

在[模式]里选择8位和局部适应，并调节窗口右侧的其他控制选项，直至各个影调细节都能充分表现出来，然后单击[确定]按钮，软件开始最后HDR照片合成的进程。

第4步 整体效果的完善

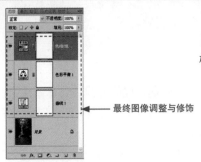

最终图像调整与修饰

图10-3-4

运行Photoshop CS5软件，选择【文件 > 自动 > 合成到HDR Pro】菜单命令打开对话框，单击[浏览]按钮。

大场景拼接照片效果前后对比

HDR照片拍摄与制作

这里介绍一款HDR照片的专门软件——PhotoMatix Pro的制作过程。PhotoMatix通过对多个不同曝光的照片进行混合，并调节照片曝光度，生成一张HDR图像，它能同时保持高光和阴影区的细节。

10.4

第1步　进入生成HDR操作导航

运行PhotoMatix Pro后，软件自动进入操作导航，单击［生成HDR图像］导航按钮，弹出［选择源图像］对话框，并单击［浏览］按钮。

①单击［生成HDR图像］导航按钮

②单击［浏览］按钮

图10-4-1

第2步　调入不同曝光的照片

进入文件打开操作窗口，选择产生HDR照片的源照片文件，按住Ctrl单击可以选择多个文件。PhotoMatixs Pro可以直接使用RAW格式文件（本案例直接使用RAW格式），单击［打开］按钮返回［选择源图像］对话框。检查选择文件正确后单击［确定］按钮。

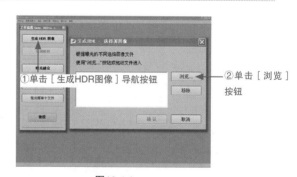

①按住Ctrl键单击所需图像文件

②单击［确认］按钮

图10-4-2

第3步 设置HDR生成的参数

图10-4-3

由于多张照片是不同时拍摄的，图像有可能存在一些细微的变化，比如晃动的树叶、行走的人物等。软件在进行HDR合成之前提供一个对这类影像处理的选项，选择后单击［确定］按钮进入HDR合成的进程，需要等待电脑运算一段时间。选项内容含义及选择：［源图像对齐］为合成照片之间的对齐方式，［减少色散］和［减少噪点］顾名思义，勾选该复选框，［减少拖影］对消除图像偏差的类型选项，［RAW转换设置］建议使用默认。

第4步 检查HDR图像细节

图10-4-4

合成完成得到的HDR照片是以32位图像存在的，它不能直接被使用。移动鼠标在图像中使HDR浏览器的窗口能显示出正常的影调图像细节。然后，单击［色调映射］导航按钮，进入HDR合成的色调映射处理环节。

第5步 色调映射

图10-4-5

色调映射是一个较难理解的调整，由于要将高位图像的信息转为（映射）8位图像，影调色彩等信息的取舍就带有极强的各人偏好和倾向，因此，色调映射中各个滑块的调整并没有特定的模式。理解调整项目的含义才有利于有目的性的控制，从而获得自己满意的结果。大多数情形下使用［细节强化］。调节最多的是［强度］、［明度］、［对比度微调］、［平滑度］、［Gamma值］和［平滑微调］。完成各参数调解后单击［图像处理］导航按钮，需要等待电脑运算一段时间。

第5步（续） 色调映射调节选项详解

［强度］调整全局的反差强度；向右反差最强，亦最"不自然"。

［色彩饱和度］调整图像饱和度；向右增加饱和度。

［明亮度］调整阴影部分的细节；向右提亮整个图像，越向左则图像越"自然"。

［对比度微调］设置局部细节放大的程度，数值越高，图像看起来越"锐"。

［平滑度］调整图像各个反差区域的反差变化平滑程度，提供平滑滑

块和按钮两种操作模式；值越高，越"自然"，值越低越接近人工或绘画的效果。

　　[白点和黑点]这两个滑块设定经过色调映射后的图像最暗和最亮值。白点滑块设置影调映射的最大值，而黑点则是设置影调映射图像的最低值；向右，会增加全局的反差。向左则可减少在极端处的剪切。

　　[Gamma]调整影调映射图像的中间调，对图像整体提亮或压暗；向左图像整体提亮，向右则压暗。

　　[色温]调整影调映射的图像的色温。向右图像更暖（倾向黄）；向左则图像更冷（倾向蓝）。

　　[高光饱和度/暗部饱和度]调整在色彩饱和度里设置的高光/暗部部分的饱和度；向右为提高，向左为降低。

　　[平滑微调]让局部的细节增强效果更平滑，能够降低天空噪点，让图像获得更干净的效果；向右平滑程度增加，反之为减少。

　　[高光平滑度]降低高光部分反差的增强。比如，避免让白色高光变成灰色，或者让淡蓝色天空变成蓝灰色天空，同时可减小位于明亮背景物体周边的光晕；向右平滑程度增加，使高光区域图像变柔和干净。

　　[阴影平滑度]减低暗部的反差增强；向右平滑程度增加，使暗部区域图像变柔和干净。

　　[阴影剪切]这个滑块用来设置暗部范围将被剪切掉多少，这个控制有时能去掉在弱光拍摄照片的暗部区域噪点；向右会增多图像的暗部区域。

第6步　保存HDR图像

　　HDR合成基本完成了，选择【文件 >另存为】菜单命令打开[另存为]对话框，软件会自动命名HDR文件名（用户也可以修改），建议选择保存类型为tif格式，并勾选[保存色调映射配置]和[打开保存的图像通过]复选框。将图像打开方式选为Adobe Photoshop CS5。然后单击[保存]按钮。

图10-4-6

第7步　HDR图像的整体修饰

　　保存完成后，HDR图像自动被Photoshop CS5的Camera RAW打开（如果选用JPG格式保存，则以正常编辑视窗打开），请参见本书4.5、6.3及Camera Raw相关操作，最后单击[打开图像]按钮进入CS5中对HDR图像进行必要修补、影调、色彩等调整。

图10-4-7

HDR合成照片前后效果对比

如果在第6步完成后没被Camera Raw打开，请在Photoshop CS5中选择【编辑>首选项>文件处理>文件兼容性[Camera Raw首选项]】菜单命令打开窗口，将最下方的TIFF选项改为"自动打开所有受支持的TIFF"。

利用RAW格式合并出完美曝光（PS方法）

10.5

利用RAW格式照片具有较大影调动态信息的特点，在拍摄的时候就考虑利用高光、暗部区域曝光的有效性，通过RAW照片后期处理，分别针对某个区域亮度调整的两次RAW的转变，把这两张图片合并起来，取舍适合的区域图像内容，变成一张图片，就可以得到很好的高光与阴影兼顾的效果。

第1步 以Camera Raw插件打开RAW格式照片

运行Photoshop CS5打开RAW图片文件，照片会以Camera Raw插件打开。本案例中可以看出暗部（地面）几乎没有细节。

暗部区域几乎看不见细节

图10-5-1

第2步 调节暗部影调

①提高曝光度呈现暗部影像
②按住Shift键单击[打开对象]按钮

向右拖动[曝光]和[填充亮光]控制滑块将暗部提亮，并适当调节其他控制值，使得地面呈现较好的细节影调（此时无须顾忌天空过亮过曝的影调），然后按住Shift键单击[打开图像]按钮（当按下Shift键时，[打开图像]按钮变为[打开对象]）。

图10-5-2

第3步 复制智能的RAW图层

照片以智能对象图层方式进入Photoshop编辑状态，在图层调板中右击该图层栏（缩略图以外），在弹出的快捷菜单中选择［通过拷贝新建智能对象］命令，创建一个照片文件的副本图层。

③产生智能对象图层副本

①右击图层状态栏 ②选择通过拷贝新建智能对象

图10-5-3

第4步 调整亮部影调

双击智能对象副本图层后，图层的图像将以Camera RAW再次打开，这里我们需要恢复天空的细节影调。降低［曝光］值直到满意的结果（此时可以忽略地面的变化），单击［确定］按钮再次回到Photoshop编辑状态。

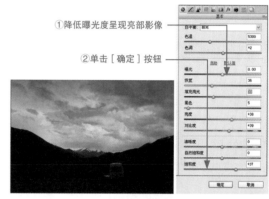

①降低曝光度呈现亮部影像

②单击［确定］按钮

图10-5-4

第5步 选择各图层适合的影调

确认智能对象副本图层处于激活状态。单击图层调板下方的［创建图层蒙版］按钮为该图层添加一个图层蒙版。单击工具箱中的［渐变工具］（或按快捷键G），将［前景色/背景色］置为前黑后白，选择［前景色到背景色渐变］，将鼠标指针移至图像窗口，按住鼠标左键在地面与天空交界附近由下向上垂直画出渐变范围直线。

①点选［渐变工具］
②选择渐变类型
④产生渐变蒙版
③画出渐变范围

图10-5-5

第6步 修饰细部影调

使用［画笔工具］（按如图4-6-4所示步骤进行设置）在图层蒙版状态下，针对图像中需要强调或掩藏的细部进行涂抹。本案例中，使用25%的黑色画笔对远方的山体进行涂抹，以获得细微的层次细节。

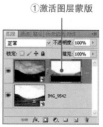

①激活图层蒙版

②用［画笔工具］修饰细部

图10-5-6

第7步 统一影调

用剪切曲线图层调整天空影调

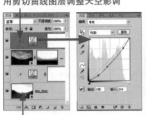

用剪切曲线图层调整地面影调

图10-5-7

在Camera RAW的曝光调整中往往无法获得天空地面影调一致的曝光调节。因此，分别对上下两个图层创建剪贴的曲线调整图层分别对两个智能图层的影调进行调节，使得天空地面的影调和谐一致。

第8步 整体效果修饰

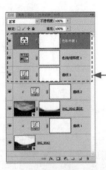

最终图像的影调色彩等整体调节

图10-5-8

最后对图像的亮度、对比度和色彩色调等进行总体调整（具体方法可参见本书第4、5、6章节相应内容），满意后，合并所有图层。

HDR合成照片前后效果对比

　　本案例为了强调对比效果和方法的典型性，所采用的案例照片，其暗部属严重曝光不足，此时强行提亮暗部会造成较严重的噪点。在大多数情况下并非如此，在确保各个层次细节的正确曝光前提下，建议采取向右曝光法则拍摄RAW格式的照片，然后通过此法可以获得更丰富的细节影调。如果影调分布区域较多，可以复制多个智能对象图层，针对不同区域的影调做不同的调节，然后使用图层蒙版进行各个影调区域图像的甄选合成。

利用RAW的高宽容度制作HDR照片（PT方法）

RAW格式的图像能记录下$2^{12}=4096$个层次级别甚至更多，由于目前计算机显示器只有256个灰度级别，因此，有一部分RAW记录的层次和细节的信息在RGB显示器无法看到。通过特殊的图像处理软件可以将那些被"遗忘"的信息显示出来，制造出一张高宽容度的照片。本节方法的原理其实与10.5节是一样的，使用Photomatix Pro 3以上版本软件制作起来更简单快捷。值得特别说明的是，在拍摄的时候要兼顾高光和暗部曝光宽容，笔者强烈建议拍摄RAW格式照片时遵循向右曝光的法则（该内容已超出本书范围，有兴趣者欢迎与笔者共同探讨）。

第1步 打开RAW格式照片文件

运行Photomatix Pro软件，选择【文件 > 打开】菜单命令打开一张RAW格式的照片，软件进入打开RAW的转换进程，需要等待一段时间。

打开RAW格式照片

图10-6-1

第2步 生成HDR图像

进程完成后弹出信息提示窗口，单击［确定］按钮进入HDR分析，并自动生成HDR图像。单击HDR浏览器窗口的［色调映射］按钮。

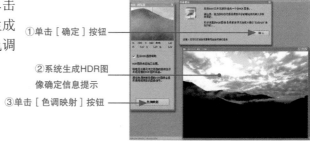

①单击［确定］按钮

②系统生成HDR图像确定信息提示

③单击［色调映射］按钮

图10-6-2

第3步 生成HDR图像

进入色调映射设置调整菜单，调节各个选项参数直至获得满意图像效果，必要时，在图像预览窗口中单击查看位置即可通过放大镜预览窗口检查图像细节，完成后单击［图像处理］按钮按钮进入图像色调映射进程。

①调节HDR图像效果

②进入HDR图像合成

图10-6-3

第4步　存储图像

图10-6-4

生成最终HDR效果后，选择【文件 > 另存为】菜单命令，弹出［另存为］对话框，选择［文件格式］，建议勾选［打开保存的图像通过］复选框，并选择Adobe Photoshop CS5，然后单击［保存］按钮。

第5步　整体效果修饰

图10-6-5

保存结束后，所生成的HDR图像将自动被Photoshop CS5打开，对照片进行必要的修正修饰（参见第4、5、6章相应内容），获得更满意的结果。

选择在Photoshop CS5中打开文件并进行整体影色调的调节

RAW格式的HDR合成照片前后效果对比

RAW格式使用PhotoMatix Pro处理的HDR效果

RAW格式使用10.5节方法处理的HDR效果

全景深照片拍摄与合成

景深范围，通俗地说就是在聚焦点前后仍然能够在照片上呈现"清晰"的范围，全景深自然就是照片上全部景物都是清晰的。要获得全景深照片需要在拍摄时使用三脚架，固定好拍摄画面，锁定曝光值，尽可能保证所拍摄的一组照片的曝光量一致，分别对近景、中景、远景以及关键景物等不同部位聚焦（最好选用手动聚焦控制），拍摄一组（数张）不同焦点的照片，然后调入软件完成后期合成。

第1步 选择一组照片

首先需要将不同焦点的照片置入Photoshop同一个文件的不同图层中，方法有很多种，这里介绍使用Bridge方式。选择【文件 > 在Bridge中浏览】菜单命令打开Adobe Bridge软件窗口，在其文件夹列表栏中找到上述照片的位置，并在文件列表栏中按住Ctrl键或Shift键点选整组照片。

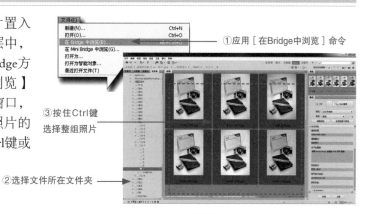

①应用［在Bridge中浏览］命令

③按住Ctrl键选择整组照片

②选择文件所在文件夹

图10-7-1

第2步 装入Photoshop的同一文件的不同图层中

在Bridge窗口中选择【工具 > Photoshop > 将文件载入Photoshop图层】菜单命令。

所选文件载入到Photoshop图层中

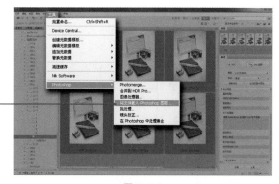

图10-7-2

第3步 装入Photoshop的同一文件的不同图层中

在Bridge选中的文件被Photoshop在同一个文件里以不同的图层打开，然后在图层调板中按住Ctrl键单击所有图层（缩略图以外）使所有图层同时激活（所有图层栏均以蓝色显示）。

按住Shift键单击所有图层

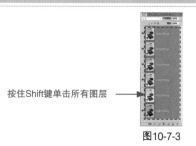

图10-7-3

第4步　自动对齐图层

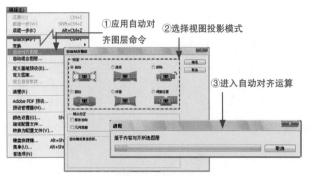

图10-7-4

①应用自动对齐图层命令
②选择视图投影模式
③进入自动对齐运算

选择【编辑 > 自动对齐图层】菜单命令打开自动对齐图层面板，必要时选择视图投影模式，大多数情形下选择自动是安全的。

单击［确定］按钮，系统进入自动对齐图层运算进程。

第5步　自动混合图层

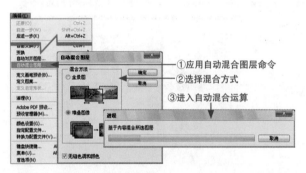

图10-7-5

①应用自动混合图层命令
②选择混合方式
③进入自动混合运算

自动对齐图层完成后，选择【编辑 > 自动混合图层】菜单命令，在打开的自动混合图层面板中选择［堆叠图像］单选按钮和勾选［无缝色调和颜色］复选框。

单击［确定］按钮，系统进入自动混合图层运算进程。

第6步　裁剪合成图像

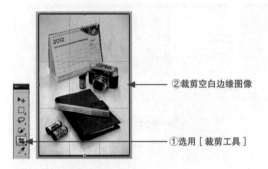

图10-7-6

②裁剪空白边缘图像
①选用［裁剪工具］

大多数情况下，自动混合图层完成后都会产生一些空白边缘，因此，需要对图像进行裁剪（参见第3章），合并图层即完成全景深照片合成。

> 必须保证任何一个景物至少会在一张照片中形成聚焦。一般来说，对于曝光、影调，甚至是镜头的些许偏差，Photoshop CS5也能够进行较好的识别和混合，但是在条件允许的情况下，尽可能地减少这种偏差，以保证软件有更好的合成效果。

重叠拍摄照片

这是一种有趣的照片，同一个人多次出现在同一画面中，一般理解为需要将人物从一个图像中抠出来再放到另一张照片中合成。这种方法是可以的，但是抠图却是困难和繁重的，甚至不可实现，而且效果不自然。本方法是采用拍摄与后期的巧妙结合，能获得近乎天衣无缝的"孪生"影像效果。

拍摄时需要使用三脚架，固定同一取景的构图和曝光量，分别拍摄人物在不同的位置的照片即完成前期拍摄工作，然后进入后期合成。

第1步　打开照片

选择【文件 > 打开】菜单命令，在打开的窗口中按住Ctrl键选择所需合成的数张照片（本案例以两张为例，如果照片较多，建议使用10.7节的打开方式）。

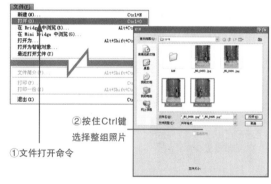

②按住Ctrl键选择整组照片

①文件打开命令

图10-8-1

第2步　将照片至于同一文件的不同图层中

以其中一张作为主片，用鼠标拖动将其他照片拖出文件标签栏，然后单击工具箱中的［移动工具］，将这些照片拖入主片中（按住Shift键可使两张照片中心对齐）。关闭被拖入的照片文件，所有照片都以不同的图层置于同一文件中。

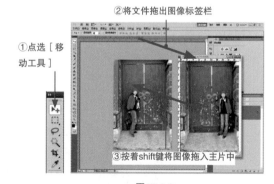

②将文件拖出图像标签栏

①点选［移动工具］

③按着shift键将图像拖入主片中

图10-8-2

第3步　对齐照片

尽管使用了三脚架拍摄，但图像仍有可能产生轻微的偏移。降低上面图层的［不透明度］至50%左右，按Ctrl+T快捷键使该图层处于变换状态，单击工具箱中的［移动工具］，然后移动图像使得上下图像的景物对齐（使用方向键可以进行精细的位置调整）。

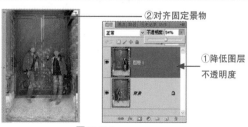

②对齐固定景物

①降低图层不透明度

图10-8-3

第4步 创建图层蒙版选用和设置画笔

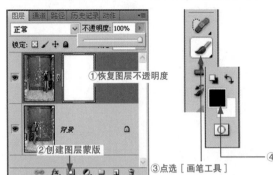

①恢复图层不透明度
②创建图层蒙版
③点选［画笔工具］
④选前景色为黑

恢复图层［不透明度］到100%。单击图层调板中的［添加图层蒙版］按钮，为上面的图层创建图层蒙版，单击工具箱中的［画笔工具］（或按快捷键B），按如图4-6-4所示设置笔刷属性，前景色选为黑，带柔化的笔头，将画笔不透明度设为100%。

图10-8-4

第5步 擦出人物图像

①黑色画笔涂抹
②图层蒙版状态

在图像中用画笔涂抹处于下一图层人物的位置，使得下一图层的人物透出来。由于背景景物是一致对齐的，并且曝光一致，使得上下图层的图像影调色彩几乎没有区别，因此涂抹区域无须做得很精细即可获得完全吻合一致的"孪生"人像照片。如果有影调色彩的轻微偏差，可对各个图层图像添加单独的剪贴调整图层进行调整（请参见第2章调整图层的剪贴功能创建）。最后裁剪、调整整体影调色彩。

图10-8-5

重叠拍摄照片合成效果

第11章

享受 数码魅力——

制 作 特 效 照 片

后期特效是数码摄影带来的独特处理，它可以移花接木、无中生有地"制造"出逼真的景物。对一张进行后期特效处理的照片而言，要获得好的效果，应该遵循几个原则：

一、遵循自然现象规律：要处理出逼真的照片，所"制造"的景物应该符合自然现象的逻辑。例如，不可能用一张在南方夏天的照片制作雪天景色的特效。

二、遵循平面透视关系：摄影图像是单镜头的成像，其成像特征是三维空间的景物符合平面透视关系。例如，同样大小的景物在照片中的图像会呈现近大远小；与地面平行的直线和平面，他们的消失点一定会落在视平线上。

三、遵循光影色彩逻辑：影调色彩都是光对人眼产生的视觉效果，景物的明暗色彩的变化会因光的性质不同而发生变化，因此，后期制作的景物明暗色彩需要符合视觉的习惯。例如，在黄昏时由于光线比较灰暗，景物的色彩饱和度就会大大降低；还有，对具有相同色彩的景物而言，景物越远，色彩越淡；景物越近，色彩越艳。

因此，在进行数码特效处理前，必须先充分分析"制造"的景物与原照片的关系。加上细致耐心的操作，方能做出一张"以假乱真"的特效照片。

11.1 合成云彩

在糟糕的天气下，经常会拍出天空灰蒙蒙、缺乏云彩或色彩不理想的照片，此时，只需关注地面精彩的场景拍摄，并留下足够的的天空位置在后期添加精美的天空图像。

第1步　载入天空素材至图像同一工作区中

①直接将天空素材拖进Photoshop

②得到天空素材图层

图11-1-1

打开一张需要添加天空的照片，然后打开素材所在的文件夹窗口，用鼠标直接拖动天空素材照片到Photoshop的工作区上。

松开鼠标后，天空素材照片位于背景图层上的一个图层（本案为colorfulsky图层），并处在可调整大小、位置的控制块状态。

第2步　调整素材与图像之间的透视关系

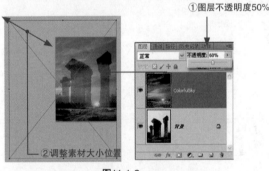

①图层不透明度50%

②调整素材大小位置

图11-1-2

首先降低colorfulsky图层的不透明度使得能看到背景图层的内容，然后用鼠标拖动四周或四边的控制手柄，使云彩的透视关系与整体照片相一致后，按［Enter］键。完成透视效果的修正后将不透明度改回100%（本案例还对天空素材照片进行了水平翻转）。

第3步　选出背景图像的天空区域

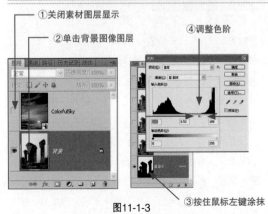

①关闭素材图层显示

②单击背景图像图层

④调整色阶

③按住鼠标左键涂抹

图11-1-3

选出背景图像的天空区域的方法有很多种，根据本案例的特征，本案使用通道提取的方法。

单击colorfulsky图层左侧方框的［眼睛］图标，关闭该图层显示，并单击背景图层缩略图；然后点开通道调板，观察各个分色通道，找到反差最大的通道（本案为蓝色通道）并用鼠标拖动该通道至下方的［创建新通道］按钮，得到蓝副本通道。按Ctrl+L快捷键打开色阶调整面板，通过向中间拖动3个滑块使得蓝副本通道的天空与景物分别分离成黑白分明的轮廓图。

第4步 提取天空区域选区

按住Ctrl键用鼠标单击蓝副本通道缩略图得到（蚂蚁线）选区，然后单击RGB通道，即可获得主体图像的选区。

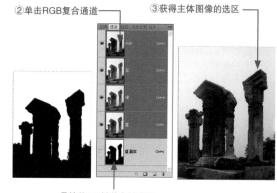

②单击RGB复合通道

③获得主体图像的选区

①按住Ctrl键单击缩略图

图11-1-4

第5步 对天空产生景物蒙版

点开图层调板，激活colorfulsky图层并单击显示框的［眼睛］图标使天空图像恢复显示，然后单击图层调板下方的［创建图层蒙版］按钮，景物被显露出来。

①返回图层调板打开素材图层显示

③产生主体图像的图层蒙版

②单击［创建图层蒙版］按钮

图11-1-5

第6步 调整景物与天空的色调明暗一致

接下来需要将景物的色调和明亮调整到与晚霞一致，方法也有很多（参见第4、5、6章节内容），本案使用曲线操作来完成。先单击背景图层缩略图激活背景图层，在调整调板中单击［曲线］图标按钮，在图层调板中产生曲线1调整图层，分别对红、绿、蓝3个分色以及最后整体明暗反差进行调整。本案操作参考如下：

①红色：提高高光红色。

②绿色：降低图像绿色。

③蓝色：降低图像蓝色（即增加黄色）。

④全图：降低影调。

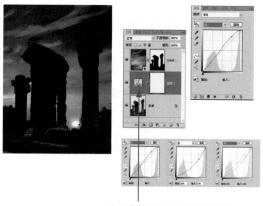

仅对背景图层主体图像调整曲线

图11-1-6

第7步 细部色彩修饰

本案例色彩平衡操作：

①高光：
[青色-红色]：+17
[洋红-绿色]：-2
[黄色-蓝色]：-8

②中间调：
[青色-红色]：+10
[洋红-绿色]：-2
[黄色-蓝色]：+12

③阴影：
[青色-红色]：+6
[洋红-绿色]：-26
[黄色-蓝色]：+15

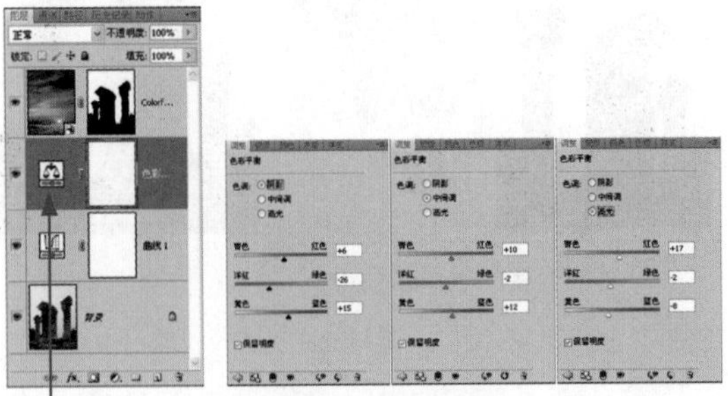

在调整调板中单击［色彩平衡］按钮，在图层调板中产生色彩平衡1调整图层，分别对［中间调］、［暗部］、［高光］进行色彩的修饰使得景物更自然地融入天空色彩中。

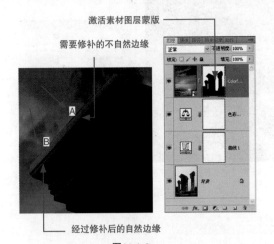

仅对背景图层主体图像调整色彩平衡

图11-1-7

第8步 检查并修饰景物边界

激活素材图层蒙版

需要修补的不自然边缘

A

B

使用［缩放工具］尽量放大图像视图，检查景物与天空边缘的细节，然后利用colorfulsky的图层蒙版，使用黑/白的［画笔工具］（按如图4-6-4所示步骤设置）修饰不自然的边界。如本案中A处有一深色的轮廓线，B处为修饰完成后。

经过修补后的自然边缘

图11-1-8

第9步 使用剪贴调整图层对素材单独调整（选项）

单击创建剪贴图层

单击创建剪贴图层

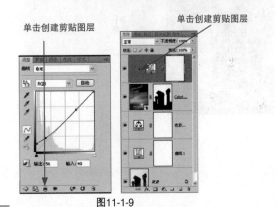

如果希望单独调整天空素材的色彩影调，对天空素材图层产生剪贴调整图层，本案使用曲线2剪贴调整图层，此时的曲线2仅对colorfulsky图层起作用，而对其他图层不产生任何影响。

图11-1-9

处理前后效果对比

阳光乍泄

一张平淡的照片，通过后期制作为其添加美丽神奇的光芒从而使得照片增色生辉，需要注意光芒照射方向与原片光线的一致性。

11.2

第1步 复制高反差的通道

①点开通道调板

打开照片，单击通道调板，挑选反差最大的通道（本案例为蓝色通道），拖动该通道至下方的［创建新通道］按钮上，建立一个蓝副本的通道。

②复制反差最大通道

图11-2-1

第2步 分离出高光区域

选择【图像＞调整＞色阶】菜单命令（或按Ctrl+L快捷键），拖动色阶［黑、白、灰］控制滑块重叠到一起，使得树林高光显露而其它部分变为黑色，调整后单击［确定］按钮。

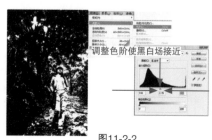

调整色阶使黑白场接近

图11-2-2

第3步　修整高光区域

涂黑不会产生透射的区域

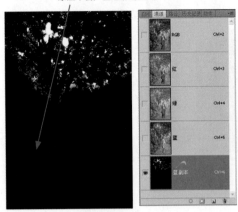

图11-2-3

点选工具箱中的［画笔工具］，将［前景色］设置为黑色，［不透明度］设置为100%，用画笔涂抹不会产生透射阳光的区域。

第4步　以高光选区创建泄光图层

①单击RGB复合通道

④选区填充白色

②按住Ctrl键单击缩略图

③创建空白图层

图11-2-4

单击RGB通道，预览窗口恢复原图显示，按住Ctrl键单击蓝副本通道，得到该通道的高光部分作为选区。

单击图层调板，单击［创建新图层］按钮得到一个空白图层1，将［前景色］置为白色，按Alt+Del快捷键，为空白图层1的选区区域填充白色（建议多按两三次），然后按Ctrl+D快捷键取消选区。

第5步　制作透射光芒

①应用径向模糊滤镜

②定位放射中心点

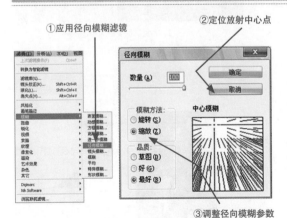

③调整径向模糊参数

图11-2-5

选择【滤镜>模糊>径向模糊】菜单命令，在对话框中设置如下，［数量］设置为100%，［模糊方式］为缩放；［品质］为最好；然后定位"模糊中心"使阳光方向适合图像效果，设置完成后单击［确定］按钮。

处理前后效果对比

制造光影

奇妙的光影能带来一种视觉的冲击，然而拍摄出光效是有一定难度的，尤其是光影不明显时，无法在照片上表现出强烈的光影色彩效果。结合后期技术，遵循光影的自然规则即可增强甚至模拟出一些神奇的光影画面。

第1步 绘制光照区域

点选工具箱中的［套索工具］（或按快捷键L），在照片草原上中绘制"光束"照射区域轮廓。

②画出光照区域选区

①点选［套索工具］

图11-3-1

第2步 曲线调出光照亮度

单击调整调板上的［曲线］按钮，在图层调板中产生一个曲线1调整图层，向上拖动曲线直至形成满意的光影亮度。

①点选［曲线］图标

④选区被提亮　②得到曲线调整图层　③提升曲线

图11-3-2

第3步 蒙版调出光照效果

上述操作后光照区域边缘很生硬，缺乏自然光照的效果。点开蒙版调板，向右拖动羽化滑块，光照区域硬边缘逐渐减弱，直至形成满意的光影效果。

③光照区域得到羽化　①点开蒙版调板

 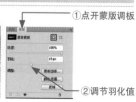

②调节羽化值

图11-3-3

第4步 绘制光照景物轮廓

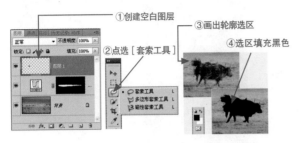

①创建空白图层
③画出轮廓选区
②点选 [套索工具]
④选区填充黑色

图11-3-4

在图层调板中单击 [创建新图层] 按钮创建一个空白透明的图层1,点选工具箱中的 [套索工具] 沿景物轮廓画出大致的选区。按D键将 [前景色] 置为黑,按Alt+Del快捷键在选区内填充黑色 ,按Ctrl+D快捷键取消选区。

第5步 产生景物光照影子

②应用斜切命令
①拖出垂直翻转
③拖出影子方向

图11-3-5

按Ctrl+T快捷键将填充黑色的景物置为调整状态,拖动上方中间的控制块向下直至越过下方的边缘(产生一个类似倒影的轮廓)。

选择【编辑 > 变换 > 斜切】菜单命令,然后拖动下方中间控制块,使影子与光线投射一致。

第6步 调整影子明暗

图层混合模式:正片叠底,降低图层不透明度

图11-3-6

将此影子图层1的图层 [混合模式] 改为正片叠底,并降低图层 [不透明度] 至50~70%,产生逼真影子效果(如果影子边缘过于生硬,可应用高斯模糊滤镜,半径设置为2~5)。

第7步 制作其他景物影子

景物影子图层

图11-3-7

对其他被光线照射的景物逐个重复第3~6步操作,完成所有景物的影子制作(注意:所有影子的投射倾斜方向一定要保持平行)。

第8步 绘制阳光射线区域

右击工具箱中的［套索工具］按钮在下拉列表中单击［多边形套索工具］，画出一个比光照范围区域小一点的斜边平行四边形选区（约为第一步光照区域长度的一大半），然后选择【选择 > 修改 > 羽化】菜单命令（或按Shift+F6快捷键），设置羽化半径为20~50。

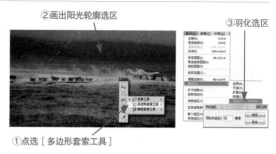

②画出阳光轮廓选区
③羽化选区
①点选［多边形套索工具］

图11-3-8

第9步 制作投射光线

在图层调板中单击［创建新图层］按钮，创建一个空白透明的图层（以下称光照射线图层），按D键将［前景/背景色］置为前黑后白，然后按Ctrl+Del快捷键将上述多边形选区填充为（背景色的）白色。

按Ctrl+D快捷键取消选区，将图层［混合模式］置为滤色，并降低图层［不透明度］至10%左右，呈现较好的阳光照射效果。

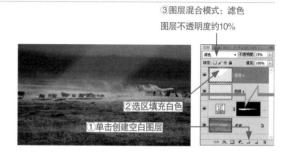

③图层混合模式：滤色
图层不透明度约10%
②选区填充白色
①单击创建空白图层

图11-3-9

第10步 调整光照效果（选项）

如果投射光线效果太生硬，可对该图层应用【滤镜 > 模糊 > 高斯模糊】菜单命令，设置模糊半径50。产生更高的逼真模拟效果。

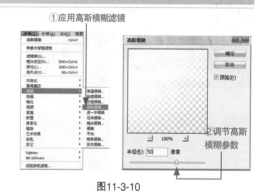

①应用高斯模糊滤镜
②调节高斯模糊参数

图11-3-10

第11步 完善光照特效

在光照射线图层激活状态下，按Ctrl+J快捷键复制一个光照射线图层，点选工具箱中的［移动工具］（或按V），水平拖动复制的光照射线图层布满光照区域。并适当改变该图层的不透明度，使得两束投射光线呈现不同层次的变化。

对光照射线图层添加图层蒙版，用黑色的［画笔工具］涂抹阳光照射景物的背光区域（这一部分不应该被阳光照亮）。确定满意后选择【图层 > 合并图像】命令将所有图层合并。

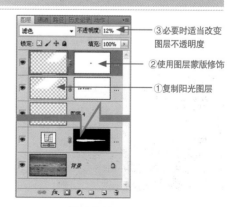

③必要时适当改变图层不透明度
②使用图层蒙版修饰
①复制阳光图层

图11-3-11

特效制作前后效果对比

仙雾缭绕

11.4

雾在摄影作品中往往能创造一种神奇迷幻的意境，后期模拟制作雾的方法有很多，也都不复杂。本方法旨在强调雾的机理特征，关键在于雾的形状、浓度的控制。

第1步　调整图像影调色调

图11-4-1

一般而言，在有雾天气下景象的图像影调反差小、色彩饱和度低，故需要降低照片的反差和色彩饱和度，方法参见第6章。打开照片，本案例使用色相/饱和度调整工具降低整体饱和度，并用色彩平衡工具将照片调为冷色调，本案例调节参数如图11-4-2所示。

图11-4-2

第2步　添加白色渐变图层

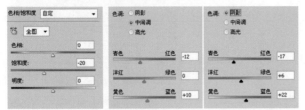

图11-4-3

单击图层调板下方的［创建新图层］按钮，创建一个透明的图层1。参见7.7中第2步选用［渐变工具］，将［前景色］设为白色，选择［前景色到透明］的线性渐变方式，然后在照片中从上至下拖出一条线段（即在图层1中填充一个从上到下的白色到透明的渐变效果）。

第3步 修饰雾气区域

在图层调板中将图层1的图层［混合模式］置为滤色，［不透明度］调到75%，单击图层调板下方的［添加图层蒙版］按钮为图层1添加一个图层蒙版。单击工具箱里的［画笔工具］（或按快捷键B），设置［前景色］为黑（按如图4-6-4所示步骤设置），选择带羽化的笔触，画笔［不透明度］为30%；然后涂抹照片中有前景景物区域的"雾气"（如图中前景的荷叶荷花）

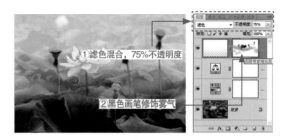

①滤色混合，75%不透明度

②黑色画笔修饰雾气

图11-4-4

第4步 调整整图灰度

单击调整调板中的［色阶］按钮，在图层调板中产生一个色阶1调整图层。在色阶面板中将输出色阶上方的［黑色滑块］向右拖动，提高整图的灰度。

①增加色阶调整图层

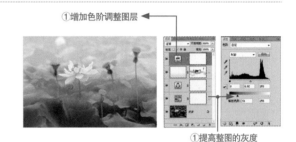

①提高整图的灰度

图11-4-5

第5步 增强雾气效果

为了营造逼真效果，需要做出浓稀深浅变化的雾气。单击图层调板下方的［创建新图层］按钮，创建一个透明的图层2，点选［画笔工具］（或按快捷键B），设置［前景色］置为白（按如图4-6-4所示步骤设置），［不透明度］为40%；用较大的画笔以水平方向左右反复数次涂抹出一些零散的深浅浓稀变化的坨状白色块。

①创建空白图层

②画出坨状白色块

图11-4-6

第6步 高斯模糊

对图层2应用【滤镜 > 模糊 > 高斯模糊】菜单命令，设置半径为50左右（以消除涂抹痕迹又不失去块状效果为宜）。

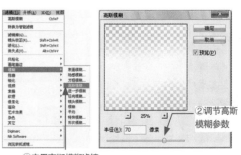

①应用高斯模糊滤镜

②调节高斯模糊参数

图11-4-7

第7步　修饰雾气效果

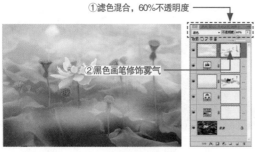

①滤色混合，60%不透明度

②黑色画笔修饰雾气

图11-4-8

在图层调板中将图层2的图层［混合模式］置为滤色，［不透明度］设为60%。单击图层调板下方的［添加图层蒙版］按钮为图层2添加一个图层蒙版。如第3步一样将图像中前景物区域的"雾气"减淡或消除。

必要时调整全图的整体影调与色彩，满意后选择【图层＞合并图像】命令将所有图层合并，保存完成。

制作特效对比

丝雨绵绵

11.5

淡淡细雨别有一番诗情画意，但是要想在雨天拍出丝丝飘雨的韵味是有很大难度的，后期制作却是非常的简单、直观、易于控制。

第1步　制作冷调效果

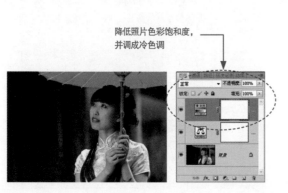

降低照片色彩饱和度，并调成冷色调

图11-5-1

首先要对照片色调进行适当的调整。因为雨天色温低、清晰度低，所以雨天应该呈现冷色调，并且饱和度偏低，这样做出来的下雨效果才可能"逼真"。可参照6.8、6.14的方法将照片调成冷调效果。

第2步 制作颗粒

单击图层调板下方的［创建新图层］按钮，创建一个透明图层1，在工具箱中将［前景色］设为黑色，按Alt+Del快捷键为图层1填充黑色。

选择【滤镜＞杂色＞添加杂色】菜单命令，在［添加杂色］对话框中选择［高斯分布］单选按钮，勾选［单色］复选框，［数量］设置为100%左右，单击［确定］按钮。

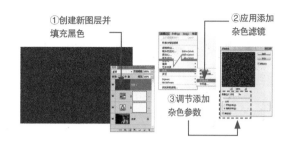

①创建新图层并填充黑色

②应用添加杂色滤镜

③调节添加杂色参数

图11-5-2

第3步 加大颗粒

一般情况下，添加的杂色颗粒度都太小，雨滴往往不够明显。为此，可以选择【滤镜＞像素化＞格化】菜单命令，在［晶格化］对话框中设置单元格大小为6～10（雨滴越大设置越大），单击［确定］按钮。

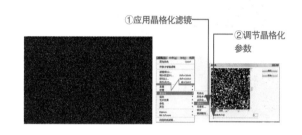

①应用晶格化滤镜

②调节晶格化参数

图11-5-3

第4步 调整颗粒密度和大小

单击调整调板上的［色阶］按钮在图层调板中产生一个色阶1调整图层，拖动［黑、白、灰］3个滑块，使得颗粒分布呈现层次感。然后选择【图层＞向下合并】菜单命令（或按Ctrl+E快捷年）将色阶1调整图层合并到颗粒图层（即图层1）中。

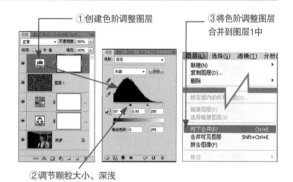

①创建色阶调整图层

③将色阶调整图层合并到图层1中

②调节颗粒大小、深浅

图11-5-4

第5步 制作雨丝

选择【滤镜＞模糊＞动感模糊】菜单命令，在［动感模糊］对话框中选择［角度］（即雨丝方向），拉动［距离］控制滑块值可调整出雨丝长短（本案例为240），此时通过照片操作区可以直接观察产生雨丝的效果。

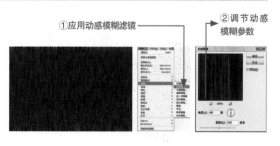

①应用动感模糊滤镜

②调节动感模糊参数

图11-5-5

第6步　合成雨丝效果

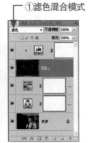

①滤色混合模式

③拖大雨丝图像

②按Ctrl+T快捷键
进入变换编辑

图11-5-6

单击图层1缩略图激活雨丝图层，将图层[混合模式]设置为滤色，产生初步的下雨效果。

在图像边缘有些不自然的白丝，可按Ctrl+"−"键将窗口视图缩小，然后按Ctrl+T快捷键将雨丝图层置于自由变换状态，拖动四周的控制柄扩大雨丝的图像使得边缘的白丝置于图像之外，效果满意后双击鼠标或按[Enter]键。

第7步　整体效果调整

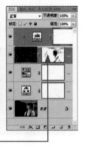

②用黑色画笔涂抹
无须雨丝的区域

①创建雨丝图层蒙版

图11-5-7

单击图层调板下方的[添加图层蒙版]按钮创建雨丝图层（即图层1）蒙版，接着单击工具箱里的[画笔工具]，将[前景色]设为黑色，在工具属性栏里选择带羽化的笔触，将画笔[不透明度]设为30%左右，然后涂抹照片中有前景和主体的区域（如人物脸部、雨伞下方），将覆盖在这些区域的"雨丝"减淡和去除。如果雨丝的效果太生硬，可以降低雨丝图层的[不透明度]。

第8步　营造空间感

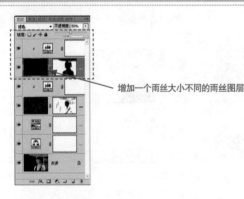

增加一个雨丝大小不同的雨丝图层

图11-5-8

如果雨丝太过单调，可以重复上述2~10步，再制作另一个雨丝图层，此次的操作制作与前一个颗粒大小不同、方向略有偏差和深浅不一的雨丝，从而营造出雨丝的空间感。

确定满意后选择【图层>合并图像】命令将所有图层合并。

制作特效对比

碧波倒影

倒影也是影友特别喜欢的拍摄方式，倒影的照片给人以宁静闲情的气氛，但有时在拍照的时候没有足够大的水面，甚至没有水面，不能够拍出倒影，这里介绍如何在自己的照片上模拟出倒影效果。

第1步 选出倒影景物

打开照片，首先确保图像中的地平线保持与图像水平线一致，具体参阅3.7节内容。点选工具箱中的［矩形选框工具］（或按快捷键M），沿图像中倒影开始的水平面选取图像的上半部分，按Ctrl+J快捷键复制选区的图像得到图层1。

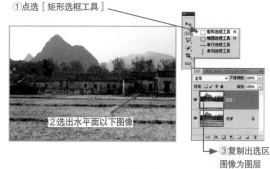

①点选［矩形选框工具］

②选出水平面以下图像

③复制出选区图像为图层

图11-6-1

第2步 制作景物倒影

按Ctrl+T快捷键将图层1的图像置于自由变换状态，然后抓住上方中间的控制柄向下拖动直到符合适当的"倒影"高度（此时，图层1的图像做了一个垂直方向的镜像反转），然后按［Enter］键确认变换。

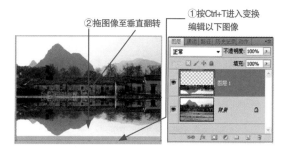

①按Ctrl+T进入变换编辑以下图像

②拖图像至垂直翻转

图11-6-2

第3步 制作置换素材

单击图层调板下方的［创建新图层］按钮得到图层2，按D键将［前景/背景色］置为默认的前黑后白，按Ctrl+Del快捷键为图层2填充白色。然后，选择【滤镜 > 素描 > 半调图案】菜单命令。

①创建新图层并填充为白色

②应用半调图案滤镜

图11-6-3

第4步 设置波纹大小值

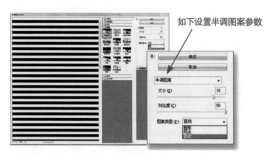

如下设置半调图案参数

图11-6-4

在打开的［半调图案］对话框中，选择［图案类型］为直线，［大小］为10和［对比度］为50。一般而言，图像分辨率越大半调图案的大小值设置越大。

第5步 模糊置换素材

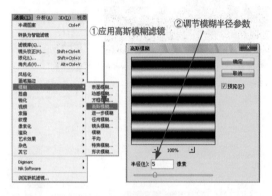

①应用高斯模糊滤镜
②调节模糊半径参数

图11-6-5

单击［确定］按钮后得到一个黑白条相间的图案，选择【滤镜>模糊>高斯模糊】菜单命令，设置［半径］为5。

第6步 创建波纹素材文档

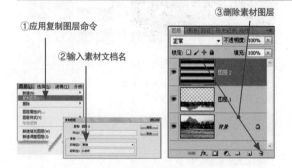

①应用复制图层命令
②输入素材文档名
③删除素材图层

图11-6-6

选择【图层>复制图层】菜单命令，在弹出的［复制图层］对话框中将［目标文档］置为新建，输入素材文件［名称］：水波纹；单击［确定］按钮后得到一个新文件"水波纹.psd"，单击关闭该素材文件，在弹出的存储提示框中单击［是］按钮，将水波纹素材存为文档待用。在图层调板中拖动图层2至下方的［删除图层］按钮（或直接按Del键）将该图层删除。

第7步 产生倒影水波

①应用置换滤镜
②设置置换参数

图11-6-7

单击图层1将其激活，然后，选择【滤镜>扭曲>置换】菜单命令，设置置换参数，单击［确定］按钮弹出［选取一个置换图］对话框。选取第6步存储的水波纹.psd文档。单击［打开］按钮后，倒影区域产生了水波纹效果。

第8步 调整倒影影调

这样做出的倒影影调色彩与上半部分过于一致，需要调整倒影的影调。在调整调板中单击［色相/饱和度］按钮，在图层调板中产生一个色相/饱和度调整图层，并单击调整面板下方的剪贴图标按钮，使该调整仅对倒影部分（即图层1）起作用。勾选［着色］复选框，将［色相］值设为220左右。在图层调板中将该调整图层［不透明度］设置为35%。

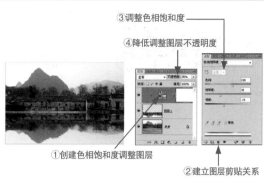

③调整色相饱和度

④降低调整图层不透明度

①创建色相饱和度调整图层

②建立图层剪贴关系

图11-6-8

第9步 倒影边缘细部修理

按Ctrl+Shift+Alt+E快捷键获得一个盖印可视图层2，放大图像视图检查水面倒影边缘情况，修理不合理的倒影镜像图像（参见第7.1~7.6节内容）。

确定满意后，选择【图层 > 合并图像】菜单命令将所有图层合并。

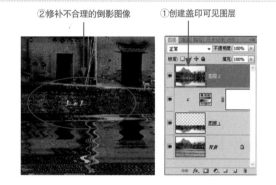

②修补不合理的倒影图像

①创建盖印可见图层

图11-6-9

制作特效对比

水波涟漪

在湖面或下雨天的地面上增加水波纹除了能增强逼真效果外，还能为照片添加一些情趣气氛。

第1步　做出水波圈的椭圆选区

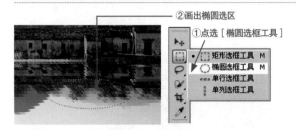

②画出椭圆选区
①点选［椭圆选框工具］

图11-7-1

这里接着11.6节的案例继续完成。右击工具箱中的选框工具组按钮，在下拉列表中选择［椭圆选框工具］，然后在倒影适当的位置拖出一个椭圆选框。

第2步　复制水波圈区域

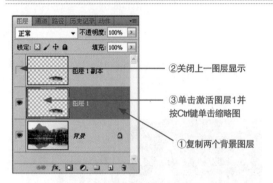

②关闭上一图层显示

③单击激活图层1并按Ctrl键单击缩略图

①复制两个背景图层

图11-7-2

按Ctrl+J快捷键两次，得到图层1和图层1副本两个图层，在图层调板中，单击图层1副本前的［眼睛］图标关闭该图层的显示，再单击图层1缩略图激活该图层（在图层调板中该图层显示为蓝条）。然后，按住Ctrl键单击图层1缩略图，将复制的椭圆图像置为选区。

第3步　制作水波外圈涟漪

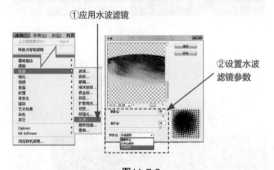

①应用水波滤镜

②设置水波滤镜参数

图11-7-3

选择【滤镜＞扭曲＞水波】菜单命令，在［水波］对话框中，选择波纹［样式］为水池波纹，并设置［数量］与［起伏］参数，在对话框预览窗口呈现所需波纹效果后，单击［确定］按钮。

第4步　制作水波内圈涟漪

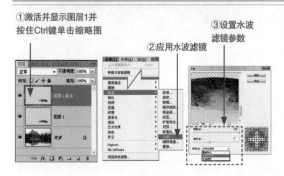

①激活并显示图层1并按住Ctrl键单击缩略图

②应用水波滤镜

③设置水波滤镜参数

图11-7-4

在图层调板中，单击图层1副本缩略图以及其左侧空格方框，激活并打开图层1副本显示（空格框中出现［眼睛］图标），按住Ctrl键单击图层1缩略图，将复制的椭圆图像置为选区；再次选择【滤镜＞扭曲＞水波】菜单命令，在［水波］对话框中选择波纹［样式］为从中心向外，设置［数量］100%，［起伏］值为7，在对话框预览窗口呈现较平缓的波纹效果，完成后单击［确定］按钮。

第5步　圈定水波内圈区域

选择【选择＞变换选区】菜单命令，在图中按住Shift+Alt键，用鼠标拖动选区控制柄将选区缩小一半左右，然后松开所有按键，并按［Enter］键确定。

按住Shift+Alt键
缩小选区图像

图11-7-5

第6步　删除内圈波纹以外的图像

选择【选区＞反向】菜单命令（或按Shift+Ctrl+I快捷键），将椭圆选区反向选择，然后按Del键将图层1副本中多余的边缘水波纹删掉。

②按Del键删除椭圆外图像　　①将椭圆选区反向

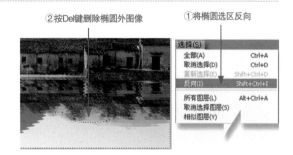

图11-7-6

第7步　合并水波纹图层

按Ctrl+D快捷键取消选区，选择【图层＞向下合并】菜单命令（或按Ctrl+E快捷键）将图层1副本合并到图层1。

合并两个水波纹图层

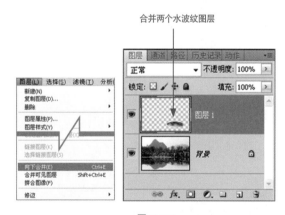

图11-7-7

第8步　模糊处理

按Ctrl+D快捷键取消选区，选择【图层＞向下合并】菜单命令（或按Ctrl+E快捷键）将图层1副本合并到图层1。

①应用高斯模糊滤镜　　②调节模糊效果

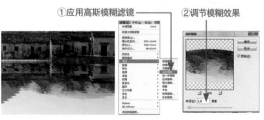

图11-7-8

制作特效对比

11.8 制造金秋

金秋是影友最喜欢的拍摄题材，然而由于时节和环境的限制，树叶色彩常常不尽如人意，留下拍摄的遗憾。为此，可以在后期处理中通过改变色彩成分来增强或营造浓浓的金秋气息。

第1步 色彩影调校正

利用曲线调整图层校正影调

图11-8-1

打开照片，选择【图像 > 调整 > 自动色阶】菜单命令（或按Ctrl+Shift+L快捷键）对图像影调进行校正。也可以用其他方法，获得基本正常的图像影调（参见第7章相关内容），本案例使用曲线1调整图层。

第2步 变换色相

创建色相饱和度调整
图层变换图像颜色

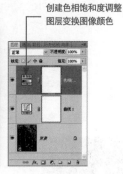

图11-8-2

单击调整调板中的［色相饱和度］按钮，在图层调板中产生一个色相饱和度1的调整图层，在色相饱和度调整面板里分别将黄色、绿色的［色相］值降低（因为绿色的树叶由黄色和绿色的基色成分组成），并适当提高红色、黄色、绿色的［饱和度］。本案例色相饱和度调整的具体参数如下：

① 红色：［饱和度］+16
② 黄色：［色相］−40，［饱和度］：15
③ 绿色：［色相］−113，［饱和度］+20，［明度］+18

第3步　调整明暗色调

上一步的色相转变后，树林色彩过于平面，因此需要增加图像色彩的立体感。单击调整调板的［色彩平衡］按钮，在图层调板中产生一个色彩平衡1的调整图层，在色彩平衡调整面板里分别将阴影、中间调、高光的颜色进行调整。本案色彩平衡调整的具体参数如下：

① 高光：［红色］+10，［绿色］+15，［黄色］-38

② 中间调：［红色］+16，［绿色］-3，［黄色］-13

③ 阴影：［红色］+16，［绿色］+10，［黄色］-15

创建色彩平衡调整图层
调整图像色调构成

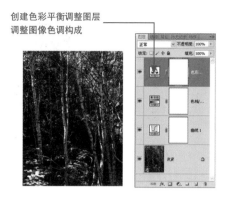

图11-8-3

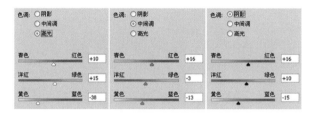

第4步　还原树干色彩

按Ctrl+D快捷键取消选区，选择【图层>向下合并】菜单命令（或按Ctrl+E快捷键）将图层1副本合并到图层1。

① 全图：-36；② 红色：-53；③ 黄色：-29

创建色相饱和度调整图层和蒙版调整树干颜色

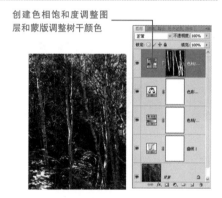

图11-8-4

第5步　增亮树干

按Ctrl+D快捷键取消选区，选择【图层>向下合并】菜单命令（或按Ctrl+E快捷键）将图层1副本合并到图层1。

②创建以树干为目标的曲线调整图层

①按住Ctrl键单击树干图层蒙版提取树干选区

③提升全图曲线并降低红色曲线

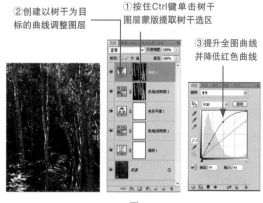

图11-8-5

制作特效对比：

金色晚霞

11.9

日出与夕阳的绚丽霞光是非常迷人的，但此时往往处在逆光的拍摄状态，并且光比也比较大。拍摄的照片影像大多高光红色偏淡，阴影昏暗，很难表现出浓烈的彩霞，本方法介绍通过后期来增强霞光的色彩。

第1步　调整照片影调

①单击［渐变映射］图标　　②产生渐变映射调整图层

图11-9-1

晚霞环境光线往往较暗，拍摄出绚丽的色彩比较困难。通过后期适当提高彩霞的色彩成分，从而营造出夕阳特效。打开照片，对原照片影调进行适当调整，如水面适当提亮，天空适当压暗（参考第4、5章内容）。然后，在调整调板中单击［渐变映射］工具图标。

第2步　添加渐变映射调整图层

①双击［渐变类型条］　　②选择［前景色到背景色］的渐变类型

图11-9-2

在图层调板中产生一个渐变映射1调整图层。然后双击渐变映射面板的［渐变类型条］打开［渐变编辑器］对话框。

第3步　设置渐变颜色1

①双击左边黑色色标

②选择红色色标

图11-9-3

在［渐变编辑器］对话框中，双击渐变预览条左下方的［黑色色标］，打开［选择色标颜色］对话框，点取一个比较鲜艳的红色，单击［确定］按钮。

第4步 设置渐变颜色2

接着，双击渐变预览条右下方的［白色色标］，打开［选择色标颜色］对话框，点取一个明亮的黄色，单击［确定］按钮，确认渐变色标的颜色选择。单击［渐变编辑器］对话框中的［确定］按钮。

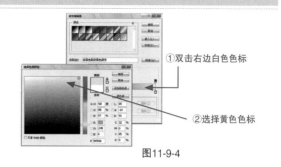

①双击右边白色色标

②选择黄色色标

图11-9-4

第5步 调整晚霞效果

渐变映射面板中得到一个红黄的渐变图像，在图层调板中将渐变映射1调整图层的图层［混合模式］改为叠加，并适当降低该调整图层的［不透明度］获得满意的晚霞效果。

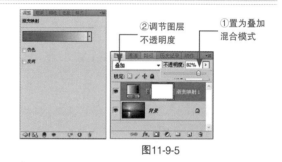

②调节图层不透明度

①置为叠加混合模式

图11-9-5

制作特效对比

彩虹生辉

彩虹的拍摄大多可遇不可求，并且拍摄的难度也比较大，这里侧重于介绍彩虹的创建方法，而要做出魅力逼真的彩虹，除了处理彩虹的形状、大小、浓淡外，关键还要考虑照片本身的自然环境特征。

11.10

第1步 创建制作彩虹的图层

打开照片，对照片进行必要的影调与色彩的调整，天空呈现灰蓝色，草地色彩明亮，符合雨过天晴的自然特征（参见第4、5、6章内容）。单击图层调板下方的［创建新图层］按钮，产生一个空白图层1，单击工具箱中的［矩形选框］工具（或按快捷键M），按住Shift键在照片中由左上方向右下方画出一个正方形选区。

④按住shift键画出正方形选区

③点选［矩形选框工具］

①调整图像影调色彩

②创建空白图层1

图11-10-1

第2步 生成七色带

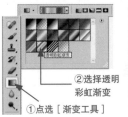

① 点选〔渐变工具〕

② 选择透明彩虹渐变

③ 画出彩虹渐变宽度

图11-10-2

单击工具箱中的〔渐变工具〕（或按快捷键G），在工具属性栏中选择〔透明彩虹渐变〕方式，〔线性渐变〕类型，〔模式〕选择正常，〔不透明度〕为100%；然后在矩形选框下方由上至下画出一条垂直线段直至边框边缘（宽度即为所需彩虹的宽度），得到一条水平的七彩色带。

第3步 生成彩虹

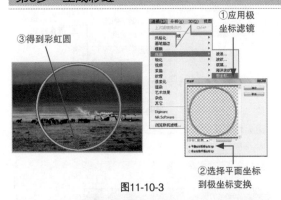

③ 得到彩虹圆

① 应用极坐标滤镜

② 选择平面坐标到极坐标变换

图11-10-3

选择【滤镜 > 扭曲 > 极坐标】菜单命令，选择〔平面坐标到极坐标〕，单击〔确定〕按钮后得到一个完整圆的彩虹。

第4步 修整彩虹大小与位置

① 按Ctrl+T快捷键进入变换编辑

② 按Shift键拖大彩虹

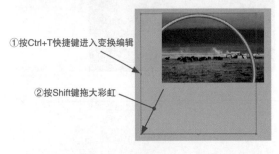

图11-10-4

按Ctrl+T快捷键将彩虹图像置于自由变换的状态（按Ctrl+"-"适当缩小图像视图），按住Shift键向外拖动四角的控制柄，将彩虹适当放大，将鼠标放在控制框以内即可移动彩虹，将彩虹设置适当的大小和位置后，双击鼠标（或按〔Enter〕键）。别忘了按Ctrl+D快捷键取消选区。

第5步 将彩虹与图像融合

① 滤色混合模式，不透明度35%

③ 用黑色画笔涂抹

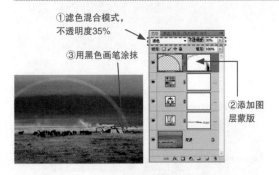

② 添加图层蒙版

图11-10-5

按Ctrl+0快捷键将图像调整至适合视图窗口大小，然后将图层1（即彩虹图层）的〔混合模式〕设置为滤色，〔不透明度〕降低到35%左右（视彩虹浓淡效果而定）。然后，单击图层调板下方的〔添加图层蒙版〕为图层1添加一个图层蒙版，使用黑色透明的〔画笔工具〕（按如图4-6-4所示步骤设置），涂抹照片中不需要出现"彩虹"或需要减淡的部分，产生深浅浓淡的变化，营造逼真效果。

第6步 营造彩虹效果

单击彩虹图层缩略图，选择【滤镜 > 模糊 > 高斯模糊】菜单命令，在［高斯模糊］对话框中选择［半径］为10个像素。如需要增加一个彩虹，可复制彩虹图层，然后调整其大小。

确定满意后选择【图层 > 合并图像】菜单命令将所有图层合并。

①应用高斯模糊滤镜　　③增加另一个彩虹图层

②调节高斯模糊参数

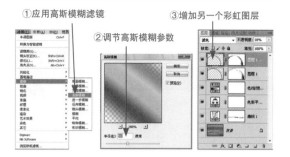

图11-10-6

特效制作前后效果对比

水墨荷花

水墨画的主要特征是大量的留白和简洁的笔画，因此选作水墨效果的照片不宜有太复杂和凌乱的景物图案。花束简单、荷叶清晰、背景较暗的荷花照片比较适于制作水墨特效。

第1步 创建灰调图层

打开荷花照片，在图层调板中将背景图层拖动至下方的［创建新图层］按钮，得到一个背景副本图层，选择【图像 > 调整 > 去色】菜单命令（或按Shift+Ctrl+U快捷键）将照片去色。

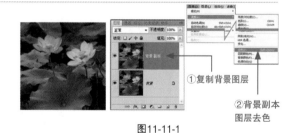

①复制背景图层

②背景副本图层去色

图11-11-1

第2步 反相灰度图像

再次将背景副本图层拖动至下方的［创建新图层］按钮，得到一个背景副本2图层，单击该图层前的［眼睛］图标关闭图层显示。然后单击背景副本图层缩略图，选择【图像 > 调整 > 反相】菜单命令（或按Ctrl+I快捷键），将背景副本图层黑白反相。

①复制去色的背景副本图层并关闭显示　　③反相去色的背景副本图层

②单击激活去色的背景副本图层

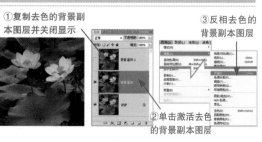

图11-11-2

第3步　调整反差和细节

①创建色阶调整图层

②调节色阶营造效果

③向下合并色阶图层

图11-11-3

在调整调板中点选［色阶］按钮，在图层调板中产生色阶1调整图层，在色阶调整面板中分别滑动［黑、白、灰］3个控制块增加黑白对比，让背景尽量白，花瓣呈现纹理，效果满意后单击［确定］按钮。然后选择【图层 > 向下合并】菜单命令（或按Ctrl+E快捷键）将色阶1调整图层合并到背景副本图层中。

第4步　生成水墨笔触效果

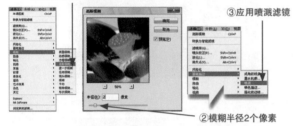

①应用高斯模糊滤镜

③应用喷溅滤镜

②模糊半径2个像素

图11-11-4

选择【滤镜 > 模糊 > 高斯模糊】菜单命令，选择半径1~2即可，单击［确定］按钮。

然后选择【滤镜 > 画笔描边 > 喷溅】菜单命令。

第5步　调节水墨笔触效果

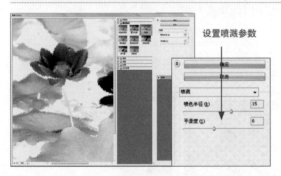

设置喷溅参数

图11-11-5

在［喷溅］对话框中设置［喷色半径］和［平滑度］（以形状边缘呈现出水墨画的笔墨渗透效果为宜），效果满意后单击［确定］按钮。如果喷溅产生的水墨画笔效果不明显，可以再次应用喷溅滤镜。

第6步　生成轮廓描线（选项1）

①激活并显示图层

②应用查找边缘滤镜

图11-11-6

至此，水墨画的墨迹效果基本完成。必要的话可为水墨画增加毛笔线条。单击图层调板中背景副本2图层前的［空白框］出现眼睛图标，并单击其图层缩略图激活背景副本2图层，选择【滤镜 > 风格化 > 查找边缘】菜单命令。

第7步　调整描边线条深浅

执行查找边缘滤镜后即获得一张类似白描的图像，单击调整调板上的［色阶］按钮，拖动色阶调整面板中的［黑、白、灰］滑块，将轮廓线条加深、背景提亮。然后选择【图层 > 向下合并】菜单命令（或按Ctrl+E快捷键）将色阶调整图层合并到背景副本2图层中。

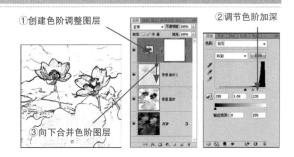

①创建色阶调整图层
②调节色阶加深
③向下合并色阶图层

图11-11-7

第8步　模糊线条笔触

对背景副本2图层应用【滤镜 > 模糊 > 高斯模糊】菜单命令，选择半径1~2即可，单击［确定］按钮。

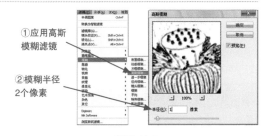

①应用高斯模糊滤镜
②模糊半径2个像素

图11-11-8

第9步　合成水墨画效果

将背景副本2图层［混合模式］设置为变暗，并适当降低该图层的［不透明度］（以呈现最佳水墨效果为宜）；单击图层调板下方的［创建图层蒙版］按钮，为背景图层2添加一个图层蒙版，使用黑色［画笔工具］（按如图4-6-4所示步骤设置），将画笔［不透明度］设为50%，将不需要线条描画的部分涂抹掉或减淡。

③黑色画笔涂抹或减弱不需要的描边线条
①应用高斯模糊滤镜
②添加图层蒙版

图11-11-9

第10步　水墨画着色（选项2）

至此，水墨画特效已基本完成，如需要模拟彩色国画效果，可继续往下一步。单击图层调板下方的［创建新图层］按钮（或按Ctrl+J快捷键）创建空白新图层，并将图层［混合模式］设为颜色，使用粉红色的［画笔工具］，将画笔［不透明度］设为30%，然后在荷花花瓣上涂抹使其着色。同样方法，用黄颜色为荷花的花芯部分着色，用青色为荷叶着色（为增加荷叶浓厚感觉，该图层的［混合模式］设为颜色加深）。

最后加上文字、边框装饰元素，确定满意后选择【图层 > 合并图像】菜单命令将所有图层合并完成。

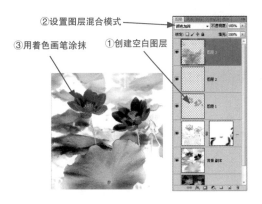

②设置图层混合模式
③用着色画笔涂抹
①创建空白图层

图11-11-10

工笔淡彩画

11.12

工笔淡彩画的特征是色彩较淡、色调协调、景物轮廓明显，要获得较好的工笔淡彩画效果宜选用低反差、线条多、色彩变化少的照片。

第1步　复制背景图层

①复制背景图层

②背景副本图层去色

图11-12-1

打开照片，首先需要调整照片获得正常的影调色调。在图层调板中将背景图层拖动至下方的［创建新图层］按钮（或按Ctrl+J快捷键），得到一个背景副本（或图层1）图层。然后对背景副本图层应用【图像＞调整＞去色】菜单命令（或按Shift+Ctrl+U快捷键）。

第2步　制作反相灰度图

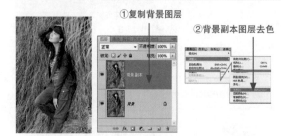

去色的背景副本图层反相

图11-12-2

然后再次应用【图像＞调整＞反相】菜单命令（或按Ctrl+I快捷键），得到一张灰调的负片。

第3步　生成淡彩效果

①应用最小值滤镜

②设置半径2像素

③颜色减淡混合模式

图11-12-3

选择【滤镜＞其他＞最小值】菜单命令，在［最小值］对话框中设置［半径］为1~4个像素，照片图像越大半径越大，以尽量模糊图像但又不失去主要景物形状的轮廓和细节为宜。单击［确定］按钮；然后将该图层［混合模式］设置为颜色减淡。

第4步 刻画淡彩效

单击图层调板下方的［添加图层样式］按钮并选择混合选项（或双击背景副本图层缩略图），弹出［图层样式］对话框，在混合颜色带的第二条（下一图层）渐变框下边有4个小三角，左边两个右边两个，按住Alt键将左边的小三角往右边拖动（三角形被分开），图像暗部区域会加深加大，待效果满意即可。

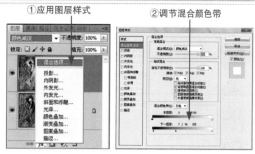

①应用图层样式 ②调节混合颜色带

图11-12-4

第5步 增强特效细节（选项）

如果效果不理想，则可以在图层调板中拖动背景副本图层到下方的［创建新图层］按钮（或按Ctrl+J快捷键），得到一个背景副本2图层，降低该图层的［不透明度］可调整效果深浅程度。此步骤可以反复做多次，直至达到满意效果。

确定满意后，选择【图层＞合并图像】菜单命令将所有图层合并。

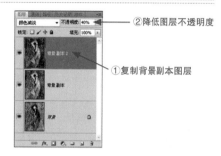

②降低图层不透明度

①复制背景副本图层

图11-12-5

特效制作前后效果对比

水彩画效果

值得强调的是，并非所有的照片都能制作出水彩画效果，宜选用景物色块大的照片，并且景物轮廓线不能过细。

11.13

第1步 复制多个背景图层

打开照片，按Ctrl+J快捷键3次得到三个复制的背景图层：图层1、图层1副本和图层1副本2，单击图层1副本和图层1副本2前面的［眼睛］图标关闭这两个图层的显示。

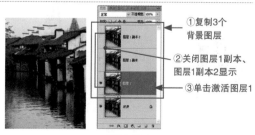

①复制3个背景图层

②关闭图层1副本、图层1副本2显示

③单击激活图层1

图11-13-1

第2步　应用木刻滤镜

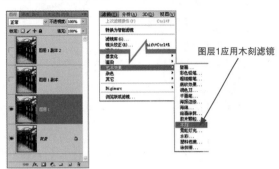

图11-13-2

单击图层1缩略图激活该图层（在图层调板中以蓝色显示）。选择【滤镜 > 艺术效果 > 木刻】菜单命令。

第3步　调节木刻参数

①调节木刻滤镜参数　②亮光混合模式

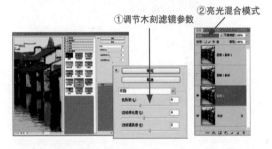

图11-13-3

在木刻滤镜对话框中设置参数：［色阶数］设置为4，［边缘简化度］设置为4，［边缘逼真度］设置为2。

将图层1的图层［混合模式］设置为亮光。

第4步　应用干画笔滤镜

②图层1副本应用干画笔滤镜

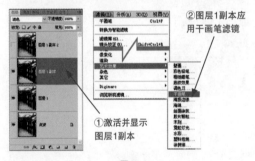

①激活并显示图层1副本

图11-13-4

单击图层1副本前的［眼睛］图框使该图层显示，并单击图层1副本缩略图激活该图层，选择【滤镜 > 艺术效果 > 干画笔】菜单命令。

第5步　调节干画笔参数

②滤色混合模式

①调节干画笔滤镜参数

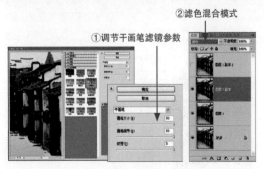

图11-13-5

在［干画笔滤镜］对话框中设置参数：［画笔大小］设置为10，［画笔细节］设置为10，［纹理］设置为3。

把图层1副本的图层［混合模式］设置为滤色。

第6步 应用中间值滤镜

单击图层1副本2前的［眼睛］图框使该图层显示，并单击图层1副本2缩略图激活该图层，选择【滤镜 > 杂色 > 中间值】菜单命令，在［中间值］对话框中设置［半径］为4–10，然后把图层1副本2的图层［混合模式］改为柔光。

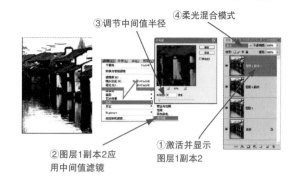

③调节中间值半径　④柔光混合模式

②图层1副本2应用中间值滤镜

①激活并显示图层1副本2

图11-13-6

第7步 调整水彩整体影调和颜色效果

至此，水彩画的纹理效果已完成，水彩画为比较透明清淡的色彩，因此需要对该图的影调和色彩进行减淡处理，方法请参考第5、6章的相关内容。本案例采用以下方法：按Ctrl+Shift+Alt+E快捷键得到一个与前面效果一样的单独图像图层2，将其［混合模式］设为滤色，如果效果过淡，可以降低［不透明度］。如果色彩太过浓烈，单击调整调板中的［自然饱和度］按钮，在自然饱和度调整面板中向左拖动［自然饱和度］的滑块降低水彩画的色彩艳丽程度。

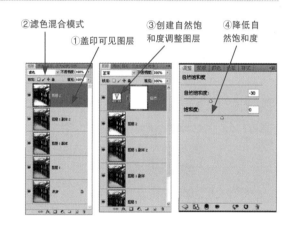

②滤色混合模式　③创建自然饱和度调整图层　④降低自然饱和度

①盖印可见图层

图11-13-7

第8步 制作水彩笔触效果（选项）

如果需要加强绘画的效果，可按照13.6节边框制作的方法。在涂抹时有意留出一些笔触飞白空隙，以强调笔画痕迹的感觉。确定满意后，选择【图层 > 合并图像】菜单命令将所有图层合并。

特效制作前后效果对比

油画效果

油画一般色彩鲜艳，因此，仿制油画效果比较适合使用色块突出、色彩鲜艳的风景照片。

第1步　提高图像色彩饱和度

②创建色相饱和度调整图层　　③提高图像饱和度

①复制背景图层

图11-14-1

打开照片文件，按Ctrl+J快捷键复制图像得到图层1，单击调整调板的［色相/饱和度］按钮，在色相/饱和度调整面板中向右拖动［饱和度］滑块提高图像的色彩饱和度。

第2步　应用滤镜仿制油画特征

①向下合并图层　　②应用玻璃滤镜

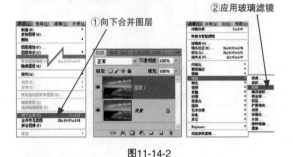

图11-14-2

选择【图层>向下合并】菜单命令（或按Ctrl+E快捷键），将色相/饱和度调整图层合并到图层1中去，对图层1应用【滤镜>扭曲>玻璃】菜单命令。

第3步　制作色块效果——应用玻璃滤镜

设置玻璃滤镜参数

图11-14-3

打开［玻璃滤镜］对话框，调整参数使图像呈现油画色块的效果。图像尺寸大，参数值相应就大（本案例参数如下所列）。无须退出［滤镜］对话框，直接转到下一步。

玻璃滤镜设置参数：［扭曲度］设置为3；［平滑度］设置为3；［纹理］设置为画布；［缩放］设置为60%；［反相］设置为无。

第4步　制作涂抹效果——应用画笔涂抹滤镜

②滤镜应用列表　　③设置绘画涂抹滤镜参数

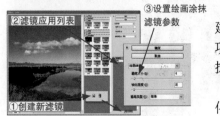

①创建新滤镜

图11-14-4

在滤镜窗口的右下方有一个滤镜应用列表，单击［新建效果图层］再添加一个滤镜应用，点开艺术效果滤镜项，点选［画笔涂抹］滤镜，调整参数使图像呈现油画涂抹效果（本案参数如下）。

绘画涂抹滤镜设置参数：［画笔大小］设置为4；［锐化程度］设置为2；［画笔类型］设置为简单。

第5步 制作笔触痕迹

如上一步单击新建效果图层添加第三个滤镜应用，点开画笔描边滤镜项，点选［成角的线条］滤镜，设置参数使图像呈现出油画笔触的效果（本案参数如下）。

成角的线条滤镜设置参数：［方向平衡］设置为45；［描边长度］设置为3；［锐化程度］设置为2。

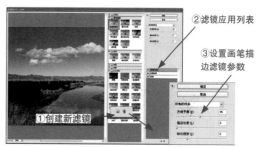

②滤镜应用列表

③设置画笔描边滤镜参数

①创建新滤镜

图11-14-5

第6步 制作画布效果——应用纹理化滤镜

添加第四个滤镜应用，点开纹理滤镜项，先选［纹理化］滤镜，设置参数调整出油画画布的效果（本案参数如下）。然后单击［确定］按钮完成所有滤镜的应用。

本案例纹理化滤镜设置参数：［纹理］设置为画布；［缩放］设置为150%；［凸现］设置为2；［光照］设置为左上；［反相］设置为无。

②滤镜应用列表

③设置画笔描边滤镜参数

①创建新滤镜

图11-14-6

第7步 增强油画色彩感

按Ctrl+J快捷键复制图层1得到图层1副本，然后选择【图像 > 调整 > 去色】菜单命令（或按Shift+Ctrl+U快捷键）将图层1副本去色。

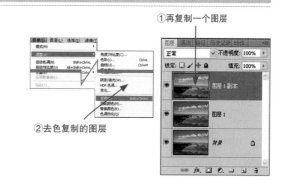

①再复制一个图层

②去色复制的图层

图11-14-7

第8步 制造油画颜料感

将图层1副本的［混合模式］设为叠加。然后对其应用【滤镜 > 风格化 > 浮雕效果】菜单命令，打开［浮雕效果］对话框，设置参数：［角度］设置为135度；［高度］设置为2；［数量］设置为400%。使图像呈现油画颜料的凹凸效果，单击［确定］按钮完成。

如果效果太过强烈，可降低图层1副本的图层［不透明度］至满意。

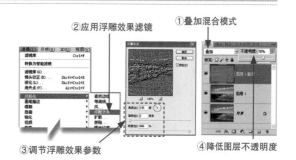

②应用浮雕效果滤镜

①叠加混合模式

③调节浮雕效果参数

④降低图层不透明度

图11-14-8

特效制作处理前后效果对比

油画一般色彩鲜艳，因此，仿制油画效果比较适合使用色块突出、色彩鲜艳的风景照片。

11.15 线描画

景物轮廓线细节较多的照片比较适合制作线描画效果，对于制作人物线描画的照片，其背景尽量选用景物模糊、色彩变化少的。

第1步　将背景图层副本去色

②去色复制的背景图层

①复制背景图层

图11-15-1

打开照片，或按Ctrl+J快捷键在图层调板中得到图层1，然后选择【图像＞调整＞去色】菜单命令（或按Ctrl+Shift+U快捷键），将图层1变为灰度图。

第2步　将灰度图副本反相

①复制去色的图层

②反相复制的去色图层

图11-15-2

必要时使用色阶或曲线等工具增加灰度图的反差（本案略），然后按Ctrl+J快捷键得到图层1副本图层，选择【图像＞调整＞反相】菜单命令（或按Ctrl+I快捷键），将图层1副本反相（即黑白颠倒）。

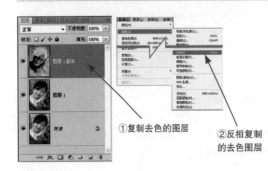

第3步 改变图层混合方式

在图层调板中将图层1副本的［混合模式］置为颜色减淡，则变成一张全白图像。

然后，选择【滤镜＞模糊＞高斯模糊】菜单命令。

①颜色减淡混合模式

②应用高斯模糊滤镜

图11-15-3

第4步 调出线描效果

线描效果好坏的关键就在［高斯模糊］对话框中半径数值的设置，由左向右慢慢拖动［半径］滑块，观察图像变化直到呈现较好的素描效果。一般而言，低的半径值呈现效果更好，如果半径值太高，就会失去线描效果。

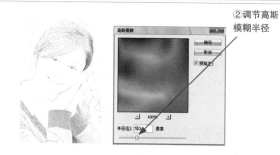

②调节高斯模糊半径

图11-15-4

第5步 增强素描特效（选项）

如果素描中笔画效果不够明显，可按Ctrl+Shift+Alt+E快捷键将当前图像效果合并创建一个图层2。并将图层2的图层［混合模式］置为正片叠底，从而素描图的线条效果得以加深，如果效果仍不够显著，可以按Ctrl+J快捷键多次复制图层2使得素描明暗加大。

如果复制图层后超过期望的效果，可降低该图层的［不透明度］直到效果满意。必要时可使用色阶调整图层处理反差和中间调。

确定满意后选择【图层＞合并图像】菜单命令将所有图层合并。

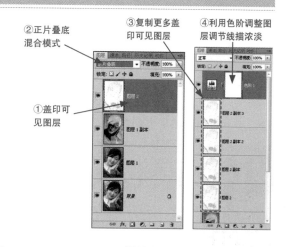

②正片叠底混合模式

③复制更多盖印可见图层

④利用色阶调整图层调节线描浓淡

①盖印可见图层

图11-15-5

特效制作处理前后效果对比

POP效果

11.16

POP是一种流行的艺术海报效果，它的特征为色块分明、色彩鲜艳，有点类似版画效果。

第1步　复制背景图层

②明度混合模式
①复制背景图层

在图层调板中抓住背景图层拖到下方的［创建新图层］按钮（或按Ctrl+J快捷键），得到背景副本图层（或图层1），并改变该图层的［混合模式］为明度。

图11-16-1

第2步　反相背景图层副本

③创建盖印可见图层
①反相复制的图层
②该图层不透明度50%

对背景副本图层应用【图像＞调整＞反相】菜单命令（或按 Ctrl+I快捷键），将该图层反相，并降低该图层的［不透明度］到50%。

按Ctrl+Shift+Alt+E快捷键产生一个以当前视图效果合并的图像图层1。

图11-16-2

第3步　再次创建背景副本

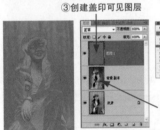
②正片叠底混合模式
①复制背景图层并移至顶层

单击背景图层缩略图，抓住背景图层拖到下方的［创建新图层］按钮（或按Ctrl+J快捷键）得到背景副本2，用鼠标抓住将该图层移到图层调板的顶层，改变其图层［混合模式］为正片叠底。

图11-16-3

第4步　阈值调整

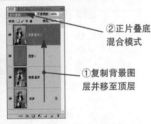
②产生阈值调整图层
④调节阈值控制块
③产生剪贴图层
①单击［阈值］工具图标

单击调整调板中的［阈值］按钮，在图层调板中产生一个阈值1调整图层，单击调整调板下方的［剪贴图层］按钮，使该阈值调整仅对背景副本2起作用。然后，在阈值调整面板中，左右拖动滑块观察特效暗部区域的大小变化，满意后单击［确定］按钮。

图11-16-4

第5步 增加饱和度

单击中间图层1，在调整调板中单击［色相/饱和度］按钮，在图层调板中的图层1上方产生了一个色相/饱和度1调整图层，在色相/饱和度调整面板中提高［饱和度］，直至满意的POP效果。

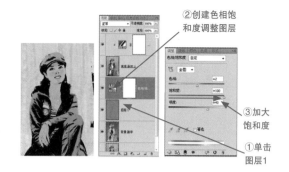

②创建色相饱和度调整图层

③加大饱和度

①单击图层1

图11-16-5

第6步 特殊POP（选项）1

如果需要增加图像纹理，按Ctrl+Shift+Alt+E快捷键产生一个以视图效果合并的图像图层2。按D键，将［前景/背景色］置为默认设置（即前黑背白）。然后选择【滤镜＞素描＞半调图案】菜单命令。

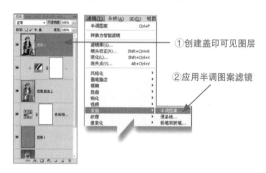

①创建盖印可见图层

②应用半调图案滤镜

图11-16-6

第7步 特殊POP（选项）2

在［半调图案］对话框中设置参数：［大小］设置为2；［反差］设置为50；［样式］设置为网点；然后单击［确定］按钮。

设置半调图案滤镜参数

图11-16-7

第8步 特殊POP（选项）3

将图层2的图层［混合模式］设为正片叠底。必要时使用色相饱和度工具调整整体颜色。

确定满意后选择【图层＞合并图像】菜单命令将所有图层合并。

正片叠底混合模式

图11-16-8

特效制作处理前后效果对比

刚硬超处理效果

11.17

刚硬超处理效果除了能产生表现低调风格的照片外，该方法还能大大改善高灰度照片的局部反差，提高景物细节层次变化的戏剧性。

第1步　复制背景图层

复制背景图层

图11-17-1

打开照片，在图层调板中拖动背景图层至下方的［创建新图层］按钮（或按Ctrl+J快捷键），获得一个背景副本（或图层1）图层。

第2步　应用高反差保留滤镜

①应用高反差保留滤镜

②调节高反差保留半径

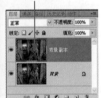

图11-17-2

然后选择【滤镜 > 其他 > 高反差保留】菜单命令，在［高反差保留］对话框中将［半径］值设为30~50像素（如果图像尺寸小，可以设为10个像素左右），单击［确定］按钮。设置原则：观察图像细节，刚刚恢复细节即可。

第3步　加强高反差效果

①强光混合模式　　②复制高反差保留处理图层

图11-17-3

将背景副本图层的［混合模式］改为强光，可以看到图像反差增加了，在人物边缘有一个明显的光环效应。为了增加这个光环效果，在图层调板中拖动背景副本图层至下方的［创建新图层］按钮（或按Ctrl+J快捷键），获得背景副本1图层。如果效果仍不够强烈，可重复多次；当复制后效果又超过了，可适当降低该图层的［不透明度］来减弱效果。

第4步 调整整体影调色彩效果

如需要添加颗粒感，可参照10.13节介绍的方法为照片添加一个颗粒感图层。

单击调整调板中［色相/饱和度］按钮，在图层调板中产生一个色相/饱和度1调整图层，降低［饱和度］值至-40%。完成后选择【图层>合并图像】菜单命令合并所有图层。

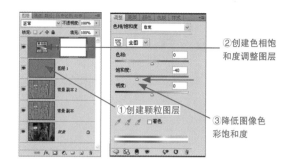

①创建颗粒图层

②创建色相饱和度调整图层

③降低图像色彩饱和度

图11-17-4

特效制作处理前后效果对比

笔记栏

让照片更清晰——

第12章

滤 镜 锐 化 技 术

锐化工作一般要在照片色调调整完成并确定照片最终使用尺寸以后，最后做的一步图像调整工作。

大多数码照片常给人一种模糊不清的感觉，Photoshop的滤镜功能提供了一系列的锐化工具，能使照片变得清晰起来，适当使用锐化技术，可以使影像看起来变得更清新，但是使用者常常因使用不当，不但没有使图像清晰，反而会使图像受到毁坏。因此，有必要了解这个"清晰"的原理。

Photoshop的锐化技术是通过先确定图像里的边界边缘位置，然后增强边界相邻周边像素的对比度，从而使图像轮廓的部分看上去更明显。准确来说，数码图像的锐化是通过人眼的视觉错觉而让图像"看起来"清晰，而并非真正的提高图像的清晰度。本章内容并非介绍Photoshop的锐化滤镜工具的操作使用，而是通过案例来阐述灵活的锐化方法。必要时，每个案例中的USN锐化都可以使用其他锐化滤镜工具替代。

由于锐化与图像最终出图大小分辨率有关，本书图像的印刷与电脑显示为不同分辨率，因此本章各节内容里最后的锐化效果对比图与实际可能存在一些偏差。

基本USM锐化操作及设置

大多数情况下建议使用滤镜锐化的USM锐化，这是专业图像调整的首选，它能提供使用者更多的个性控制设置。严格来说，没有一种设置是适合所有图像的，经验会帮助我们决定手中现有图像的最好设置。学习和借鉴别人的图像锐化设置是一个很好的途径。这一节介绍的是USM锐化基本操作及其设置的含义。记住，在所有的影调色彩调整完成，并确定最终照片的使用尺寸后再进行锐化，以下各锐化章节内容均如此。

第1步　缩放至100%视图

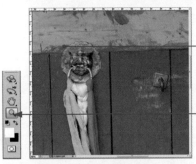

②将视图按100%显示

①单击［缩放工具］

打开要锐化的照片，锐化时请以100%的倍率观看照片。单击工具箱中的［缩放工具］（或按快捷键Z），并单击图像将照片变为100%视图（或按Ctrl+1快捷键），窗口标题栏显示有实际缩放倍率（按住Alt键单击可以反向缩小图像）。

图12-1-1

第2步　应用锐化滤镜

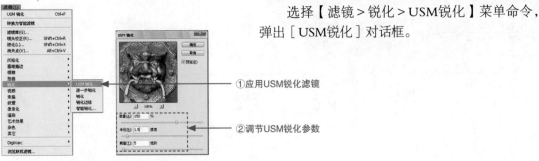

①应用USM锐化滤镜

②调节USM锐化参数

选择【滤镜 > 锐化 > USM锐化】菜单命令，弹出［USM锐化］对话框。

图12-1-2

第3步　照片描边

图12-1-3

在［USM锐化］对话框里有3个选项滑块，分别是：

［数量］滑块决定了应用到图像的锐化程度，它仅仅改变明亮对比度，数值越大边缘对比效果越强烈。

［半径］滑块决定了锐化从边缘开始向外影响多少个像素，也就是控制边缘周边受到锐化影响的范围。数值越大看起来锐化的边缘会越粗。

［阈值］决定了被视作为边缘的像素的多少，它控制了锐化时色调的变化幅度，数值越大参与锐化过度的范围越宽，被锐化的效果也就越不明显。

锐化处理前后效果对比

常见的USM锐化设置参考

锐化对象	适用特征	参数参考数值
柔和主体的锐化	对于比较柔和的主体（如花、全身人像、毛绒动物、彩虹等），这种细微的锐化适合于柔和质感的主体	数量：150% 半径：1~2 阈值：5~10。
人像锐化	适合近景人像，如半身像，这也是一种细微锐化的效果	数量：75%， 半径：2 阈值：3
风光景物的锐化	适合产品照片、室内和室外景物照片，以及风光照片，这是一种中等的锐化	数量：220% 半径：0.5~1 阈值：0
极限锐化	适合明显虚焦和包含大量明显边缘的照片，如建筑、汽车、硬币、机器等	数量：65% 半径：4 阈值：3
Web锐化	在网上或做幻灯演示的照片分辨率一般设置在72dpi，当大照片降低分辨率或尺寸时，常常会显得模糊，可考虑此组设置锐化；如果过于强烈，可以降低数量参数	数量：200%～400% 半径：0.3~1 阈值：0

专业锐化：Lab明度锐化

　　在对RGB模式下的图像进行锐化时，往往会使边缘产生色晕，这种现象主要是因为锐化时色彩的对比度和饱和度也发生了变化，因此，锐化要避免对颜色信息进行改变。由于Lab通道的L（明度）通道并不包含颜色信息，用此通道进行锐化只会影响到图像的明暗，而不会产生颜色的变化。这是一种专业摄影师最常用的技术。

第1步 将图像模式转为Lab

转为Lab颜色模式

图12-2-1

打开照片，选择【图像＞模式＞Lab颜色】菜单命令，将图像模式转为Lab模式，单击通道调板，可以看到除了Lab复合通道外，还有3个通道，明度（L）和a、b通道。需要了解更多Lab通道信息请参看本书附录D内容。

第2步 应用锐化滤镜

③应用USM锐化滤镜

②打开彩色显示

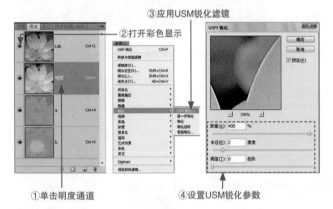

①单击明度通道

④设置USM锐化参数

图12-2-2

单击明度通道，此时图像操作区变成黑白的灰度图（如果想在彩色状态下进行预览，请单击Lab通道前的［眼睛］图标）。然后选择【滤镜＞锐化＞USM锐化】菜单命令，参照13.1中对应的设置参数设定［数量］、［半径］、［阈值］，单击［确定］按钮完成锐化。

第3步 恢复RGB图像模式

转回RGB颜色模式

图12-2-3

选择【图像＞模式＞RGB颜色】菜单命令，将图像模式转回为RGB模式，操作完成后保存图像。

锐化处理前后效果对比

Lab模式的图像是基于理论模型上的色彩世界来定义和描述不同色彩，Lab颜色模式的图像由一个只包含明暗的L（明度）通道和两个记录颜色的a和b通道组成。a通道包含了图像里红色与绿色的信息，b通道包含黄色与蓝色的信息。由于L通道只包含图像的明暗信息，而没有颜色，因此对此通道（也是一个256级的灰度图）进行任何编辑时，都不会对其色彩产生任何变化。Lab模式的图像是基于理论模型上的色彩世界来定义和描述不同色彩，Lab颜色模式的图像由一个只包含明暗的L（明度）通道和两个记录颜色的a和b通道组成。a通道包含了图像里红色与绿色的信息，b通道包含黄色与蓝色的信息。由于L通道只包含图像的明暗信息，而没有颜色，因此对此通道（也是一个256级的灰度图）进行任何编辑时，都不会对其色彩产生任何变化。

边缘锐化（一）

以下介绍的锐化技术不使用USM滤镜，通过加大图像中景物边缘部分的像素明暗对比，来产生景物清晰的"错觉"，从而得到锐化的效果。

第1步　对复制背景图层应用浮雕效果滤镜

打开照片，在图层调板里拖住背景图层至下方的［创建新图层］按钮（或按Ctrl+J快捷键）得到背景副本图层（或图层1），对该图层应用【滤镜 > 风格化 > 浮雕效果】菜单命令。

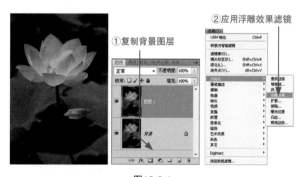

①复制背景图层
②应用浮雕效果滤镜

图12-3-1

第2步　设置浮雕效果滤镜参数

在［浮雕效果］对话框中保留［角度］和［数量］的默认值不变（分别为135°和100%），［高度］设置在2~4像素（低分辨率图像时采用2，高分辨率时采用4），单击［确定］按钮，这时照片被转换为灰色。

调节浮雕效果参数

图12-3-2

第3步　产生锐化效果

①对浮雕效果图层去色

③适当降低图层不透明
②图层混合：强光

图12-3-3

在灰色的照片中，沿着边缘出现霓虹色的高光，选择【图像>调整>去色】菜单命令（或按Shift+Ctrl+U快捷键），去掉该图层的颜色。

将该图层1的［混合模式］设置为强光，从而使整幅照片显得更锐化。如果所做的锐化显得太强烈，则可通过降低该图层的［不透明度］来调整锐化效果。

锐化后100%像素大小对比：

精确边缘锐化

12.4

对于需要对某个对象做强烈锐化，而保留其他区域不变的照片，例如，本例照片中飞动的红嘴鸥，我们希望将其头部和眼睛锐化，但仍保留翅膀挥动的羽毛那种模糊动感。

第1步　复制图层至内存中

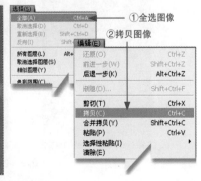

①全选图像
②拷贝图像

打开照片，选择【选择>全部】菜单命令（或按Ctrl+A快捷键），选择整幅照片，然后再选择【编辑>拷贝】菜单命令（按Ctrl+C快捷键），将照片复制到系统内存中。

图12-4-1

第2步 创建新通道

点开通道调板，单击该调板下方的［创建新通道］按钮创建Alpha 1通道，选择【编辑 > 拷贝】菜单命令（或按Ctrl+V快捷键），将拷贝内容粘贴到这个新通道，获得一个灰度的图像。按Ctrl+D快捷键取消选择。

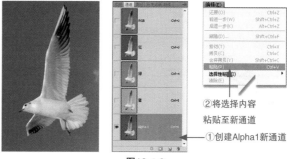

②将选择内容
粘贴至新通道

①创建Alpha1新通道

图12-4-2

第3步 找出边缘图像

选择【滤镜 > 风格化 > 查找边缘】菜单命令，该通道图像突显出照片中的所有可见边缘。此时，一些照片可能会出现太多边缘，因此，需要做一些调整，只保留最明显的边缘。

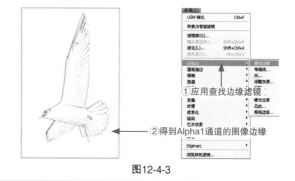

①应用查找边缘滤镜

②得到Alpha1通道的图像边缘

图12-4-3

第4步 调整边缘的宽度

对Alpha 1通道应用【图像 > 调整 > 色阶】菜单命令（或按Ctrl + L快捷键），打开［色阶］对话框，向左拖动右边［色阶滑块］，可以减少多余的边缘线；向右拖动左边［色阶滑块］，可以加粗边缘线；当边缘符合需要锐化的区域、看起来比较干净时（调整时可将图像视图放大至100%），单击［确定］按钮。

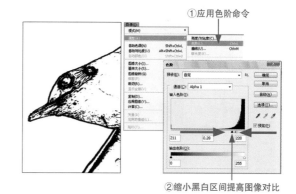

①应用色阶命令

②缩小黑白区间提高图像对比

图12-4-4

第5步 模糊边缘

实际上，这些黑色的部分就是我们需要锐化的区域，为了让锐化能有一个过渡，我们需要对这些黑色的"边缘"进行模糊处理。选择【滤镜 > 模糊 > 高斯模糊】菜单命令，半径设置为1～3像素，单击［确定］按钮。

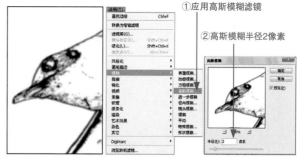

①应用高斯模糊滤镜

②高斯模糊半径2像素

图12-4-5

第6步　再次调整边缘

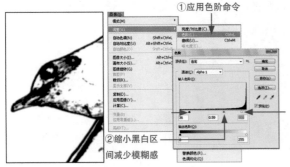

①应用色阶命令

②缩小黑白区
间减少模糊感

图12-4-6

按Ctrl+L快捷键打开［色阶］对话框，如第4步一样，消除一点模糊感，稍微将边缘突出一点让边缘线看起来更清晰一些。如果有一些黑色区域不需要而又消除不了，可以用白色的［画笔工具］将其涂抹掉。

第7步　提取边缘选区

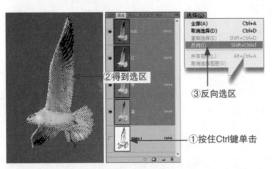

②得到选区

③反向选区

①按住Ctrl键单击

图12-4-7

按住Ctrl键单击Alpha 1通道，得到以此通道白色部分为目标的选区；我们需要锐化的是黑色部分，因此，选择【选择＞反向】菜单命令（或按Ctrl+Shift+I快捷键）将黑色部分作为选区目标。然后在通道调板中单击RGB通道，查看彩色图像。

第8步　锐化边缘选区

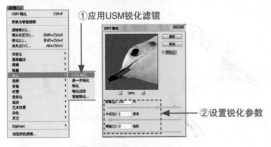

①应用USM锐化滤镜

②设置锐化参数

图12-4-8

为了清楚地观察锐化效果，可以按Ctrl+H快捷键将选区的蚂蚁线暂时隐藏起来（注意，此时选区仍然存在）。此后，选择【滤镜＞锐化＞USM锐化】菜单命令，如12.1节设置锐化参数锐化照片。最后按Ctrl+D快捷键取消选区。操作完成后，选择【图层＞合并图像】菜单命令将所有图层合并，最后保存。

锐化后100%像素大小对比

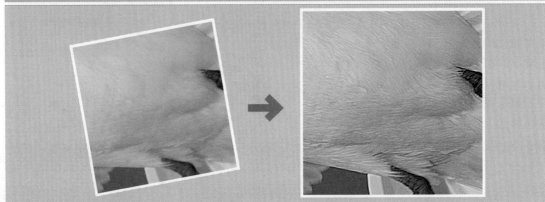

边缘锐化（二）

本章导言里说过，锐化其实是利用人的视觉对物体边缘特别敏感的特性，通过加大图像中边缘部分的像素明暗对比，来形成视觉的错觉，让图像看起来清晰了，并非是真正提高了像素的分辨率。以下介绍的锐化技术不使用USM滤镜，通过产生边缘"错觉"也可以使图像得到很好的锐化。

第1步　复制背景图层

打开需要锐化的照片，在图层调板中拖动背景图层至下方的［创建新图层］按钮（或按Ctrl+J快捷键），创建一个背景副本图层（或图层1）。按100%实际像素大小视图显示。

②将视图按100%显示

①创建背景副本图层

图12-5-1

第2步　锐化复制图层

使用上述介绍的任何一种锐化技术对背景副本图层进行锐化处理（本案例使用13.2节的方法），锐化后我们发现脸部皮肤变得粗糙了，这并不是我们期望出现的。

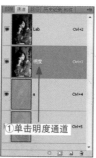
①单击明度通道

②设置锐化参数

图12-5-2

第3步　使用图层蒙版指定锐化区域

回到图层调板，单击下方的［创建图层蒙版］按钮为背景副本图层建立一个图层蒙版。按D键，将［前景色］置为黑，按Alt+Del快捷键将背景副本的图层蒙版填充黑色，此时恢复未锐化图像（实际上是被蒙版遮挡了背景副本的锐化图像）。

选择［画笔工具］（按如图4-6-4所示步骤进行设置），按X键将前景色置为白，然后在需要锐化的区域上涂抹，画笔涂抹后锐化即可显现（如本案的眼框、眼睫毛、嘴唇等），绘制过程中按"［"或"］"键可快速调整画笔的大小。操作完成后，选择【图层>合并图像】菜单命令将所有图层合并，最后保存。

①创建图层蒙版并填充为黑色
②点选［画笔工具］
③前景色为白

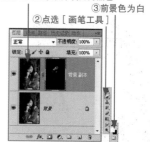

图12-5-3

锐化后100%像素大小对比

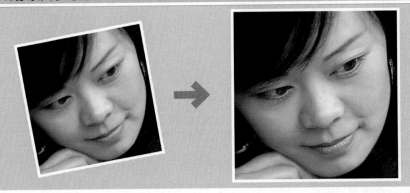

在第3步中，如果不慎将不需要锐化的部位显现出来，可按X键将［前景色］置为黑色，再涂抹不需要锐化的区域，锐化则被抹掉了。如果需要控制锐化的程度，可以将画笔的［不透明度］设为30~50%，涂抹次数越多锐化程度就越明显。

12.6 精细无损锐化

对于人像照片，尤其是女性照片，我们希望锐化处理并不影响到皮肤的区域。本节方法仅对高反差的边缘进行锐化，简便、快捷而且非常有效，而对平滑的区域几乎不产生任何锐化作用。该方法尤其适合网上用途的照片。

第1步 复制背景图层

打开需要锐化的人像照片，在图层调板中拖动背景图层至下方的［创建新图层］按钮（或按Ctrl+J快捷键），创建一个背景副本图层（或图层1）。

复制背景图层

图12-6-1

第2步 将背景副本图层转为灰度图

选择【图像>调整>去色】菜单命令（或按Ctrl+Shift+U快捷键），将背景副本图层转为黑白灰度图。

将背景副本图层去色

图12-6-2

第3步 应用高反差保留滤镜

对已去色的背景副本图层应用【滤镜＞其他＞高反差保留】菜单命令，在［高反差保留］对话框中设置［半径］为1~2个像素（建议不超过2个像素）。

①应用高反差保留滤镜

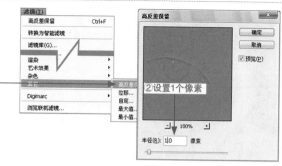

②设置1个像素

图12-6-3

第4步 设置图层混合模式

将背景副本的图层［混合模式］设置为强光，照片中的边缘区域被锐化了。如果锐化效果不够，可以多次复制背景副本图层（按Ctrl+J快捷键），直到达到锐化效果；当最后一个复制图层锐化又太过时，可通过降低该图层的［不透明度］减弱锐化效果。操作完成后，选择【图层＞合并图像】菜单命令将所有图层合并，最后保存。

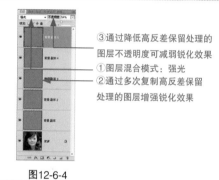

③通过降低高反差保留处理的图层不透明度可减弱锐化效果
①图层混合模式：强光
②通过多次复制高反差保留处理的图层增强锐化效果

图12-6-4

锐化后100%像素大小对比

范例操作：综合应用锐化方法

使用锐化最头痛的就是参数的设置"不及就过"，使用USM锐化中3个参数变化太多，没有一组数值可以适用于所有照片，凭经验也难以精准控制好。本方法能给操作者一个很直观轻松的控制环境，可以直观控制从原始状态到最强锐化效果之间的程度。严格来说本技术与前面介绍的方法相比，在图像锐化品质上并没有优劣之处，笔者旨在通过本案例来说明Photoshop工具操作是一种可以灵活组合和混合使用的方法，并非固定不变的"一键式"处理软件。

第1步　转换图像为Lab颜色模式

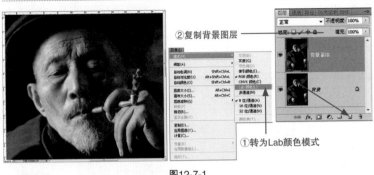

②复制背景图层

①转为Lab颜色模式

图12-7-1

打开照片，选择【图像 > 模式 > Lab颜色】菜单命令，将图像由RGB颜色模式转换到Lab颜色模式，然后用鼠标在图层调板中拖动背景图层至下方的［创建新图层］按钮得到背景副本图层（按Ctrl+J快捷键得到图层1）。

第2步　最大限度地锐化明度通道

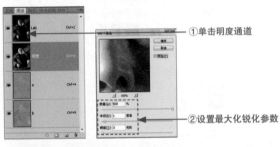

①单击明度通道

②设置最大化锐化参数

图12-7-2

单击通道调板标签，单击明度通道（如果想在彩色状态下监视锐化效果，单击Lab通道前的方框，将［眼睛］图标显示），然后选择【滤镜 > 锐化 > USM锐化】菜单命令。

在［USM锐化］对话框中，将［半径］设为0.5~1.0，［数量］尽可能大（原则是不要有明显失真），［阀值］为0~4之间（视照片内容而定，大多数情况下设为2是安全的）。此时，图像出现很明显的过度锐化。

第3步　调整锐化程度和区域

①降低锐化图层不透明度可调节锐化程度

②利用图层蒙版可进行局部锐化选择

图12-7-3

单击图层标签返回图层调板中，拖动背景副本图层的［不透明度］滑块向左移动，此时可以在连续变化的状态下观察锐化情况，直至效果满意。

如果有不需要锐化的局部区域，在图层调板中单击［创建图层蒙版］为背景副本添加一个图层蒙版，然后使用黑色的［画笔工具］（按如图4-6-4所示步骤进行设置），将画笔［不透明度］设为50%左右，在不需要锐化的区域反复涂抹，锐化程度会逐渐消失。

第4步　恢复图像为RGB颜色模式

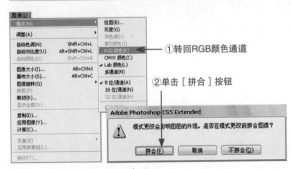

①转回RGB颜色通道

②单击［拼合］按钮

图12-7-4

完成所有锐化工作后，选择【图像 > 模式 > RBG颜色】菜单命令，将照片由Lab颜色模式转换到RGB颜色模式，在弹出的提示框中单击［拼合］按钮。操作完成后保存图像。

装饰照片——

第13章

数 码 边 框

为数码照片增加一个合适的边框，除了能够加入作者和拍摄的一些信息，更能有效地修饰您的摄影作品，使之更加出彩。为照片添加装饰性边框需要遵循一些处理原则，如果不加以注意，反而会弄巧成拙，画蛇添足。一般而言，修饰性边框需要考虑以下3个方面的因素：

一、边框切勿喧宾夺主：边框不能太大，不能太鲜艳，不能太复杂，杜绝边框的视觉吸引高于图像的主体内容。

二、边框应与作品的风格一致：色调要一致，比如以某种色调作为边框的主色调；字体风格要一致，版面风格要一致。

三、避免边框破坏原始画面：所谓破坏原始画面，避免边框改变原始图像的长宽比，避免边框破坏原始作品内容。

13.1 画廊式边框

这是一种款经典的画廊式装裱边框，几乎适用于所有形式的作品展示，要注意说明文字字数不宜过多、大小不宜过大、颜色不宜过深。

第1步　建立独立图层

①按D键置默认状态
②添加白色背景图层
③应用画布大小命令
④设置画布的大小与位置

图13-1-1

打开照片，按D键将［前景/背景色］设置为默认的前黑后白状态，然后，按Ctrl+A快捷键全选图像，再按Shift+Ctrl+J快捷键，即可将照片图像内容剪贴到一个新的独立图层1上（而背景图层变为白底）。单击空白的背景图层缩略图，选择【图像＞画布大小】菜单命令（或按Ctrl+Alt+C快捷键）打开［画布大小］对话框，设置画布尺寸参数。

第2步　扩展画布

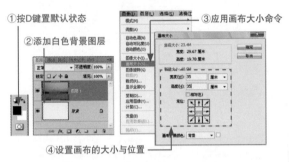

①点选［移动工具］
②向上移动照片
③按住Ctrl键单击照片图层缩略图

图13-1-2

单击［画布大小］对话框中的［确定］按钮，为画布周围添加白色空间。点选工具箱中的［移动工具］（或按V键），将照片向上移动一些位置，按住Shift键拖动照片可保证上下垂直移动而不会产生水平偏离。按住Ctrl键单击照片图层1缩略图，创建照片周围边缘的选区。

第3步　照片描边

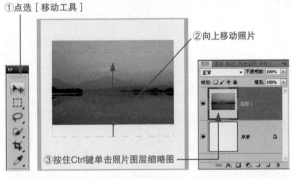

①应用描边命令
②设置描边宽度和颜色
③得到照片描边

图13-1-3

然后，选择【编辑＞描边】菜单命令，打开［描边］对话框，设置描边［宽度］为1～5个像素、［颜色］为黑以及位置［居外］（图像像素尺寸越大宽度值越大），单击［确定］按钮。

第4步 扩大选区

选择【选择 > 修改 > 扩展】菜单命令，在［扩展选区］对话框中输入［扩展量］值10～50（扩展量，视图像像素大小而定，尺寸越大［扩展置］越大），单击［确定］按钮，得到一个比照片稍大一点的选区。

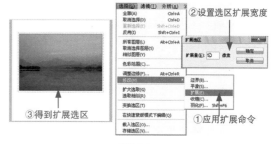

②设置选区扩展宽度

③得到扩展选区

①应用扩展命令

图13-1-4

第5步 加照片外框线

按D键将［前景/背景色］设置为默认的前黑后白状态，之后选择【编辑 > 描边】菜单命令，打开［描边］对话框，设置描边［宽度］为3、［颜色］为黑，以及位置［居外］，单击［确定］按钮，按Ctrl+D快捷键取消选区。

①应用描边命令

③得到照片扩展描边

②设置描边宽度和颜色

图13-1-5

第6步 添加照片文字

右击工具箱的文字工具组，在下拉列表中选定［横排文字工具］（或按T键），在照片增加的空白处单击鼠标，然后输入文字，设置文字的字体，调整大小，并在图层调板中将文字图层的［不透明度］降低到50%。

①点选［文字工具］

②输入文字

③图层不透明度50%

图13-1-6

画廊边框效果（请对比一下第3.6节的方法）

图13-1-7

渐淡的边框

13.2

这款装裱边框可以增加照片的朦胧与怀旧感，较适合女性人像照片的装饰。

第1步 生成边框选区

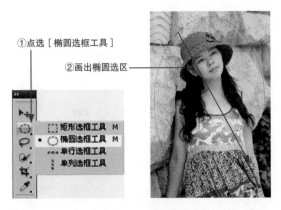

①点选［椭圆选框工具］
②画出椭圆选区

图13-2-1

打开照片，右击工具箱中的选框工具组，在下了列表中点选［椭圆选框工具］（或按Shift+M快捷键），如果希望做矩形边框，可选用［矩形选框工具］。在图片内侧画出一个选区区域，距照片边缘稍微宽一些。

第2步 羽化选区边缘

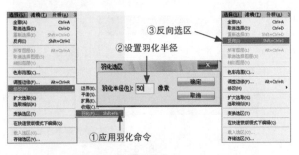

③反向选区
②设置羽化半径
①应用羽化命令

图13-2-2

选择【选择>修改>羽化】菜单命令（或按Shift+F6快捷键），设置［羽化半径］值，视图片像素大小而定，一般设成长边的1/30~1/50，单击［确定］按钮，注意到选区并没有发生明显的变化。选择【选择>反选】菜单命令（或按快捷键Shift+Ctrl+I），将选框外作为选区。

第3步 填充照片底色

③按Alt+Del快捷键填充前景色
②前景色为白
①创建空白图层

图13-2-3

在图层调板单击［创建新图层］按钮（或按Shift+Ctrl+N快捷键）添加一个新图层1，按D键，再按X键，将［前景色］置为白色，按Alt+Del快捷键将图层1的选区部分填充为白色。

最后按Ctrl+D快捷键消除选区，合并图层后完成。

渐淡的边框效果

图13-2-4

立体浮动边框

立体浮动边框较适合网上个人相册空间的照片装饰，产生活泼生动的戏剧性效果。

13.3

第1步 建立背景画布

打开照片，按D键将［前景/背景色］设置为默认的前黑后白状态，然后，按Ctrl+A快捷键全选图像，再按Shift+Ctrl+J快捷键，即可将照片图像剪贴到一个新的独立图层1上（而背景图层变为白底）。

①按Ctrl+A快捷键全选图像
③按Shift+Ctrl+J快捷键添加白色背景图层
①按D键至默认状态

图13-3-1

第2步 调整浮动照片位置

按下Ctrl+T快捷键使照片处于自由变换状态，按住Shift键拖动四角的控制柄可保持图像长宽按比例缩小照片，转动四角的控制柄可旋转照片。布置满意后将鼠标置于图像以内双击（或按［Enter］键）完成照片大小、位置、角度的变换。

②缩小照片图像

①按Ctrl+T快捷键置于变换编辑状态

③转动照片图像

图13-3-2

第3步　设置投影参数

①应用投影图层样式

②设置投影参数

图13-3-3

在图层调板中单击下方［添加图层样式］按钮并在出现的下拉菜单中选择投影，在［图层样式］对话框中设置投影样式的控制参数，设置参数时即可看见照片呈现立体效果，可直观地调整直至满意。然后，单击［确定］按钮完成。

本案投影样式设置参数：

［不透明度］设置为70%；［角度］设置为125°；［距离］设置为10；［扩展］设置为10像素；［大小］设置为15像素。

照片像素尺寸越大，对应这几项参数就越大。

第4步　总体调整

①用移动工具
调整照片位置

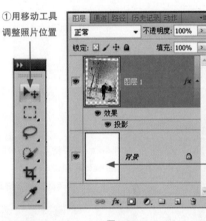

②双击可以打开图层样式修改参数

图13-3-4

双击图层面板里照片下方的效果投影图层，弹出上一步的［图层样式］对话框，即可修改投影效果。如照片位置需要调整，可使用［移动工具］直接拖动照片，此时投影会自动跟随照片的移动。

最后，合并图层完成。

立体浮动边框效果

图13-3-5

画中框

画中框适合网上个人相册空间的照片装饰，产生活泼生动的戏剧性效果。

13.4

第1步 添加工作图层

打开照片文件，按Ctrl+J快捷键在图层调板中添加复制背景图像的图层1，双击图层上图层1的名字，输入"画中框"，将图层1名字命名为画中框图层；单击背景图层缩略图，单击［创建新图层］按钮创建一个空白透明的图层1图层，双击图层1名字并输入"剪贴蒙版"将此图层命名为剪贴蒙版图层（实际制作中并不一定要这样做，这里只是为了以下描述方便）。

②创建空白图层为"剪贴蒙版"
①复制背景图层为"画中画"

图13-4-1

第2步 产生剪贴蒙版图层

右击画中框图层（蓝色部分）在弹出的图层操作列表中选择［创建剪贴蒙版］（或者在图层调板中按住Alt键将鼠标指针移到画中框图层与剪贴蒙版图层交界之间，当出现［剪贴］图标时单击鼠标左键），此时，图像没有发生任何变化，但画中框图层已被剪贴到剪贴蒙版图层中。然后单击剪贴蒙版图层的缩略图，激活该图层。

①右击"画中画"图层
②选择创建剪贴蒙版
④单击激活"剪贴蒙版"图层
③形成剪贴关系

图13-4-2

第3步 制作剪贴形状

右击在工具箱中形状工具组并在下拉列表中点选［矩形工具］，在图像工作区中画出一个矩形框。单击图层调板下方的［图层样式］按钮，并在菜单列表中选择描边。

②画出矩形框
③得到矩形矢量蒙版

①点选［矩形工具］
④选取描边图层样式

图13-4-3

第4步　制作画框

①设置描边样式参数

在弹出的［图层样式］对话框中，设置描边样式的参数（本案例设置如下）：

［大小］为画框粗细35像素。

［位置］为相对矩形框的内外方式，选内部。

［混合模式］使用正常。

［填充类型］为画框的颜色。

［不透明度］为100%。

［颜色］为白色。

在没关闭［图层样式］对话框的状态下，勾选［投影］复选框，通过设置投影样式相应参数（本案例设置如下）来获得画中框投影的效果。

［混合模式］为正片叠底；［不透明度］为50%；［角度］为130；［距离］为35；［扩展］为10%；［大小］为15。

然后，单击［确定］按钮。

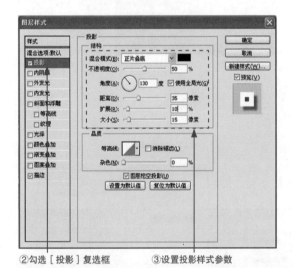

②勾选［投影］复选框　　　　③设置投影样式参数

图13-4-4

第5步　调整画框位置

①按Ctrl+T快捷键进入变换编辑状态　　②调整画框大小

③旋转画框角度

在剪贴蒙版图层激活状态下按Ctrl+T快捷键使画框矩形处于自由变换的编辑状态，拖动或旋转四周控制块可调节画框的大小和角度。调节满意后将鼠标指针移到画框中双击（也可按［Enter］键）确定调整。

图13-4-5

第6步　画框外背景效果调整（选项）

至此，画中框基本完成，为了突出画中框效果，可以对背景图层进行影调色调甚至是滤镜特效处理。本案例使用色相/饱和度调整图层对背景图层进行［着色］处理，并降低［饱和度］和［明度］。

最后，合并图层完成。

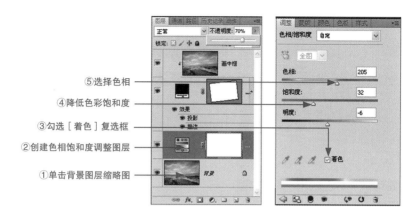

⑤选择色相
④降低色彩饱和度
③勾选［着色］复选框
②创建色相饱和度调整图层
①单击背景图层缩略图

图13-4-6

画中框边框效果

图13-4-7

跃出画框

制作跃出画框的照片需要照片主体具有一定的动感，跃出的方向应该符合运动的方向趋势。该装裱也适合网上个人相册空间的照片装饰，产生活泼生动的戏剧性效果。

13.5

第1步　制作画中框

打开照片，按照上面第13.4节的方法做出画中框效果。

做出画中框的效果

图13-5-1

第2步　增加背衬图层

图13-5-2

②创建空白图层并填充为白色

①单击背景图层缩略图

在图层调板中单击背景图层缩略图激活该图层，单击［创建新图层］按钮添加一个空白透明图层1，然后将［前景色］设为白色，按Alt+Del快捷键将图层1填充白色。

第3步　选出跃出画框的图像

②点选［快速选取工具］

④单击［调整边缘］按钮

①复制背景图层并移至顶层

③描出人物轮廓选区

图13-5-3

再次单击背景图层缩略图激活该图层，按Ctrl+J快捷键复制一个背景图像获得背景副本图层，并将该背景副本图层用鼠标拖动至最顶一层。然后将跃出画框的图像（本案的人物）选出，可以使用［套索工具］、［快速选取工具］、［魔棒工具］或者［钢笔工具］（具体的使用方法可通过附录A查阅，本案例使用［快速选取工具］将人物部分图像粗略选出），然后单击［调整边缘］按钮。

第4步　细致选择跃出图像的边缘

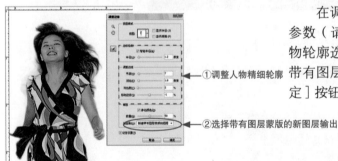

①调整人物精细轮廓

②选择带有图层蒙版的新图层输出

图13-5-4

在调整边缘控制面板中，调整各项边缘参数（请参见9.4节第2步）得到更精细的人物轮廓选区边缘，并选择［输出到］以新建带有图层蒙版的图层的选项。然后单击［确定］按钮。

第5步　使跃出图像置于画面前

图13-5-5

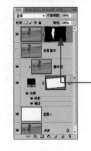

得到带蒙版的人物轮廓图层

跃出图像以带图层蒙版的形式新增一个图层，如果跃出图像不够准确，可使用画笔工具修改图层蒙版得到完善（参见9.4节第3步）。

第6步 恢复部分背景图像

单击图层1（即白色图层），降低该图层的［不透明度］呈现淡淡的原背景图像。

②降低图层不透明度

①单击激活白色的图层1

图13-5-6

第7步 给跃出图像添加投影效果

激活跃出图像的图层，单击图层调板中的［添加图层样式］按钮，在列表中选择投影。在弹出的［图层样式］对话框中设置投影参数（参见13.4节第4步），营造跃出图像的效果。

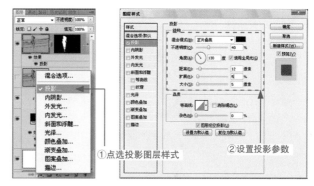

①点选投影图层样式

②设置投影参数

图13-5-7

跃出画框效果

图13-5-8

笔刷痕迹边框及画布纹理

制作笔刷痕迹边框的同时如考虑使用旧照片特效（参见6.12节内容），更能增加作品的怀旧气氛。

第1步　创建白色图层

打开照片文件，在图层调板中单击［创建新图层］按钮，添加一个空白的图层1图层，选择【编辑＞填充】菜单命令（或按Shift+F5快捷键），在［填充］对话框中［内容使用］栏选择白色（如果希望背景为其他颜色，可以选择颜色，然后在［选取一种颜色］对话框中选择所需的颜色），单击［确定］按钮。

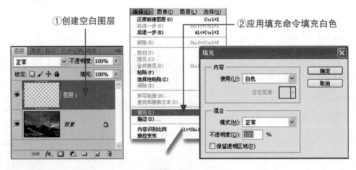

图13-6-1

第2步　追加笔刷类型

单击图像调板下方的［创建图层蒙版］按钮，为图层1添加一个图层蒙版，按D键将［前景/背景色］置为默认的前黑后白，然后在工具箱中单击［画笔工具］，在图像中右击弹出笔刷设置框，并单击右上角的向右三角箭头，在笔刷列表中选择粗画笔（建议勾选描边缩略图一项），在弹出的提示对话框中单击［追加］按钮。

图13-6-2

第3步 画出图像内容

再次在图像中右击，在笔刷设置框中选用111号扁平硬毛刷，确认前景色为黑色，选用较大的笔头尺寸（按"［"或"］"键可快速调整笔头大小）。在图像中从左至右涂抹至边缘，每画出一笔就可以将照片图像显示出来。

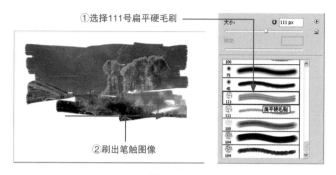

①选择111号扁平硬毛刷

②刷出笔触图像

图13-6-3

第4步 刻画边缘效果

画出边框效果后，右击，在笔刷列表中选择111号粗边扁平硬毛刷，在图像中沿上一步的图像边缘笔刷描绘，得到粗糙的边缘效果。

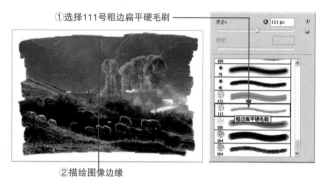

①选择111号粗边扁平硬毛刷

②描绘图像边缘

图13-6-4

第5步 制作纸张纹理（选项）

上一步已经完成了笔刷痕迹边框的操作，这里增加一个画布纸张纹理让效果更逼真。在图层调板中单击［创建新图层］按钮创建一个图层2空白图层，选择【编辑＞填充】菜单命令（或按Shift+F5快捷键），［使用］白色，单击［确定］按钮将图层2填充为白色。将图层2的图层［混合方式］置为正片叠底。

③正片叠底混合模式　②应用填充命令填充白色

①创建空白图层

图13-6-5

第6步 应用纹理滤镜（选项续）

选择【滤镜＞纹理＞纹理化】菜单命令，在弹出的［纹理化］窗口中，选择［纹理］为画布，设置相应参数：

［纹理］为画布；［缩放］为100~200%；［凸起］为4~10。
然后单击［确定］按钮。

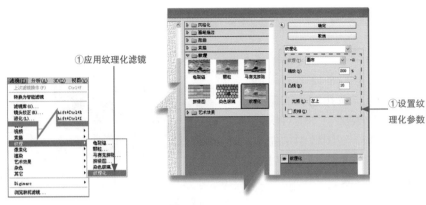

①应用纹理化滤镜

①设置纹理化参数

图13-6-6

笔刷痕迹画框效果

图13-6-7

13.7 撕裂斑驳边框

撕裂斑驳边框能营造作品的陈旧感，本节介绍的方法通过第7步里调用的不同滤镜可以延伸出变化丰富的边框样式。

第1步　新建纹理素材文件

选择【文件 > 新建】菜单命令（或按Ctrl+N快捷键），在［新建］对话框中输入与制作边框的照片一样大小的尺寸，颜色模式为RGB颜色，名称可输入"纹理素材"，单击［确定］按钮。

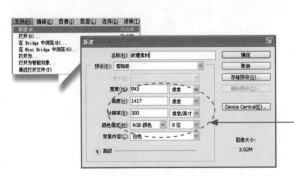

新建大小与照片一样的"纹理素材"文件

图13-7-1

第2步 生成纹理素材文件

按D键将［前景色］置为
黑色，选择【滤镜 > 渲染 > 云
彩】菜单命令，得到一张灰度
云彩图（云彩纹理不理想时
可反复按Ctrl+F快捷键直至满
意）。选择【文件 > 存储】菜
单命令（或按Ctrl+S快捷键）将
此文件以PSD格式保存待用。保
存后可以关闭此文件。

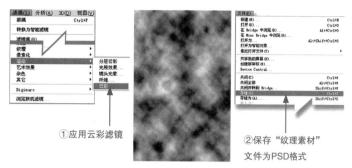

①应用云彩滤镜

②保存"纹理素材"
文件为PSD格式

图13-7-2

第3步 调整照片影调色调

打开照片文件，用色相/饱和度调整图层
降低照片饱和度做旧效果使照片与陈旧撕裂
效果协调一致。按Ctrl+E快捷键将色相/饱和
度调整图层合并到背景图层中（照片做旧也
可参见第6.12节内容）。

①做旧照片

②向下合并
调整图层

图13-7-3

第4步 画出图像显示的范围

单击图层调板下的［创建新
图层］按钮（或按Ctrl+Shift+N
快捷键）添加一个图层1。按D
键，再按X键，将［前景色］设
置为白色，按Alt+Delete快捷键将图
层1填充为白色。然后单击工具
箱中的［矩形选框工具］（或按
M键），在图像内侧画出一个选
区区域。并选择【选择 > 反向】
菜单命令（或按Shift+Ctrl+I快捷
键）将选区反选。

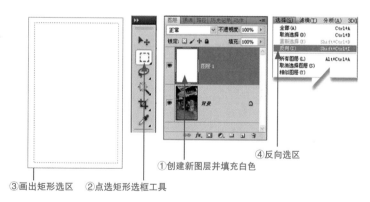

③画出矩形选区 ②点选矩形选框工具

①创建新图层并填充白色

④反向选区

图13-7-4

第5步　创建图层蒙版

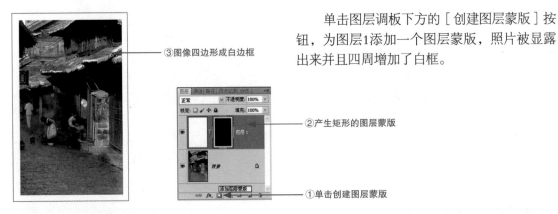

③图像四边形成白边框

②产生矩形的图层蒙版

①单击创建图层蒙版

图13-7-5

单击图层调板下方的［创建图层蒙版］按钮，为图层1添加一个图层蒙版，照片被显露出来并且四周增加了白框。

第6步　模糊边框边缘

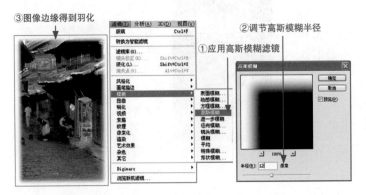

③图像边缘得到羽化

②调节高斯模糊半径

①应用高斯模糊滤镜

图13-7-6

确认图层1的图层蒙版处于激活状态（即图层蒙版缩略图以白色边框显示），选择【滤镜 > 模糊 > 高斯模糊】菜单命令，得到渐变过渡的边缘。此时图像边框效果实质上与第13.2节的是一样的。

第7步　应用滤镜获得各种效果

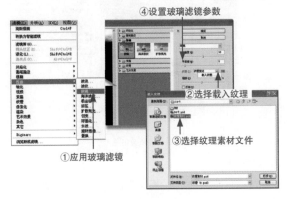

④设置玻璃滤镜参数

①应用玻璃滤镜

②选择载入纹理

③选择纹理素材文件

图13-7-7

再对图层1的图层蒙版应用【滤镜 > 扭曲 > 玻璃】菜单命令。需要指出的是，在这一步如果应用不同的滤镜，往往会得到变化各异的丰富边框效果，读者不妨试一试。本案最后也给出了应用【滤镜 > 素描 > 半调图案】滤镜得到的边框效果。

在［玻璃滤镜］窗口中，单击［纹理］后的下拉选项载入纹理，然后选择在第2步保存的"纹理素材.psd"文件，单击［打开］按钮。将［扭曲度］设置最大值20，［平滑度］为1，［缩放］为100%，单击［确定］按钮。

第8步 调整边框对比

为了得到刚硬斑痕的边框，需要提高边框的对比度。确认图层1的图层蒙版处于激活状态下，按Ctrl+L快捷键（或选择【图像 > 调整 > 色阶】菜单命令）弹出色阶调整面板，分别缩小色阶中的［黑］、［白］滑块之间的距离甚至重合，让斑痕边框效果更明显。

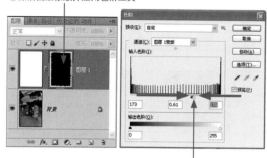

①激活图层蒙版并应用色阶工具

②缩小黑白场使蒙版呈现黑白图

图13-7-8

斑驳边框效果

图13-7-9

制作古典木制画框

木质画框也是一款经典的装裱画框，适合浓重古典韵味人像、风景作品的装饰。

第1步 创建新图层

选择【文件 > 新建】菜单命令（或按Ctrl+N快捷键），打开［新建］对话框，设置文件［宽度］、［高度］和［分辨率］（要比安放的照片大两个边宽），［颜色模式］为RGB颜色，［背景内容］为白色，名称可输入"木制画框"，单击［确定］按钮。

新建大小比照片大两个边宽尺寸文件

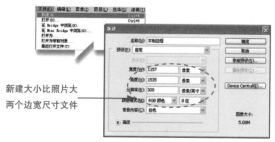

图13-8-1

第2步　设置木纹颜色

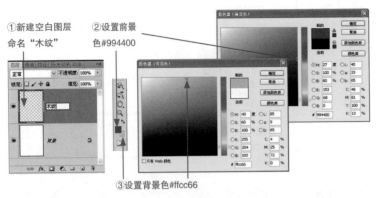

①新建空白图层
命名"木纹"

②设置前景
色#994400

③设置背景色#ffcc66

图13-8-2

　　单击图层调板下方的[创建新图层]按钮添加一个透明的图层1，双击图层1名称后输入"木纹"，将图层1命名为木纹图层；双击[前景色]图标，在[拾色器（前景色）]对话框中设置颜色#994400；双击[背景色]图标在[拾色器（前景色）]对话框中设置颜色#ffcc66。

第3步　制作木纹

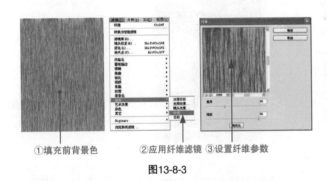

①填充前背景色　②应用纤维滤镜　③设置纤维参数

图13-8-3

　　按Alt+Del快捷键将木纹图层填充前景色，选择【滤镜 > 渲染 > 纤维】菜单命令，设置[差异]值为16，[强度]为55。如果纤维效果不好，可以反复单击[随机化]按钮，满意后单击[确定]按钮。

第4步　挤压边框板条

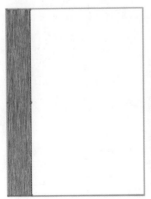

图13-8-4

　　按Ctrl+T快捷键将木纹图层置于自由变化状态，拖动右边的控制块将木纹缩小至30%左右，然后按[Enter]键确认，得到了一个边框木板条。

第5步　画出画框凹槽位置

　　单击图层调板下方的［创建新图层］按钮添加一个透明的图层1，在工具箱中选用［矩形选取工具］，在边框板外侧画出一个从上至下的狭窄选区，并按Alt+Del快捷键将选区填充前景色。按Ctrl+D快捷键取消（蚂蚁线）选区，将图层1的［图层填充］设为0%，

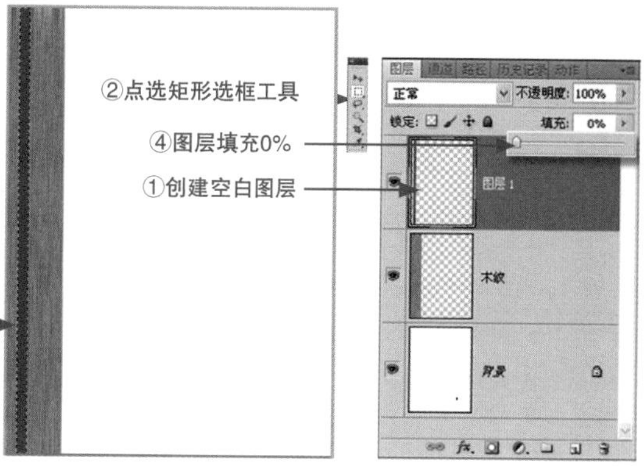

②点选矩形选框工具

④图层填充0%

①创建空白图层

图层 1

木纹

背景

③画出矩形选区并填充前景色

图13-8-5

第6步　制作画框凹槽纹理

　　单击图层调板下方的［图层样式］按钮，在样式列表中选择斜面和浮雕，在斜面和浮雕设置窗口按照如下设置参数：

　　［样式］设置为内斜面；［方法］设置为平滑；［深度］设置为75%；［方向］设置为下；［大小］设置为40；［软化］设置为0；［高光模式］设置为滤色；［不透明度］设置为100%；［阴影模式］设置为正片叠底；［不透明度］设置为75%。

　　在不关闭［图层样式］对话框下，单击渐变叠加样式，设置参数如下：

　　［混合模式］设置为正片叠底；［不透明度］设置为70%；［角度］设置为0；［缩放］设置为150。

　　然后单击［确定］按钮。

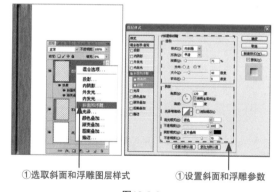

①选取斜面和浮雕图层样式　　　①设置斜面和浮雕参数

图13-8-6

第7步　制作更多的凹槽

　　如第5步分别画出另外两条凹槽图层2、图层3，凹槽的宽度应该有所变化，右击图层1名称部分，在弹出的图层操作列表中选择拷贝图层样式，然后分别右击图层2、图层3名称部分，在弹出的图层操作列表中选择粘贴图层样式。

①做出另两个凹槽选区

③分别右击图层2、图层3选择粘贴图层样式

②右击图层1选择拷贝图层样式

图13-8-7

第8步 除去多余板块

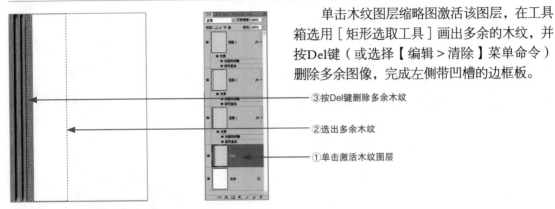

单击木纹图层缩略图激活该图层，在工具箱选用［矩形选取工具］画出多余的木纹，并按Del键（或选择【编辑 > 清除】菜单命令）删除多余图像，完成左侧带凹槽的边框板。

③按Del键删除多余木纹

②选出多余木纹

①单击激活木纹图层

图13-8-8

第9步 图层编组

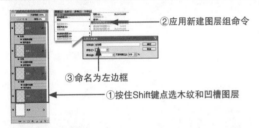

②应用新建图层组命令

③命名为左边框

①按住Shift键点选木纹和凹槽图层

图13-8-9

按住Shift键分别单击图层调板中的木纹、图层1、图层2、图层3（选中这4个图层，均以蓝色显示），选择【图层 > 新建 > 从图层建立组】菜单命令，在弹出的［从图层建立组］对话框中输入［名称］"左边框"，从而将上面4个图层编为左边框组（在图层调板中产生一个左边框组）。

第10步 复制出右边框

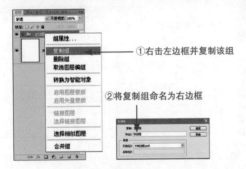

①右击左边框并复制该组

②将复制组命名为右边框

图13-8-10

在图层调板中，右击左边框组图层，在组操作列表中选择复制组，在弹出的［复制组］对话框中输入［名称］"右边框"。

第11步 右边框定位

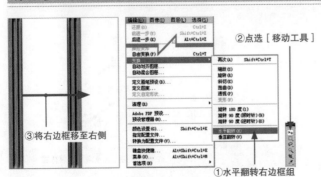

②点选［移动工具］

③将右边框移至右侧

①水平翻转右边框组

图13-8-11

单击右边框激活该组，选择【编辑 > 变换 > 水平翻转】菜单命令产生右侧边框板，单击工具箱中的［移动工具］，按住Shift键用鼠标将右边框拖至右边。

第12步 调整右边框木纹效果

点开右边框组的展开按钮，分别双击右边框组里的图层1、图层2、图层3里的渐变叠加图层样式，打开［图层样式］对话框，将［混合模式］由原来的正片叠底改为滤色，完成右侧带凹槽的边框板。

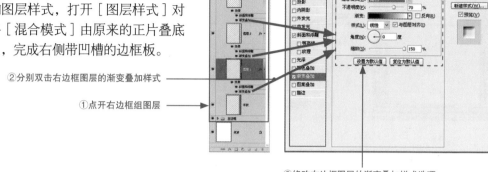

②分别双击右边框图层的渐变叠加样式

①点开右边框组图层

③修改右边框图层的渐变叠加样式选项

图13-8-12

第13步 制作底边框

在图层调板中，右击右边框组图层，在组操作列表中选择复制组，在弹出的对话框里输入［名称］"底边框"（参照第10步）。选择【编辑＞变换＞旋转90度（顺时针）】菜单命令产生底边框，用［移动工具］将底边框图像拖至底部，完成带凹槽的底部边框板。

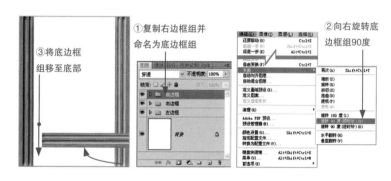

③将底边框组移至底部

①复制右边框组并命名为底边框组

②向右旋转底边框组90度

图13-8-13

第14步 制作顶边框

在图层调板中，右击左边框组图层，在组操作列表中选择复制组，在弹出的对话框输入［名称］"顶边框"（参照第10步）。选择【编辑＞变换＞旋转90度（顺时针）】菜单命令产生顶边框（参照第13步），用［移动工具］将顶边框图像拖至顶部，完成带凹槽的顶部边框板。

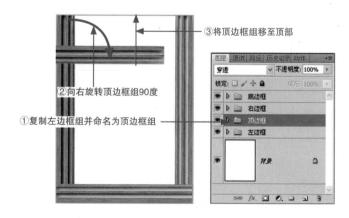

③将顶边框组移至顶部

②向右旋转顶边框组90度

①复制左边框组并命名为顶边框组

图13-8-14

第15步　合并各个边框组的图层

分别右击边框组选择合并组

图13-8-15

分别右击上述4个边框组，在组操作列表中选择合并组，从而得到对应的边框木纹板图像的4个图层。

第16步　制作画框拼接角

②画出叠加多余木框的选区并按Del键删除

①点选［多边形套索工具］

图13-8-16

右击工具箱中套索工具组，在下拉列表中选择［多边形套索工具］，在叠在上面的边框（图层上），经过外角点到内角点画一个选区，然后按Del键删除多余的边框。同理，完成其他3个边框角的拼接。

第17步　合拼边框图层

①按住Shift键选取所有边框图层

②按Ctrl+E快捷键合并所有边框图层

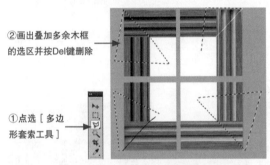

图13-8-17

完成所有拼接角以后，按住Shift键分别单击左边框、右边框、顶边框、底边框图层，然后选择【图层＞向下合并】菜单命令（或按Ctrl+E快捷键）将4个边框合并为一个完整的木制边框。将图层名字改为木制边框

第18步　增加画框木质感1（选项）

④将图层混合模式改为正片叠底

③设置绘画涂抹滤镜参数

①复制木制边框图层

②应用绘画涂抹滤镜

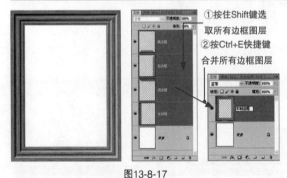

图13-8-18

单击合并后的木制边框图层，按Ctrl+J快捷键复制得到木制边框副本图层，选择【滤镜＞艺术效果＞绘画涂抹】菜单命令，设置［画笔大小］为1，［锐化程度］为10，［画笔类型］为简单，单击［确定］按钮。然后将边框副本图层图层［混合模式］设置为正片叠底。

第19步 增加画框木质感2

然后单击调整调板中的［色相/饱和度］按钮，并单击［创建剪贴蒙版］按钮使色相/饱和度调整图层仅对木制边框副本图层起作用，在色相/饱和度调整面板中降低［饱和度］，适当提高［明度］。

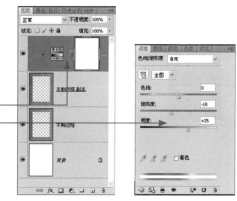

①创建色相饱和度调整图层

②降低色彩饱和度并提高明度

图13-8-19

古典木质画框效果

单击背景图层，打开照片所在文件夹，直接将照片（本案例使用第11.14节油画特效）拖动至木框文件中，调整大小和位置即可。

图13-8-20

堆叠拼贴照片

这是一种为照片增加活泼气氛、产生奇妙有趣感觉的装裱方式，本节旨在通过案例介绍利用简单的组件来获得貌似复杂的图像拼贴形式。

第1步 创建工作图层

打开照片文件，在图层调板中拖动背景图层至下方的［创建新图层］按钮，得到背景副本图层。并单击背景图层激活该图层，再单击［创建新图层］按钮，在背景与背景副本图层之间添加一个空白的图层1图层，将［前景色］置为白色，按Alt+Del快捷键将图层1填充为白色，这是拼贴照片的背景色，如果希望使用其他颜色做照片，可在最后一步更换背景颜色。

②创建空白图层并填充白色

①复制背景图层

图13-9-1

第2步 画出拼贴照片尺寸

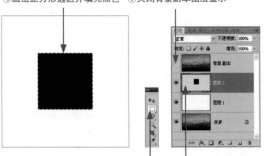

④画出正方形选区并填充黑色　①关闭背景副本图层显示

③点选［矩形选框工具］　②创建空白图层

图13-9-2

单击背景副本图层前的［眼睛］图标暂时关闭该图层的显示，按［创建新图层］按钮添加图层2图层，单击工具箱里的［矩形选框工具］，在图像中按住Shift键拖出一个正方形选区，并按D键将［前景色］设为黑色，按Alt+Del快捷键将正方形选区填充黑色。按Ctrl+D快捷键（或在选区以外单击鼠标左键）取消选区。

第3步 转为剪贴图层

①打开背景副本图层显示　③点选创建剪贴蒙版

②右击背景副本图层

图13-9-3

单击背景副本图层前的复选方框，出现［眼睛］图标，打开该图层显示，右击背景副本图层（名称区域），在图层操作列表中选择［创建剪贴蒙版］（或者按住Alt键将鼠标指针移至背景副本与图层2图层之间，出现剪贴图标后单击左键），得到剪贴图像。

第4步 制作拼贴照片外框

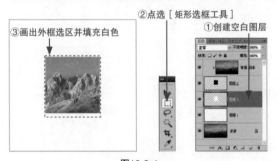

③画出外框选区并填充白色　②点选［矩形选框工具］　①创建空白图层

图13-9-4

在图层调板中单击图层1缩略图（即第2步创建的背景色图层），并单击［创建新图层］按钮创建图层3图层，单击工具箱里的［矩形选取工具］，画出拼贴图片边框大小的选区，确认当前［前景色］为白色，按Alt+Del快捷键将选区填充白色。按Ctrl+D快捷键（或在选区以外单击鼠标左键）取消选区。

第5步 制作拼贴照片投影

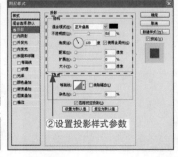

①创建投影图层样式　②设置投影样式参数

图13-9-5

单击图层调板下方的［创建图层样式］按钮，在样式列表中选择投影样式，在投影样式窗口中设置参数（本案）如下：

［混合模式］为正片叠底；［不透明度］为30~50%；［角度］为120°；［距离］为5~10；［扩展］为5%；［大小］为5~10。

产生拼贴小图的投影效果。

第6步 链接拼贴照片及外框图层

按住Shift键单击图层3、图层2（名称区域），然后右击，在弹出的图层操作列表中选择链接图层选项，从而使得这两个图层可以进行同步操作。

①按住Shift键单击此两个图层

③右击后选择
链接图层

图13-9-6

第7步 将拼图照片编组

按住Ctrl单击背景副本、图层2、图层3，选择【图层 > 新建 > 从图层建立组】菜单命令，在弹出的对话框中单击［确定］按钮，将上述3个图层编为组1图层。

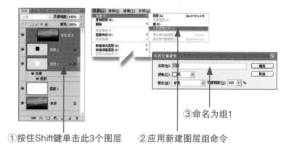

③命名为组1

①按住Shift键单击此3个图层　②应用新建图层组命令

图13-9-7

第8步 复制更多的拼图组

右击图层调板中组1的名称位置，在组操作列表中选择［复制组］，复制得到组1副本图层组。需要更多的拼图照片就继续复制。

右击组1并复制得到组1副本

图13-9-8

第9步 调节拼图照片位置

单击需要调节位置的组图层前的［三角图标］，展开该组图层的内容，单击图层2后（或图层3，因为这两个图层在第6步已经链接在一起了，移动任何一个另一个都会同步进行）。单击［移动工具］（或按V键）移动该拼贴照片组的位置，按Ctrl+T快后键后，用鼠标在4个角上可以旋转拼贴照片。

②点选［移动工具］

④移动或旋转拼贴图

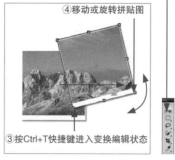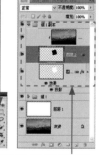

③按Ctrl+T快捷键进入变换编辑状态

①点开组1副本的图层并激活图层2

图13-9-9

第10步　调整拼贴照片的堆叠顺序

需要将某一拼贴照片改变上下叠放位置，可在图层调板中拖动对应的拼贴照片组图层，一般而言，中间照片在上，四周照片在下。

拖动组改变上下叠放顺序

图13-9-10

第11步　完成所有拼接照片的位置编排

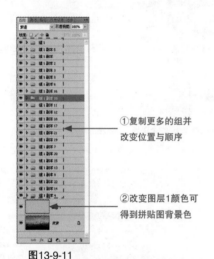

①复制更多的组并改变位置与顺序

②改变图层1颜色可得到拼贴图背景色

如上一步操作一样，对其他所有拼贴照片的图层组进行位置编排变换直至满意。如果需要更换背景衬托颜色，单击图层1激活该图层，将［前景色］设置为所需颜色，然后按Alt+Del快捷键填充即可。

图13-9-11

堆叠拼贴照片效果（图13-9-12）

图13-9-12

简便快速的边框制作软件

对大多数普通用户来说，使用Photoshop软件制作边款显得过于烦琐复杂，在此介绍市面上一些快捷简便的制作软件的使用方法。《光影魔术手》软件是其中一款较好的国产软件，可到官方网站免费下载使用（http://www.neoimaging.cn）。

第1步 打开照片

运行光影魔术手软件，打开所需加边框的照片文件。（《光影魔术手》软件界面构成参见图1-4-2，建议单击［对比］图标以双图像模式显示。）

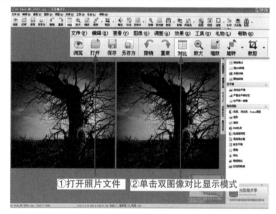

图13-10-1

第2步 选择边框类型

单击［边框图层］标签栏，打开边框样式列表，选择喜欢的［边框样式］即弹出边框调整窗口（本案例选择轻松边框样式）。软件提供了［在线素材］、［本地素材］和［内置素材］3种素材库选择。

图13-10-2

第3步 按照边框窗口调整或输入参数

本案例选择［内置素材］标签栏，选择黑白嵌套（签名）边框样式，该样式具有显示拍摄参数（如果照片有Exif数据，软件自动读取）和作者签名，在此单击［边框文字设定］打开边框文字设置对话框，输入相应文字信息。然后单击［确定］按钮。

图13-10-3

第4步　效果预览

再次单击边框样式（本案例的黑白嵌套（签名））窗口的［确定］按钮，返回照片边框预览效果。

—————— 边框图像预览模式

图13-10-4

第5步　保存文件

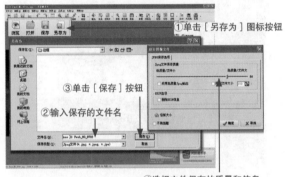

①单击［另存为］图标按钮

③单击［保存］按钮

②输入保存的文件名

④选择文件保存的质量和信息

图13-10-5

建议单击［另存为］图标按钮以新的文件保存，以保护原片。在单击［保存］按钮后会弹出保存图像文件提示框，在此选择［文件保存质量］和［Exif选项］信息，单击［确定］按钮完成。

边框效果

图13-10-6

光影魔术手的边框功能是基于模版化操作，模版的丰富程度决定了边框的效果，因此，经常关注光影魔术手官网的边框素材并及时下载是事半功倍的最好办法。

制作模板日历

在国产软件《友峰图像处理系统》中提供了创建日历的模版功能，只需要按照日历向导进行相应选项操作便可轻而易举地获得由自己图像制作的日历。

第1步 选择日历模板

打开友峰图像处理系统，选择【文件 > 根据模板创建】菜单命令，弹出［模板］对话框，选择日历标签，选择喜欢的模板。单击［日历日期］栏下拉按钮打开［日期设置］对话框，设置本日历所显示的日期。

单击［设置日历中显示的图像］按钮，打开图像文件选择框，选择所要图像（某些模板有多张图像组成时，会有多个插入设置按钮），单击［打开］按钮。

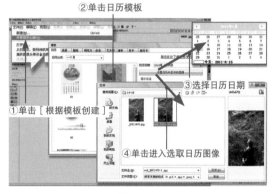

②单击日历模板
①单击［根据模板创建］
③选择日历日期
④单击进入选取日历图像

图13-11-1

第2步 确认日历完成

回到模板状态，此时可以单击［预览当前选择的日历］按钮查看效果，效果满意后单击［确定］按钮。

单击可以预览日历图像效果

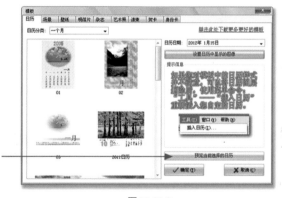

图13-11-2

第3步 修整日历细部

系统自动生成带个性照片的日历，如果需要修改某些细节的尺寸大小、颜色、位置等，可在图层列表调板中点选对应的素材，然后使用工具箱里的工具进行相应的调整（必要时，可按Ctrl+T快捷键将素材置于自由变换编辑状态）。如果不需要，则转入下一步。

③修改元素大小、位置、颜色

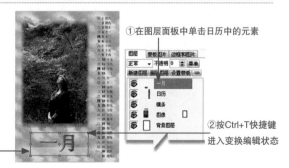

①在图层面板中单击日历中的元素
②按Ctrl+T快捷键进入变换编辑状态

图13-11-3

第4步　存储日历文件

①选择［另存为］命令

②选择保存文件格式

③输入文件名　④单击［保存］按钮

图13-11-4

确认满意后，选择【文件 > 保存】菜单命令，弹出［保存图像］对话框，选着保存文件格式，需要输出时选择"保存为JPG、JPEG格式"，如只是暂停编辑工作，可选择"保存为友峰多图层图像"，它允许在下一次打开时继续处在编辑状态，以便修改，单击［确定］按钮。在弹出的［另存为］对话框中选择保存日历的文件夹，输入保存日历图像的［文件名］，单击［保存］按钮。

第5步　选择图像质量水平

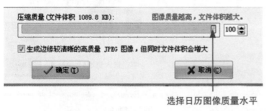

选择日历图像质量水平

图13-11-5

如保存为JPG格式时，系统会提示选择图像质量水平，选择所期望的质量水平（本案例选择100%），然后单击［确定］按钮完成一个单元的日历图像（本案例为以一个月为一单元）。

模板日历效果

图13-11-6

制作个性日历

按照13.11节的模板生成日历，对喜欢个性张扬的客户来说总是美中不足的。《友峰图像处理系统》提供了创建个性日历模板的功能，用户可以按照自己的喜好创建日历的版式并保存为自己的日历模板，然后按照13.11节的方式即可快速生成自己的个性日历。

第1步 确定日历尺寸

打开友峰图像处理系统，单击【文件 > 新建】菜单命令，打开［新建图像］对话框，按照日历的用途输入图像的尺寸大小（请参见附录D中照片尺寸与图像像素大小），本案例以彩扩8英寸方形台历为例。

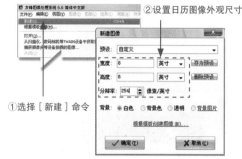

图13-12-1

第2步 插入个性照片

然后，选择【文件 > 打开】菜单命令，在［请选择打开图像的方式］对话框中选择［将打开的图像粘贴到当前图像中］单选按钮，单击［确定］按钮后在弹出的［粘贴自文件］对话框中选择照片图像，将照片置入编辑窗口中。

图13-12-2

第3步 布置照片

如果需要调整照片尺寸，按Ctrl+T快捷键，点选工具箱里的［拖动工具］拖动四周的控制柄以适应日历画布（为了保持图像宽高比例，拖动时按住Shift键）。

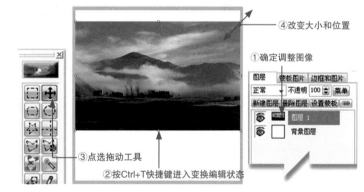

图13-12-3

第4步 插入日历

选择【工具 > 插入日历】菜单命令，打开［插入日历］对话框，选择相应的［日期］、［日历类型］、［排列方式］以及字体、字色、间距等选项，设置好以后单击［确定］按钮。

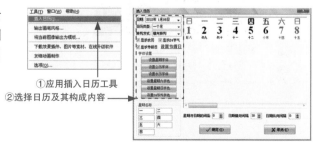

图13-12-4

第5步　调整日历大小和位置

②点选［拖动工具］

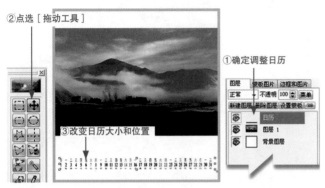

①确定调整日历

③改变日历大小和位置

图13-11-5

生成的日历为一个透明的带有四周控制柄图层，使用［拖动工具］将日历拖至适当位置，并拖动四周控制柄调整日历的大小。

第6步　插入其他日历信息

①点选［文字工具］

②输入文字及字体大小、颜色设置

图13-11-6

单击工具箱中的［文字工具］，在图像中单击，弹出［创建文字层］对话框，为日历加入年、月信息，单击［确定］按钮后，用［拖动工具］调整文字的大小与位置。字体板式不一样时，可多创建几个文字层，如一些文字点缀。

第7步　布局和调整整体效果

②点选［拖动工具］

①确定调整文本

③调整文本大小和位置

图13-11-7

在右侧的图层列表调板中，点选要调整的素材元素的图层，用［拖动工具］调整元素的尺寸大小、位置等，直到满意后就基本大功告成了。

　　调整各元素的大小和位置

第8步 存储为自己的个性日历模板

一套日历往往是多个月份或星期组成的，同一套日历应该具有相同的板式，如果逐张完成，不但工作量大，而且无法保证版式的一致性。因此，可以将上述的样式存为模板，以此作为一套日历的蓝本。

选择【文件 > 将当前图像输出为模板】菜单命令，在弹出的［输出模板］对话框中，选择相应的模板类型和选项，单击［确定］按钮，系统将此图像的样式存储为日历模板，最后弹出模板成功导出提示框。

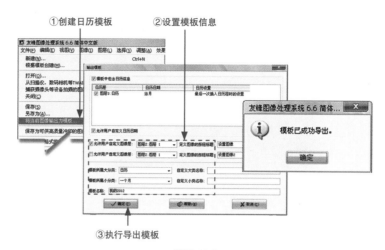

①创建日历模板 ②设置模板信息

③执行导出模板

图13-12-8

第9步 调用自己的日历模板

别忘了存储刚做好的那一张照片日历，它也是一套日历中的一张，然后关闭。

如13.11节那样，打开日历模板后可以在模板预览区中找到自己制作的日历模板。

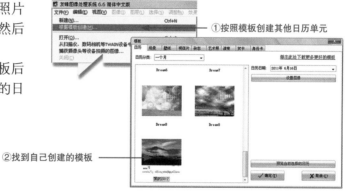

①按照模板创建其他日历单元

②找到自己创建的模板

图13-12-9

第10步 修改不同的内容

如同13.11节一样进行模板日历制作。在模板制作时，存储了固定的一些文字（如月份号、标题等）或图案信息，如果在新的日历中不正确或不需要，则点选右侧的图层列表调板中对应元素的图层，进行相应的修改编辑，完成后存储日历图像。

修改不适合的图像与文字内容

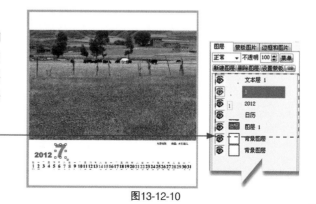

图13-12-10

统一样式的个性日历

图13-12-11

交流分享——第14章

展 示 与 打 印 照 片

网络时代为摄影作品提供了跨空间跨时间的交流与展示方式，互联网的虚拟空间已成为全世界最大的作品展厅。数码摄影师通过个人博客、网上画廊、网站论坛等网络虚拟空间发布自己的摄影作品已成为未来摄影作品展示的常态形式。

本章介绍一些摄影作品的电子交流文档的制作，这些工具大多是内嵌在图像处理系统中的功能，不需要太多的网络编程知识，具有简明易学、操作简单、过程快捷、样式丰富的特点，非常适合大众摄影爱好者。

照片版权水印标签

目前大多数数码相机都能记录照片拍摄的数据信息，只要在相机里设置相应的个人信息，所拍摄的照片将自动携带数据信息。这里介绍的是指在照片图像上添加一些个人水印标签，以便更好地保护图片版权，避免未经授权的盗用或剽窃。

第1步　新建透明图像

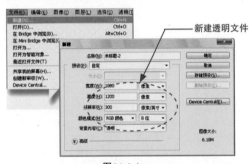

图14-1-1

首先需要制作个人的版权签名图章，选择【文件>新建】菜单命令，打开［新建］对话框，设置文件［宽度］、［高度］和［分辨率］（参见附录D），［颜色模式］为RGB颜色、8位，关键一点是［背景内容］必须选择透明，然后单击［确定］按钮。

第2步　输入个人版权信息文字

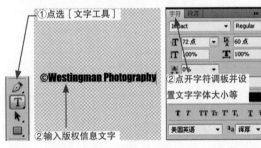

图14-1-2

单击工具箱中的［文字工具］按钮，在图像中单击一下，即可输入文字，文字输入完成后，按住鼠标左键划过所有的文字使得文字反白（此时文字处于被选取状态），然后单击字符调板标签，在打开的字符调板中可以选择文字的［字体］、［大小］、［行距］和［间距］等。

第3步　调整文字布局

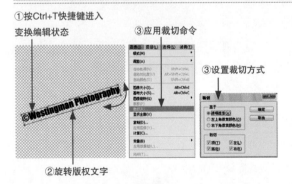

图14-1-3

完成文字的字体及大小等调整后，用鼠标在图层调板里单击一下文字图层缩略图，然后按Ctrl+T快捷键，将文字置于自由变换编辑状态，把鼠标指针移至控制块的一个角点上，鼠标指针会变成旋转图标，拖动鼠标使得文字倾斜，按［Enter］键确认旋转文字完成。然后，选择【图像>裁切】菜单命令，在弹出的［裁切］对话框中勾选基于［透明像素］复选框和裁切顶、底、左、右，单击［确定］按钮。

第4步 将版权文字信息定义为图案

裁切完成后，图像去掉了上、下、左、右多余的空白，选择【编辑＞定义图案】菜单命令，在［图案名称］对话框中输入版权图案的［名称］："我的版权"。单击［确定］按钮后，该版权文字被当做图案永久保存在你的Photoshop中。然后关闭新建的文档，无须保存。

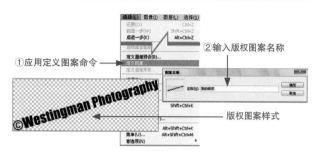

①应用定义图案命令

②输入版权图案名称

版权图案样式

图14-1-4

第5步 打开添加版权信息的照片

打开需要加入版权信息的照片，单击图层调板下方的［创建新图层］按钮，创建一个空白透明的图层1。

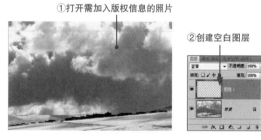

①打开需加入版权信息的照片

②创建空白图层

图14-1-5

第6步 填充版权图案

选择【编辑＞填充】菜单命令（或按Shift+F5快捷键），打开［填充］对话框，在［内容使用］中选择图案，并单击［自定图案］图标，在图案列表中可以找到第4步存入的"我的版权"图案，并点选。

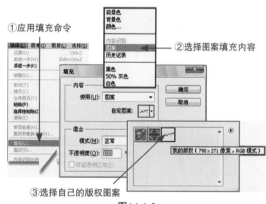

①应用填充命令

②选择图案填充内容

我的版权（790 x 271 像素，RGB 模式）

③选择自己的版权图案

图14-1-6

第7步 调整版权图案

单击［填充］对话框中的［确定］按钮后，图层1填充了排列的版权图案，将图层1的［混合模式］设为柔光（或者叠加），降低［不透明度］至30%左右。

完成后合并图层。

柔光图层混合模式

版权图案图层不透明度30%

图14-1-7

14.2 制作个人网上画廊

拥有属于自己的个人主页或博客已不是专业摄影师专用展示方式，随着互联网服务项目的发展，任何一位摄影爱好者都可以轻而易举地将自己的作品在互联网上展示宣传。

安装了Photoshop CS5完全版同时也会安装一个Adobe Bridge CS5软件，它是Adobe图像处理软件的控制中心，它提供了简便快捷的网页作品和电子照片集的生成工具。

第1步 运行Adobe Bridge

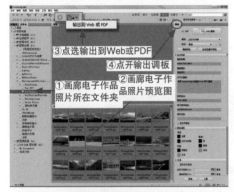

③点选输出到Web或PDF
④点开输出调板
①画廊电子作品照片所在文件夹
②画廊电子作品照片预览图

图14-2-1

建立一个文件夹upload to Web，将需要制作网上画廊的电子作品照片全部放入文件夹中。

运行Adobe Bridge CS5，在左边的文件夹操作栏中将上述文件夹选中（本案例选用事先做好的作品文件夹），在预览区下方显示出作品缩略图（拖动下方的缩略图大小控制滑块可改变缩略图大小）。单击上方快捷栏中的［输出到Web或PDF］按钮，窗口右边呈现输出设置调板。

第2步 选择画廊模式

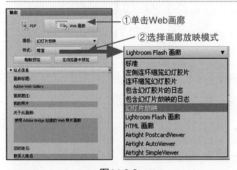

①单击Web画廊
②选择画廊放映模式

图14-2-2

单击输出设置调板上方的［Web画廊］图标按钮，选择制作网上画廊，在［模式］选栏中选择画廊放映方式（本案例选用Lightroom Flash画廊模式）。

第3步 设置画廊网页信息

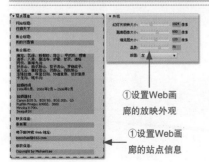

①设置Web画廊的放映外观
①设置Web画廊的站点信息

图14-2-3

在站点信息栏中设置画廊照片的［网站标题］、［联系信息］、［版权信息］等站点信息以及［外观］等相应参数（本案例输入网站标题"行摄天下"，以下设置仅供参考）。

［幻灯片放映大小］设置为1024；［画廊图像大小］设置为600；［浏览图像大小］设置为120；［品质］设置为70。

第4步 选择画廊作品

按住Ctrl键，点选需要加入作品集的照片（如果选用全部，则单击第一张照片后，按住Shift键单击最后一张照片，或直接按Ctrl+A快捷键将照片全选）。

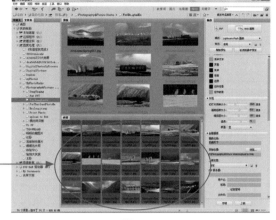

按住Ctrl键选择上传Web画廊的照片作品 ——

图14-2-4

第5步 制定画廊的存储位置

如果您拥有个人的网络FTP服务器，并支持上传服务，则可从服务商那里获得HTTP地址，填入［上载位置］，当然本案例并没有实际上传网络，而是存储在计算机硬盘空间中，填入刚开始建立的文件夹upload to Web中。然后单击输出调板下方的［存储］按钮（如果是上传则单击［上载］按钮）。

①输入Web画廊作品集标题

②选择Web画廊作品保存文件夹

③输入Web画廊站点网络信息

④选择本地保存或上传网站

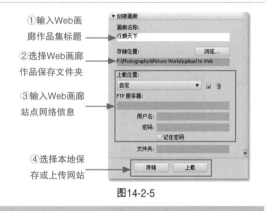

图14-2-5

第6步 创建进程

Adobe Bridge CS5进入创建（或上传）画廊的进程，如果作品比较多则需要等待一段时间，进程完成后弹出画廊创建完毕提示框，单击［确定］按钮完成画廊制作。

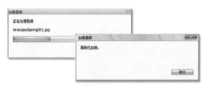

图14-2-6

第7步 浏览画廊

在先前创建的文件夹upload to Web中，得到一个"行摄天下"的文件夹（其实是在第5步中设置的画廊名称），里面包括了Web上所需的所有文件和文件夹，包括主页文件index.html。使用Web浏览器打开这个索引文件（双击那个主页文件），即可浏览画廊。

图14-2-7

14.3 制作电子作品集

电子作品文档在当今互联网飞速普及的时代已成为摄影作品展示和交流的必然形式，这里介绍的制作方法可以非常便利的将大量的摄影作品制作成电子文档，同时其版权也能得到很好的保护。

第1步　打开作品集功能

图14-3-1

建立一个文件夹，将需要制作电子作品集的照片全部放入文件夹中。

运行Adobe Bridge CS5，在左边的文件夹操作栏中将上述文件夹选中（本案例选用事先做好的作品文件夹），在预览区下方显示出作品缩略图（拖动下方的缩略图大小控制滑块可改变缩略图的大小）。单击快捷栏的［输出到Web或PDF］按钮，窗口右边呈现输出设置调板。

第2步　设置作品集参数

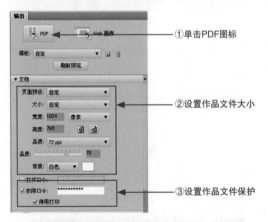

图14-3-2

单击输出设置调板上方的［PDF］图标按钮，设置电子作品集的参数（以下设置仅供参考）：

［宽度］设置为1024；［高度］设置为768；［单位］设置为像素；［品质］设置为72ppi；［横向图幅］设置为点选；［品质］设置为80；［背景］设置为白色。

 修复画笔工具技巧

强烈建议勾选［权限口令］的复选框，并输入密码，且勾选［停用打印］复选框。这样，您的作品集仅能在计算机屏幕上观看，而无法打印，也无法通过复制到其他文档中再打印。这样更有利于保护作品的成果和版权。

如需要为照片添加信息水印等，可在相应的设置中加入（本案例省略）。

第3步 选取作品集照片

按住Ctrl键，点选需要加入作品集的照片
（如果选用全部，则单击第一张照片后，按
住Shift键单击最后一张照片，或直接按Ctrl+A
快捷键将照片全选）。勾选输出调板最下方
的［存储后查看PDF］复选框，以便输出完成
后检查作品集效果。最后单击输出调板下方
的［存储］按钮。

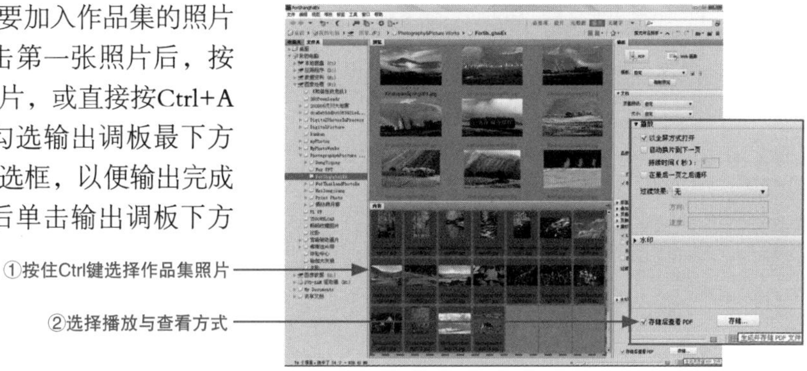

①按住Ctrl键选择作品集照片

②选择播放与查看方式

图14-3-3

第4步 输入电子作品集文件名

弹出［存储］对话框，设置作品集所
［保存在］的位置和［文件名］（本案例存
储在PDFworks文件夹下，文件名为"我的川
西"），然后单击"保存"按钮。

键入作品集的文件名

图14-3-4

第5步 进入制作进程

系统进入"生成PDF图像目录清单"进
程，进程结束后如果在输出设置栏中选择全
屏模式，则会弹出"全屏"警示确认框，单击
［是］按钮。

图14-3-5

第6步 查看效果

因为在第2步里选用了［存储后查看
PDF］选项，系统将自动运行Adobe Reader
阅读器以全屏方式打开刚制作好的PDF作品
集（您的电脑中需要安装Adobe Reader阅读
器软件）。如果想退出全屏模式显示，可按
Esc键。

图14-3-6

第7步　良好的版权保护

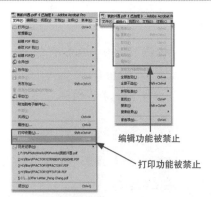

图14-3-7

编辑功能被禁止

打印功能被禁止

在Adobe Reader里，单击文件或编辑菜单，会发现打印功能和编辑中的复制、粘贴等功能都没有激活。也就是说该作品集仅供计算机浏览交流而无法打印，也无须担心您的作品被复制到其他软件或文档中去。

14.4 制作演讲幻灯片

ACDSee Photo Manager 12提供了制作演讲幻灯片的功能，同样非常方便，而且简洁易学。

第1步　准备幻灯片照片

点选创建幻灯片导航

图14-4-1

首先，将要制作成幻灯片的照片放置在一个文件夹中。然后，选择【创建＞创建幻灯片】菜单命令，进入创建幻灯放映向导（以下按照向导，在完成每一步操作项后，单击［下一步］按钮进入下一步操作。

第2步　选择幻灯片文件类型

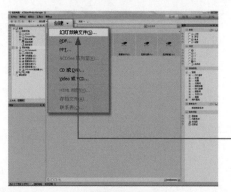

①选择幻灯片播放文件格式

②进入下一步导航

图14-4-2

进入创建幻灯放映向导窗口后，首先需要选择幻灯片的播放文件类型：

（1）独立幻灯片（.exe文件格式）：无须安装任何播放软件，可以直接在Windows环境下放映。

（2）Windows屏幕保护（.scr文件格式）：以Windows操作系统的屏幕保护方式放映。

（3）Macromedia Flash幻灯片（.swf文件格式）：需要在安装了Flash播放器下放映。

选择后，单击［下一步］按钮，进入为幻灯片添加图像向导。

第3步　加入幻灯片图像

在选择图像导向窗口中单击［添加］按钮，打开［添加图像］对话框，在文件夹面板栏中选用需建立幻灯片的图像文件夹（如第1步建立的文件夹），在可用项目中用鼠标点选所需要加入幻灯片的图像（需要选择多张图像时，按住Ctrl键单击图像），然后单击将图像添加到选择的项目面板栏中。

如需再添加图像，可继续在文件夹中寻找添加。如需删除或改变幻灯片顺序，可在选择的项目面板栏中单击相应图像，单击［删除］、［左移］或［右移］按钮。整理完毕后，单击［确定］按钮回到向导面板，单击［下一步］按钮进入下一步操作。

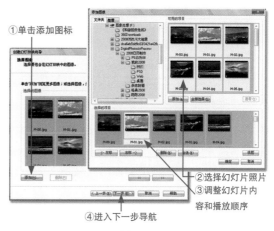

①单击添加图标

②选择幻灯片照片

③调整幻灯片内容和播放顺序

④进入下一步导航

图14-4-3

第4步　设置图像放映特效

向导进入设置文件特有选项对话框，在每个图像右侧均有5项设置选项，单击可打开相应设置：

转场：设置幻灯片切换的方式。

转场持续时间：设置该图像切换过程的时间长短。

幻灯持续时间：当前图像播放时间长短。

标题：设置该图像的文字标题。

音频：设置该图像的音频播放效果。

如果全部图像设置相同只需对某一幅图像设置，并勾选［应用至全部图像］复选框。

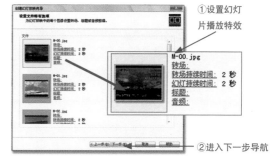

①设置幻灯片播放特效

②进入下一步导航

图14-4-4

第5步　设置幻灯片放映选项

按照提示设置幻灯放映选项，如每幅图像播放的时间、播放的背景音乐等。

如需要演讲中进行手工操作转换图像，在常规栏目中的前进选用［手工］项。选择此选项则无法设置背景音乐。

①添加幻灯片背景音乐

②进入下一步导航

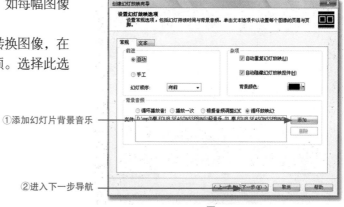

图14-4-5

第6步 设置幻灯片文件

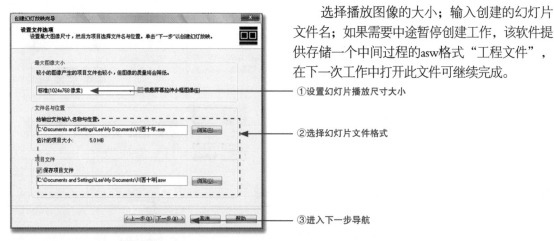

图14-4-6

选择播放图像的大小；输入创建的幻灯片文件名；如果需要中途暂停创建工作，该软件提供存储一个中间过程的asw格式"工程文件"，在下一次工作中打开此文件可继续完成。

————①设置幻灯片播放尺寸大小

————②选择幻灯片文件格式

————③进入下一步导航

第7步 生成幻灯片文件

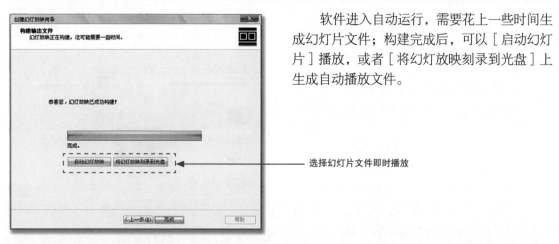

图14-4-7

软件进入自动运行，需要花上一些时间生成幻灯片文件；构建完成后，可以［启动幻灯片］播放，或者［将幻灯放映刻录到光盘］上生成自动播放文件。

————选择幻灯片文件即时播放

第8步 放映效果

图14-4-8

播放中任何时候按Esc键可中断幻灯片播放。

友锋软件制作独立演示幻灯片

国产软件《友锋电子相册制作》也是一款简单、快捷、易学的电子作品演示制作软件，尤其适合不熟悉电脑操作或不希望花太多精力在电脑制作上的用户。

第1步 调入幻灯片作品相片

首先需要将做成幻灯片的每一张作品照片处理好，并建议做成同一大小的尺寸。常见的图像尺寸为1024×768，建议不要小于800×600，分辨率设为72dpi。然后进入《友锋电子相册制作》系统，单击［添加相片］按钮，打开调入相片窗口，按住Ctrl或Shift键选取需要建立演示幻灯片的所有图像文件，单击［打开］按钮。

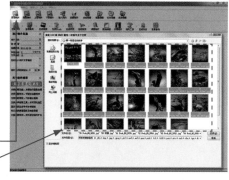

①点选［添加相片］图标

②按住Ctrl或Shift键选择幻灯片文件，选择幻灯片图像文件

图14-5-1

第2步 编排幻灯片顺序

单击需要调整顺序的照片，通过单击［移除相片］、［上移相片］或［下移相片］等按钮，可移去相片或改变相片的顺序。也可用鼠标直接抓取照片到所需的位置。

①拖动幻灯片文件可进行排序

②按着Ctrl或Shift键选择幻灯片文件选择幻灯片图像文件

图14-5-2

第3步 开始生成幻灯片的导航操作

单击［生成相册］工具按钮，打开根据模板生成相册选项窗口，其中提供了多种形式电子相册，我们希望生成能独立运行的演示幻灯片文件，因此点选普通幻灯片相册默认模板。系统提供了多种电子格式，并在窗口提示不同格式的特点，本案例选择独立运行的EXE文件格式。

①单击［生成相册］工具

②选择相册模板

③选择相册文件格式

图14-5-3

第4步 设置幻灯片播放方式

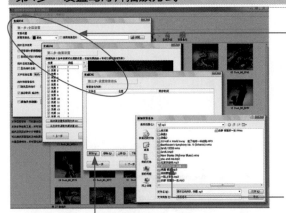

①按照导航进行相应设置

进入幻灯片生成导航后，按照导航窗口顺序进入全局设置、效果设置和设置背景音乐3个窗口，分别设置幻灯播放时间、切换方式、背景颜色以及背景音乐等设置，设置完成后单击［下一步］按钮进入下一个设置窗口。在设置背景音乐窗口中，单击［添加］按钮打开添加背景音乐窗口，载入背景音乐。

③选择背景音乐文件

②单击背景音乐［添加］按钮

图14-5-4

第5步 设置背景音乐的同步歌词

单击设置背景音乐的［下一步］按钮后，该软件提示需要载入同步歌词文件。如果不需要歌词同步可在提示框中单击［否（N）］按钮。

无音乐同步歌词则单击［否（N）］按钮

图14-5-5

第6步 输出设置

进入输出设置导航窗口，根据幻灯片播放方式设置相应参数，单击［完成］按钮后在［请设置将要生成的EXE的保存位置］对话框中输入幻灯片［文件名］，并设定所［存放在］的文件夹位置。单击［保存］按钮进入下一步。

②单击［完成］按钮

③输入幻灯片文件名

①设置幻灯片播放方式

图14-5-6

第7步　生成并打开幻灯片

友锋电子相册制作系统进入生成进程，完成后将提示打开幻灯片所在文件夹，单击［是（Y）］按钮即可打开文件夹，双击幻灯片文件图标即可演示幻灯。

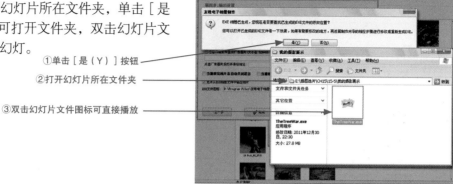

①单击［是（Y）］按钮

②打开幻灯片所在文件夹

③双击幻灯片文件图标可直接播放

图14-5-7

 修复画笔工具技巧

该软件可以生成可独立运行的EXE文件，也可以生成视频文件、屏幕保护文件。也可以选择生成Flash方式，便于利用网页展示。

EXE文件是一个独立的可电脑直接运行的文件，不受电脑系统环境的影响也无须专用播放软件的支持，文件小图像清晰，不可再编辑，有利于版权保护，但仅适合在电脑中使用。

视频文件（如AVI、MPG、3GP、MP4）即可在电脑中播放，也可以在手机、VCD/DVD机等设备中播放，也可转换为其他视频格式，上传网站在网页中播放，但文件往往很大，需要配有专门的播放软件才能播放，也可使用对应的编辑软件打开，当然也就不利于作品的版权保护。

友峰软件制作电子相册

《友锋电子相册制作》软件可以方便地将大量的照片制作成电子相册，软件通过丰富多彩的特效、动态场景、3D场景等预设模板，即可轻松制作像书本一样翻页的相册，并可对电子相册设置密码。

第1步　选择电子相册模板

首先按照上一节中介绍的第1、2步将照片置入软件中，然后单击［生成相册］工具按钮，打开［根据模板生成相册］对话框，本案例选择［书本型相册］。单击［确定］按钮进入生成电子相册导航操作。

①单击［生成相册］

②选择电子相册模板

图14-6-1

第2步　设置电子相册各项参数

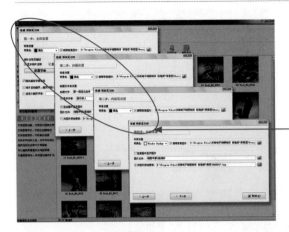

按照导航窗口分别设置相册的背景颜色、背景音乐播放、封面页、内容页、封底页等画页方式的设置。每设置完毕一个窗口后单击［下一步］按钮进入下一个设置窗口。

按生成导航执行操作，设置相应选项值

图14-6-2

第3步　添加背景音乐

在背景音乐设置窗口中，单击［添加］按钮，打开添加背景音乐窗口，载入所需的背景音乐。

②选择背景音乐文件

图14-6-3

第4步　输出设置

进入输出设置导航窗口，单击［完成］按钮后在［另存为］对话框中输入电子相册［文件名］，并设定所［存放在］的文件夹位置。单击［保存］按钮进入下一步。

①单击［完成］按钮

②输入电子相册文件名

图14-6-4

第5步　生成并打开电子相册

友锋电子相册制作系统进入生成进程，完成后将提示打开电子相册所在文件夹，单击 ［是（Y）］按钮即可打开文件夹，双击电子相册文件图标即可打开电子相册。

①单击［是（Y）］按钮

②打开电子相册所在文件夹

③双击电子相册文件图标可直接阅读

图14-6-5

本案电子相册样式（封面、目录、内页）：

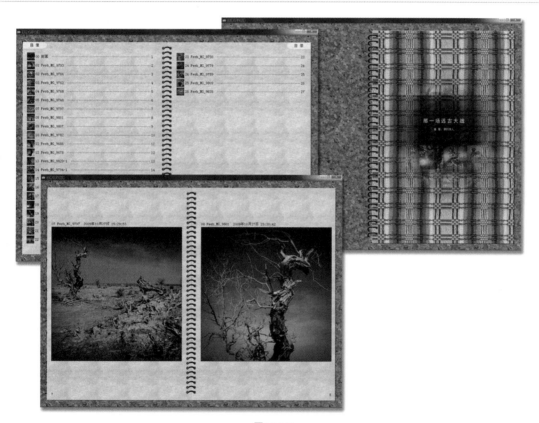

图14-6-6

 修复画笔工具技巧

友锋电子相册制作系统提供了灵活的电子相册模板，作者可以自行设计制作模板，也可以到友锋官方或通过软件的在线升级工具下载更新模板库。

打印照片

这里介绍的打印照片并非讲解打印照片的进程如何操作，由于打印设备不同，打印操作方式也有可能不同，这里主要是针对打印照片中影响打印图像品质效果的设置进行介绍。一般来说，专业的照片打印机的驱动程序都拥有色彩管理的功能和选项。因此，建议安装原厂家的打印机驱动程序。

第1步 检查打印图像的像素尺寸

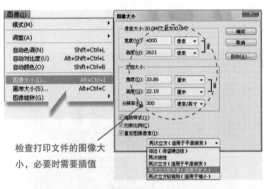

检查打印文件的图像大小，必要时需要插值

图14-7-1

先打开需要打印的照片，照片像素大小需要满足打印的尺寸大小的要求，请参见本书附录D中的附表。通过选择【图像>图像大小】菜单命令，打开［图像大小］对话框检查，必要时可以做一定的插值放大，但这种放大的幅度是有限的，一般来说放大1.5倍以内是可以接受的。

第2步 打印设置菜单

②选择对应的打印机

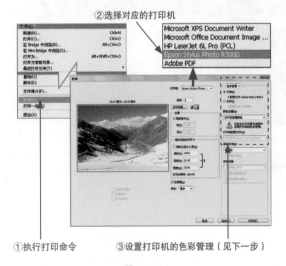

①执行打印命令　③设置打印机的色彩管理（见下一步）

图14-7-2

选择【文件>打印】菜单命令，打开［打印］对话框，首先选择对应的［打印机］设备，然后打印预览图像可以清楚看到打印范围，必要时通过［画幅横/竖］选择按钮调整图像与纸张的方向，以及调整［位置］或［缩放］比例。然后选择［色彩管理］：

（1）使用Photoshop自身的色彩管理特征来打印。

（2）使用照片图像本身自带的色彩管理特征来打印。

（3）使用本打印机的色彩管理特征来打印。

第3步 打印色彩管理设置（1）——使用Photoshop的色彩管理特征打印

这种色彩管理是将照片按照Photoshop内嵌的色彩管理来打印。

③关闭打印机色彩管理模式

①选择Photoshop管理颜色

②设置打印机与文档一致的配置文件，本案例为：Adobe RGB（1998）

图14-7-3

第4步 打印色彩管理设置（2）——使用图像本身自带的色彩管理特征打印

这种色彩管理就是以照片图像本身内嵌的色彩管理来打印。

①选择打印机管理颜色

②打开打印机色彩管理的ICM模式

③选择主机ICM模式

图14-7-4

第5步 打印色彩管理设置（3）——使用打印机本身的色彩管理特征打印

这种色彩管理就是以打印机的色彩管理来打印。

①选择打印机管理颜色

②打开打印机色彩管理的ICM模式

③选择驱动程序ICM模式

图14-7-5

第6步 选择渲染方法

图14-7-6

在进行色彩空间转换时，往往会丢失或增加一些原图像不存在的颜色，［渲染方式］就是指定打印系统以何种方式处理这类颜色的还原和过渡。打印照片时建议选择可感知或相对比色，请参见第2.1.3节。

第7步 打印

完成以上设置后即可进入打印，单击［打印］按钮，按照导航提示完成即可。

附录A 本书工具命令索引

1. 工具箱按钮

编辑工具组

移动工具	9.5.8/9.7.1
选框工具组	
• 矩形选框工具	8.18.1/
• 椭圆选框工具	9.8.4
套索工具组	
• 套索工具	6.19.1/8.13.1
• 多边形套索工具	11.3.7
快速选择工具	9.4.1
裁剪工具	3.1
吸管工具组	
• 吸管工具	
• 颜色取样器工具	6.2.3
• 标尺工具	3.7

修饰工具组

修复画笔工具组	
• 污点修复画笔工具	7.1/8.1
• 修复画笔工具	7.2/8.1
• 修补工具	7.3/8.2
• 红眼工具	8.1.3
画笔工具	4.6.4
仿制图章工具	7.6/8.3
渐变工具	7.7.2/9.2.2
模糊/锐化/涂抹工具	
加深/减淡/海绵工具	9.15.10

矢量工具组

钢笔工具	8.16.1
文字工具	
形状工具	

视图工具组

抓手工具	9.5.2
视图缩放工具	3.6/9.5.4
前景色/背景色	9.2.1
• 默认前景/背景色	7.7.1
• 前景/背景色切换	8.4.7
快速蒙版编辑状态	9.5.1

2. 菜单命令

文件菜单

新建（图像文件）	附录F.7.1
打开（图像文件）	2.4.1
在Bridge中浏览	10.7.1
自动	
• 裁剪并修齐照片	8.12.4
• Photomerge	10.1.1
• 合并到HDR pro	10.3.1
打印	

编辑菜单

拷贝	8.14.2
粘贴	8.14.3
清除	
填充	
• 内容识别	7.4
• 前景色	8.5.8
• 背景色	11.3.9
图案	
描边	
自由变换	8.13.2/8.18.2/11.3.4
变换	
• 斜切	11.3.5
• 扭曲	8.12.2
• 变形	10.1.4
• 水平翻转	
自动对齐图层	10.7
自动混合图层	10.7
定义图案	
颜色设置	2.1.2
首选项	2.1.2

图像菜单

模式	附录D
• 灰度	6.13
• 双色调	6.13
• RGB颜色	附录D/6.8/9.12/12.2
• Lab颜色	附录D/6.8/9.12/12.2
• 8位	4.4
• 16位	4.4

调整			取消选择	8.18.3
● 亮度/对	6.16.6		反向	7.8.2
● 色阶	2.3.1		色彩范围	
● 曲线	2.3.2		调整边缘	9.4.3
● 曝光度	5.1.2		修改	
● 自然饱和度	（见调整调板）		● 边界	
● 色相/饱和度	2.3.3		● 平滑	
● 色彩平衡	2.3.4		● 扩展	
● 黑白	6.11.2		● 收缩	
● 照片滤镜	9.1.2		● 羽化	4.9
● 通道混合器	9.10.2		扩大选取	
● 反相	9.4.9/11.11.2		选取相似	
● 阈值	（见调整调板）		变换选区	11.7.5
● 渐变映射	（见调整调板）		载入选区	
● 可选颜色	2.3.5		存储选区	
● 阴影/高光	5.5.3/4.4.6			
● HDR色调			滤镜菜单	
● 去色	11.11.1		镜头校正	3.9
● 匹配颜色	8.7.1		液化	8.15.2/8.17
图像大小	3.4/4.4.4		消失点	7.5
画布大小	3.4		风格化	
图像旋转	3.7.4		● 查找边缘	11.11.7/12.4.3
● 任意角度	8.12.1		● 浮雕效果	11.14.8/12.3.2
● 旋转90度（顺时针）			● 照亮边缘	
● 旋转90度（逆时针）			画笔描边	
裁切			● 成角的线条	11.14.5
应用图像	4.4.5/9.3.6		● 喷溅	11.11.6
计算	8.5.3		模糊	
			● 动感模糊	9.5.7
图层菜单			● 高斯模糊	8.4.2
新建			● 径向模糊	9.6.4/11.2.6
● 图层	9.13.1		● 镜头模糊	9.4.8
● 从图层建立组			扭曲	
复制图层	11.6.6		● 波浪	13.7.7
向下合并/合并图层	11.5.5		● 玻璃	11.14.3
合并可见图层	6.12.3/8.5.8		● 极坐标	11.10.3
拼合图像	4.2.4		● 水波	11.7.3/11.7.4
			● 置换	11.6.7
选择菜单			锐化	
全选	8.12.2		● USM锐化	12.1/9.12.3

素描			图层不透明度设置	4.2.3
• 半调图案	11.6.3/11.16.7		图层填充设置	
• 绘图笔			显示/隐藏图层可见性	6.2.5/8.4.6
• 水彩画纸			图层蒙版与图层链接	
• 撕边			添加图层样式	附录F 3.4
纹理			• 混合选项	11.12.4
• 纹理化	11.14.6		• 投影	附录F 3.3
像素化			• 斜面和浮雕	附录F 8.6
点阵化			• 渐变叠加	附录F 8.6
• 晶格化	11.5.4.		• 描边	附录F 4.4
渲染			添加图层蒙版	7.7.5
• 分层云彩			创建调整图层	（见调整调板）
• 光照效果			创建新组	
• 镜头光晕			创建新图层	4.2/11.2.5
• 纤维			删除当前图层	
• 云彩			右击图层栏	
艺术效果			• 图层属性	
• 干画笔	11.13.3		• 混合选项	
• 绘画涂抹	11.14.4		• 复制图层	
• 木刻	11.13.2		• 删除图层	
• 涂抹棒			• 转换为智能对象	
杂色			• 通过拷贝新建智能对象	10.5.3
• 减少杂色	8.7.4		• 栅格化图层	
• 添加杂色	6.12.4		• 停用图层蒙版	
• 中间值	11.13.4		• 创建剪贴蒙版	
其他			• 链接图层	
• 高反差保留	8.5.2/11.17.1/12.6.3		• 选择链接图层	
• 最小值	11.12.3		• 选择相似图层	
			• 拷贝图层样式	
			• 粘贴图层样式	
			• 清除图层样式	
			• 合并图层	（见图层菜单）
			• 合并可见图层	（见图层菜单）
			• 拼合图像	（见图层菜单）
			右击图层蒙版缩略图	
			• 停用图层蒙版	
			• 删除图层蒙版	
			• 应用图层蒙版	
			• 添加蒙版到选区	
			• 从选区中减去蒙版	
			• 蒙版与选区交叉	
			• 调整蒙版	9.4.3
			• 蒙版选项	
			右击组图层	
			• 复制组	
			• 合并组	

3. 调板按钮/命令

图层调板按钮	
图层混合模式设置	
• 正片叠底	4.3
• 颜色加深	11.11.11
• 滤色	4.2
• 颜色减淡	11.12.3/11.15.3
• 叠加	9.9.2
• 亮光	11.13.2
• 强光	11.17.3
• 颜色	6.9.3/8.11.4
• 明度	11.16.1

调整调板按钮	
亮度/对比度	6.16.6
色阶	5.2
曲线	2.4.2
• 目标调整工具	2.3.7
• 黑场吸管工具	6.2.6
• 白场吸管工具	6.2.7
• 灰场吸管工具	6.2.8
• 通道调整	6.18.2
曝光度	5.1
自然饱和度	11.13.6
色相/饱和度	6.5
• 目标调整工具	2.3.7
• 色相滑块	6.19.3
• 饱和度滑块	6.5.2
色彩平衡	6.15.3
黑白	6.11
• 目标调整工具	2.3.7
照片滤镜	6.4/9.1.1
通道混合器	6.14.2
反向	（见图像调整菜单）
色调分离	
阈值	6.2.2
渐变映射	11.9.2

可选颜色	
返回按钮列表	11.8.4
调整面板大小切换	
建立剪贴调整图层	8.6.2
切换调整图层可见性	
查看上一步调整效果	
复位到调整默认值	
删除当前调整图层	

通道调板按钮	
将通道作为选区载入	7.8.1/12.4.7
将选区存储为通道	
创建新通道	
• 复制通道	11.1.3
删除当前通道	

路径调板按钮	
用前景色填充路径	
用画笔描边路径	
将路径作为选区载入	8.16.2
从选区生成工作路径	
创建新路径	
删除当前路径	

附录B　常用调图快捷键

1. 工具箱

同一工具组中不同工具可用Shift+快捷键循环选取

移动工具	V
• 快速进入临时移动工具	按住空格键
选取工具（组）	M
套索工具（组）	L
快速选取/魔棒工具	W
裁剪工具	C
吸管（标尺）工具	I
修复画笔工具（组）	J
画笔工具（组）	B
• 改变画笔笔头小/大	[或]
仿制图章工具	S
历史记录画笔工具	Y
橡皮擦工具（组）	E
渐变/油漆桶工具	G
模糊/锐化/涂抹工具	（无）
减加/深淡/海绵工具	O
钢笔工具	P
文字工具	T
路径选取工具	A
形状工具（组）	U
抓手工具	H
• 快速进入临时抓手工具	按住Ctrl
旋转视图工具	R
缩放工具	Z
• 满视窗显示	Ctrl+0
• 按100%图像显示	Ctrl+1
• 放大视图	Ctrl++
• 缩小视图	Ctrl+ −
默认前景色和背景色	D
切换前景色和背景色	X
快速蒙版模式编辑	Q

2. 文件操作

新建文件	Ctrl+N
打开文件	Ctrl+O
打开Bridge浏览	Alt+Ctrl+O
打开为	Alt+Shift+Ctrl+O
关闭文件	Ctrl+W
关闭全部文件	Alt+Ctrl+W
关闭并转到Bridge	Shift+Ctrl+W
存储文件	Ctrl+S
存储文件为（即另存为）	Shift+Ctrl+S
存储文件为Web格式	Alt+Shift+Ctrl+S
文件简介	Alt+Shift+Ctrl+I
打印文件	Ctrl+P
仅打印一份	Alt+Shift+Ctrl+P
退出Photoshop	Ctrl+Q

3. 编辑操作

还原上一步操作	Ctrl+Z
前进一步操作	Shift+Ctrl+Z
后退一步操作	Alt+Ctrl+Z
渐隐	Shift+ Ctrl+F
剪切	Ctrl+X
拷贝	Ctrl+C
合并拷贝	Shift+Ctrl+C
粘贴	Ctrl+V
选择性粘贴	
• 原为粘贴	Shift+Ctrl+V
• 贴入	Alt+Shift+Ctrl+V
填充	Shift+F5
• 以前景色填充选区	Alt+Del
• 以背景色填充选区	Ctrl+Del
• 删除选区中内容	Del
内容识别比例	Alt+Shift+Ctrl+C
自由变换	Ctrl+T
• 以中心做对称变换	按住Alt键
• 限制水平垂直或比例变换	按住Shift键
• 自由控制点变换	按住Ctrl键
• 取消变换	Esc
• 变换确认	Enter
再次变换	Shift+Ctrl+T
颜色设置	Shift+Ctrl+K
键盘快捷键	Alt+Shift+Ctrl+K
菜单设置	Alt+Shift+Ctrl+M
首选项（常规）	Ctrl+K

4. 图像操作

色阶	Ctrl+L
• 以1为单位移动黑白滑块	上下方向键
• 以0.01为单位移动灰滑块	上下方向键

曲线	Ctrl+M
• 以2为单位移动曲线	上下左右方向键
色相/饱和度	Ctrl+U
• 以1为单位移动滑块	上下方向键
色彩平衡	Ctrl+B
• 以1为单位移动滑块	上下方向键
黑白	Alt+Shift+Ctrl+B
• 以1为单位移动滑块	上下方向键
反相	Ctrl+I
去色	Shift+Ctrl+U
自动色调	Shift+Ctrl+L
自动对比度	Alt+Shift+Ctrl+L
自动颜色	Shift+Ctrl+B
图像大小	Alt+Ctrl+I
画布大小	Alt+Ctrl+C

5. 图层操作

以对话框新建一个图层	Shift+Ctrl+N
新建一个空白图层	Alt+Shift+Ctrl+N
通过拷贝建立图层	Ctrl+J
以对话框通过拷贝建立图层	Alt+Ctrl+J
删除当前图层	Del
创建/释放剪切蒙版	Alt+Ctrl+G
图层编组	Ctrl+G
取消图层编组	Shift+Ctrl+G
向下/合并已选定图层	Ctrl+E
合并可见图层	Shift+Ctrl+E
盖印可见图层：将可见图层拷贝并合并为当前图层	Alt+Shift+Ctrl+E
向下/向上选择下一个图层	Alt+[或]
选择顶层图层	Alt+. (句号)
选择底层图层	Alt+, (逗号)
将当前图层下移/上移一层	Ctrl+[或]
将当前图层移到底/顶层	Shift+Ctrl+[或]
选择/取消选择多个连续图层	按住Shift键并单击
选择/取消选择多个不连续的图层	按住Ctrl键并单击
正序循环选择图层混合模式	Alt+Shift+ +
反序循环选择图层混合模式	Alt+Shift+ −

6. 选择操作

全部选取	Ctrl+A
取消选择	Ctrl+D
恢复最后那次选择	Shift+Ctrl+D
隐藏/显示选区	Ctrl+H

反向选择	Shift+Ctrl+I
选择（激活）所有图层	Alt+Ctrl+A
调整蒙版（在蒙版状态下）	Alt+Ctrl+R
调整边缘（在选区状态下）	Alt+Ctrl+R
羽化选区	Shift+F6
将图层、蒙版、通道、路径转为选区载入	按住Ctrl键单击面板中的缩略图

7. 滤镜

再做一次上一个滤镜	Ctrl+F
渐隐上一次滤镜	Shift+Ctrl+F
镜头校正	Shift+Ctrl+R
液化	Shift+Ctrl+X
消失点	Shift+Ctrl+V

8. 视图操作

校样颜色（以CMYK预览）	Ctrl+Y
打开/关闭色域警告	Shift+Ctrl+Y
循环切换打开的文档	Ctrl+Tab
放大视图	Ctrl++
缩小视图	Ctrl+ −
满屏幕大小显示	Ctrl+0
按实际像素显示	Ctrl+1
打开/关闭辅助内容显示（如选区、参考线等）	Ctrl+H
打开/关闭网格显示	Ctrl+' (单引号)
打开/关闭参考线显示	Ctrl+; (分号)
打开/关闭标尺显示	Ctrl+R
对齐图层图像	Shift+Ctrl+; (分号)
锁定参考线	Altt+Ctrl+; (分号)
参考线旋转90°	按住Alt+Ctrl快捷键单击参考线
打开/关闭画笔调板的显示	F5
打开/关闭颜色调板的显示	F6
打开/关闭图层调板的显示	F7
打开/关闭信息调板的显示	F8
打开/关闭动作调板的显示	F9
打开/关闭所有调板的显示	Tab
打开/关闭除工具箱以外的所有调板的显示	Shift+Tab
变换光标标识方式	CapsLock
在标准屏幕模式、具有菜单栏的全屏模式和全屏模式之间进行切换（前进）	F
在标准屏幕模式、具有菜单栏的全屏模式和全屏模式之间进行切换（后退）	Shift+F

附录C 本书阅读途径

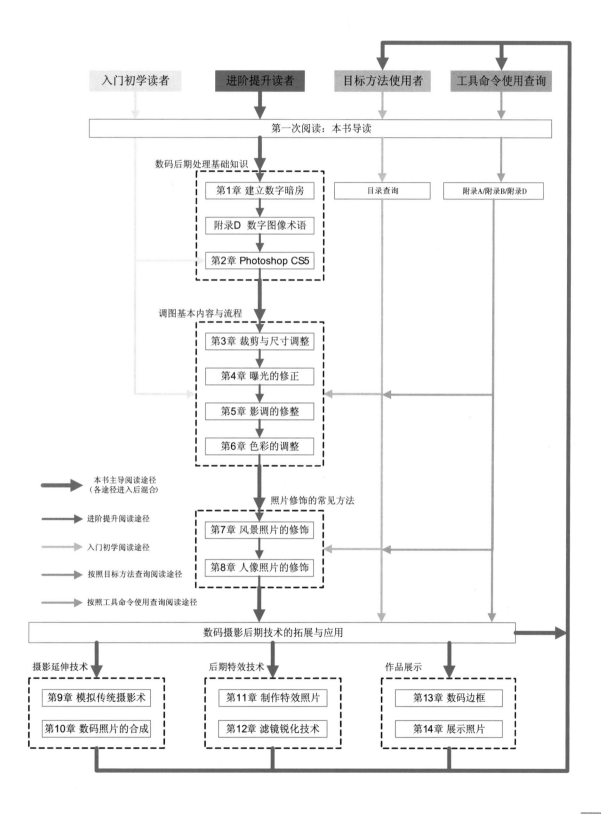

附录D 数字图像的基本术语

自世界上第一台电子计算机问世以来，现代计算机科学催生了数字化技术的应用，所谓数字化就是将许多复杂多变的信息转变为可以度量的数字、数据，再以这些数字、数据建立起适当的数字化模型，从而可以使用电子计算机完成运算处理。

数字图像就是由模拟真实图像的数字化得到的数字图像信息数据，换句话说，就是将图像的色彩、明暗等图像特征以某种排列规则的数字形式来描述。学习与掌握数码照片的拍摄与后期处理有必要了解以下数字图像的基本概念。

1. 像素

数字图像是通过许许多多的纵横排列的点构成的，这些点被称为像素，它是构成数字图像的最小单元。像素的数量越多表示图像能表现的信息就越多，换句话说，在相同尺寸大小情形下，像素越多，照片越清晰，细部层次越丰富。

2. 图像颜色模式

数字图像是使用数字来模拟大自然景物的明暗和色彩，这就需要制定一种特定的组成图像颜色信息的规则，这种规则就是图像颜色模式。

- 位图模式：只使用计算机最小存储单位的"位"来描述图像信息，因为位只有0和1两种状态，此时得到的数字图像只能是黑白图，这种模式称为位图模式（Bitmap）。
- 灰度模式：使用计算机的基本单位"字节"（byte）来描述图像信息。一个字节以十进制表示共有256个数字，此时可以得到我们常说的"黑白照片"的效果（有灰度的变化），称之为灰度模式（Grayscale）。
- RGB模式：大自然的所有光（色）都是由红（R）、绿（G）、蓝（B）三基色光构成的。对每一个基色光都使用一个字节来描述图像基色的成分信息，就可以模拟自然的彩色图像。使用红、绿、蓝来获得的数字图像方式称为RGB模式。
- CMYK模式：使用青（C）、洋红（M）、黄（Y）、黑（K）四色来描述图像颜色信息的数字图像组成方式。
- Lab模式：使用L、a、b三个分量来描述图像构成信息，其中，L为图像的明度、a为图像红绿成分，b为图像黄成分。
- HSB模式：这是使用人眼的视觉习惯的三个指标色相（H）、饱和度（S）、明度（B）来描述图像，它并不用于直接构成一个真正的数字图像，而是在色彩调整中大量使用，这种基于HSB模式能与人眼的视觉习惯相一致，便于直观的色彩操作。

3. 矢量图与位图

矢量图是通过数学公式来描述图的元素，这些元素是一些点、线、矩形、多边形、圆和弧线等，从而构成图形（而不是图像）。位图亦称为点阵图像，是由像素点阵组成的图像。矢量图无限放大时，不会失真，不模糊，而位图会出现马赛克现象；矢量图以几何图形居多，常用于图案、标志、VI、文字等设计。位图可以表现的色彩比较多，主要用于图片处理、数码照片、影视海报、效果图等。

4. 色彩空间

色彩空间是一个颜色模式能描述表现色彩的范围，也称为"色域"。

5. 基于RGB的色彩空间

现代计算机显示器是基于R、G、B光的三基色的色彩，由于设备及技术的差异，其色彩空间也是有差异的。目前，基于RGB的色彩空间标准主要有sRGB IEC619662.1、Adobe RGB（1998）和ProPhoto RGB

sRGB IEC61966-2.1：通称为sRGB，它的色彩空间是最小的一个，它主要用于互联网上普通图像的标准色彩管理。

AdobeRGB（1998）：Adobe公司针对图像处理制定的一个色彩空间标准，也可简称为Adobe RGB。它的色彩空间比sRGB的稍大一点，被大多数专业摄影师和照片修饰人员所使用。如果数码相机选用Adobe RGB，拍摄时就可获得更好的色彩表达。

ProPhoto RGB：是一个受到摄影师、图像编辑的专业人士和色彩管理专家推崇的色彩空间，它远远超过了Adobe RGB，但同时也是备受争议的。ProPhoto RGB采用了16位模式，它甚至支持一些实际上连人的视觉都无法看到的"颜色"。由于我们目前大多数图像、处理软件和显示设备都是在8位模式下进行的，因此在这种色彩空间编辑时往往会造成难看的色带。

6. 图像格式

也叫图像文件格式，是指计算机存储影像信息的构成方式。图像的文件格式也有很多种，在进行数字图像后期处理的时候，常有的文件格式主要有PSD、JPEG、TIFF、GIF、RAW等。

PSD格式：这是Adobe Photoshop的中间过程专用格式，或者叫做未完成最终编辑的记录文件，它能够以所有的图像模式来存储，还能包含有各种图层、通道、蒙版、参考线等多种辅助操作的数据信息，因而修改起来较为方便，但图像文件非常大，在图像处理完成以后，再转换为其他占用空间小而且存储质量好的文件格式。

JPEG格式：它是最常见的一种图像文件格式，也常被写成JPG格式，这是一种高度压缩的格式，但仍能确保较好的图像质量的存储格式。被广泛运用在互联网和数码相机上，几乎所有的图像软件都可以打开它。JPEG2000是JPEG的升级版，采用了更先进的压缩技术并获得更好的图像品质。

TIFF格式：一种非失真的压缩格式，能保持原有图像的颜色及层次，存储图像的细微层次信息非常多，可以在PC、Mac等不同的操作系统平台上打开。但占用空间却很大，常被应用于较专业的用途，如书籍出版、海报等，极少应用于互联网上。

RAW格式：是CCD或CMOS感光元件将光信号转换为电信号，并将这些电信号进行数字化处理后得到的数据。这些数据是没有经过相机处理的原文件，因此它的数据量较大。严格来说，RAW格式并不是一种图像格式，一般不能直接编辑，需要使用专用的图像软件进行转换成为真正的数字图像才能使用，如TIFF、JPEG等格式。

7. 分辨率与图像尺寸

在数字图像中，像素是一个点，而在计算机的信息存储中是一个数字，准确来说像素是没有大小的。只有通过输出设备的"精度"来呈现图像时，才会形成图像的真正大小。这种精度是以分辨率来描述的，是表示影像清晰度或密度的度量标准，用图像中每英寸所包含的像素个数或点

阵数来表示（ppi或dpi），在不同设备上其分辨率的含义是不一样的。因此，分辨率有多种，有显示分辨率、打印分辨率、扫描分辨率、数码相机的分辨率以及图像分辨率。

图像通常有3种用途，即印刷、印制照片、在互联网上浏览。下表是几种出图方式在确保正常出图品质前提下不同尺寸所需的最小图像像素大小。

照片尺寸与图像像素大小（文件大小）的对照表（单位：像素）				
照片大小	尺寸规格	显示器网上展示 72dpi	富士彩扩 180dpi	柯达彩扩 254dpi	印刷/打印 300dpi
5寸	3.5×5	88K（252×360）	553K（630×900=57万）	1.1M（889×1270=113万）	1.5M（1050×1500=158万）
6寸	4×6	121K（288×432）	758K（720×1080=78万）	1.5M（1016×1524=155万）	2.1M（1200×1800=216万）
7寸	5×7	177K（360×504）	1.1M（900×1260=113万）	2.2M（1270×1778=226万）	3.0M（1500×2100=315万）
8寸	6×8	243K（432×576）	1.5M（1080×1440=156万）	3.0M（1524×2032=310万）	4.1M（1800×2400=432万）
10寸	8×10	405K（576×720）	2.5M（1440×1800=259万）	4.9M（2032×2540=516万）	6.9M（2400×3000=720万）
12寸	10×12	607K（720×864）	3.7M（1800×2160=389万）	7.4M（2540×3048=774万）	10.3M（3000×3600=1080万）
16寸	12×16	972K（864×1152）	5.9M（2160×2880=622万）	11.8M（3048×4064=1239万）	16.5M（3600×4800=1728万）
18寸	14×18	1.2M（1008×1296）	7.8M（2520×3240=816万）	15.5M（3556×4572=1626万）	21.6M（4200×5400=2268万）
20寸	16×20	1.6M（1152×1440）	9.9M（2880×3600=1037万）	19.7M（4064×5080=2065万）	27.5M（4800×6000=2880万）
24寸	20×24	2.4M（1440×1728）	14.8M（3600×4320=1555万）	29.5M（5080×6096=3097万）	41.2M（6000×7200=4320万）

Photoshop
数码照片处理
200 例（经典版）

200个案例全面涵盖：照片基础入门、修饰技巧、照片光影调整、数码照片润色、修饰风景城市主题照片、调整宠物与静物照片、美化人物照片、制作照片绘画效果、添加图形与艺术文字、数码照片的创意合成，共十个方面的内容。

Photoshop
数码照片处理
200 例（经典版）
介绍最实用、最有效的技巧，利用这些技巧可以化腐朽为神奇，将平凡的数码照片改造成精彩传神的作品。

太行摄影 编著

中国铁道出版社

Photoshop
数码照片处理
200 例（经典版）
太行摄影 编著

ISBN 978-7-89459-680-2
9 787894 596802 >

光盘内附书中教学视频
中国铁道出版社出版
电话：010-63560068
http://www.vtdpress.com

读者意见反馈表

亲爱的读者：

感谢您对中国铁道出版社的支持，您的建议是我们不断改进工作的信息来源，您的需求是我们不断开拓创新的基础。为了更好地服务读者，出版更多的精品图书，希望您能在百忙之中抽出时间填写这份意见反馈表发给我们。随书纸制表格请在填好后剪下寄到：北京市西城区右安门西街8号中国铁道出版社综合编辑部 苏茜 收（邮编：100054）。或者采用传真（010-63549458）方式发送。此外，读者也可以直接通过电子邮件把意见反馈给我们，E-mail地址是：suqian@tqbooks.net。我们将选出意见中肯的热心读者，赠送本社的其他图书作为奖励。同时，我们将充分考虑您的意见和建议，并尽可能地给您满意的答复。谢谢！

- -

所购书名：_____

个人资料：

姓名：_____ 性别：_____ 年龄：_____ 文化程度：_____

职业：_____ 电话：_____ E-mail：_____

通信地址：_____ 邮编：_____

- -

您是如何得知本书的：

□书店宣传 □网络宣传 □展会促销 □出版社图书目录 □老师指定 □杂志、报纸等的介绍 □别人推荐
□其他（请指明）_____

您从何处得到本书的：

□书店 □邮购 □商场、超市等卖场 □图书销售的网站 □培训学校 □其他

影响您购买本书的因素（可多选）：

□内容实用 □价格合理 □装帧设计精美 □带多媒体教学光盘 □优惠促销 □书评广告 □出版社知名度
□作者名气 □工作、生活和学习的需要 □其他

您对本书封面设计的满意程度：

□很满意 □比较满意 □一般 □不满意 □改进建议

您对本书的总体满意程度：

从文字的角度 □很满意 □比较满意 □一般 □不满意
从技术的角度 □很满意 □比较满意 □一般 □不满意

您希望书中图的比例是多少：

□少量的图片辅以大量的文字 □图文比例相当 □大量的图片辅以少量的文字

您希望本书的定价是多少：

本书最令您满意的是：

1.
2.

您在使用本书时遇到哪些困难：

1.
2.

您希望本书在哪些方面进行改进：

1.
2.

您需要购买哪些方面的图书？对我社现有图书有什么好的建议？

您更喜欢阅读哪些类型和层次的计算机书籍（可多选）？

□入门类 □精通类 □综合类 □问答类 □图解类 □查询手册类 □实例教程类

您在学习计算机的过程中有什么困难？

您的其他要求：